App安全实战指南

Android和iOS App的安全攻防与合规

安亚龙 ◎ 著

机械工业出版社

CHINA MACHINE PRESS

图书在版编目（CIP）数据

App 安全实战指南：Android 和 iOS App 的安全攻防与合规 / 安亚龙
著 . —北京：机械工业出版社，2024.7
ISBN 978-7-111-75782-5

I. ① A… Ⅱ. ①安… Ⅲ. ①移动终端 – 安全技术 Ⅳ. ① TN929.53

中国国家版本馆 CIP 数据核字（2024）第 093917 号

机械工业出版社（北京市百万庄大街 22 号 邮政编码 100037）
策划编辑：孙海亮 责任编辑：孙海亮
责任校对：张婉茹 李 杉 责任印制：郜 敏
三河市国英印务有限公司印刷
2024 年 7 月第 1 版第 1 次印刷
186mm×240mm・15.5 印张・336 千字
标准书号：ISBN 978-7-111-75782-5
定价：99.00 元

电话服务 网络服务
客服电话：010-88361066 机 工 官 网：www.cmpbook.com
010-88379833 机 工 官 博：weibo.com/cmp1952
010-68326294 金 书 网：www.golden-book.com
封底无防伪标均为盗版 机工教育服务网：www.cmpedu.com

智能移动设备重塑了人们的生活模式。从手机到平板电脑，这些设备已经成为日常必需品，并使得越来越多的互联网服务以应用程序（App）的形式进入人们的工作与生活。然而，它们带来极大便利的同时，也带来了众多的问题与风险。

频繁的信息泄露事件使网络用户的隐私安全岌岌可危，而不断肆虐的黑灰产活动，如通过"水军""羊毛党"等形式进行的恶意行为，使企业的运营成本不断增加，甚至可能引发严重的社会负面影响。这些情况促使政府及企业高度重视与之相关的安全治理和防控工作。

一方面，政府密集发布一系列法律法规及标准，如《中华人民共和国数据安全法》《中华人民共和国个人信息保护法》《常见类型移动互联网应用程序必要个人信息范围规定》等，对相关违规行为进行公开通报并实施惩戒。另一方面，大部分通过 App 提供服务的企业都设立了负责 App 安全的专职岗位，如移动安全工程师，主要负责安全测试和加固等工作。根据不同企业的实际情况，这类岗位还需要为风控、合规和法务等部门提供解决方案或技术支持。

对于移动安全工程师的要求，也随着大环境的日益严峻和快速发展变得更加多元化。他们可能需要深入挖掘 App 里的安全漏洞以避免其被恶意利用，采用合理有效的加固措施对抗非法逆向分析或破解操作，准确识别客户端运行环境的安全状态以辅助业务风控或内容安全处置，以及协助法务或政府关系等部门排查不符合监管法规的 App 功能并提供整改建议，等等。由此可见，除了在细分程度较高、提供专精岗位的少数企业中，移动安全工程师在大多数情况下是一个多领域技能交叉的复合型岗位。

经验表明，优秀的移动安全工程师的招聘工作比其他安全岗位的招聘工作难度更大。这绝对不仅是因为 App 出现的时间晚于 Web 数十年，或者因为移动安全包含对汇编等技术的要求导致门槛更高，还因为移动安全在过去经常被简单地看作单一领域技术，企业及部门往往忽略了它与业务风控和合规等领域之间天然的融合关系。

为了使读者对移动安全建立更清晰、更完整的认知，从而在技术及职业上不断精进，我编写了本书。这是一本复合型的移动安全教程，包含基础知识、安全攻防、业务风控以及隐私合规等移动安全工程师必知必会的内容。

请注意，本书在讲解攻防原理的过程中会涉及越狱、砸壳及一些常见的攻击手段，均是为了实现更全面、更稳固的防御机制，仅限于学习交流，不支持非法用途。

读者对象

本书适合移动安全、风控安全、隐私合规等领域的从业者阅读，也适合对安全领域感兴趣的读者学习。无论是初学者还是有一定经验的从业者，都能从中找到合适的内容。读者通过本书，能够建立起对移动安全问题的全面认识，掌握相关的技术和应对策略，从而更好地为安全行业的健康发展贡献力量。

在写作本书的过程中，我力求内容丰富、结构清晰、表达准确。一方面，本书采用了通俗易懂的语句和生动的实例，帮助读者更好地理解和掌握知识。另一方面，本书注重实践性和可操作性，为读者提供了实用的实例代码和工具使用技巧。

如何阅读本书

在阅读本书时，建议读者按照章节顺序逐步深入，从基础知识开始，逐渐掌握安全攻防、业务风控及隐私合规等方面的知识。另外，读者在阅读本书的过程中可以结合自己的工作实践，思考如何将这些知识应用到实际工作中。

勘误和支持

由于时间和精力的限制，书中难免存在一些不足之处。如果读者在阅读过程中发现任何错误或需要进一步的解释，可直接将其提交到 https://github.com/aylhex/book-code/issues。我将尽力提供勘误和支持，确保读者能够获得最准确、最全面的信息。

本书中的实例代码全部托管在 GitHub 上，读者可以从 https://github.com/aylhex/book-code/ 下载。

致谢

首先，向我的父母表达深深的谢意。他们不仅赋予我生命，更用无尽的耐心和关爱来悉心培育我。在我人生的每一个阶段，他们都给予我最坚定的支持和最温暖的陪伴。正是因为他们的无私奉献，我才有能力和勇气完成这本书。

同时，对我的妻子表达衷心的感谢。她对我的理解和支持，是我坚持下去的动力源泉。我经常忙于写作而无法陪伴她，她却从未有过半句怨言。她让我在写作的道路上更加坚定、更加从容。

最后，由衷感谢所有读者的支持和关注。

安亚龙

目 录 *Contents*

前 言

第1章 移动应用安全基础 ················ 1

1.1 移动应用的签名 ··················· 1

    1.1.1 Android 签名机制和原理 ······· 1

    1.1.2 iOS 签名机制和原理 ·········· 7

1.2 移动应用的安装 ·················· 11

    1.2.1 Android 应用安装 ············ 11

    1.2.2 iOS 应用安装 ·············· 13

1.3 移动应用的权限 ·················· 14

    1.3.1 Android 应用的权限 ·········· 14

    1.3.2 iOS 应用的权限 ············· 16

1.4 移动应用的运行 ·················· 17

    1.4.1 Android 应用的运行 ·········· 17

    1.4.2 iOS 应用的运行 ············· 20

第2章 应用分析基础 ················ 23

2.1 常用工具 ······················· 23

    2.1.1 越狱版商店 Cydia ············ 23

    2.1.2 Root 工具 Magisk ············ 25

    2.1.3 Hook 框架 EdXposed ········· 27

    2.1.4 Hook 框架 Frida ············ 35

    2.1.5 Hook 工具 Objection ········· 40

    2.1.6 Hook 工具 Tweak ··········· 43

    2.1.7 安全测试工具 Drozer ········· 47

2.2 常用命令行工具 ·················· 49

    2.2.1 ADB ···················· 49

    2.2.2 readelf ·················· 53

    2.2.3 Apktool ················· 55

    2.2.4 Clutch ·················· 55

    2.2.5 Class-dump ··············· 57

2.3 Android 应用分析 ················· 58

2.4 iOS 应用分析 ···················· 62

第3章 汇编基础 ···················· 65

3.1 Smali 汇编基础 ·················· 65

    3.1.1 基本类型 ················· 65

    3.1.2 寄存器 ·················· 66

    3.1.3 基础指令 ················· 67

    3.1.4 语法修饰符 ··············· 70

    3.1.5 函数调用 ················· 72

    3.1.6 函数返回值 ··············· 74

3.2 ARM 汇编基础 ··················· 75

    3.2.1 寄存器 ·················· 75

　　　3.2.2　基础指令 ·················· 78
　　　3.2.3　函数调用 ·················· 81
　　　3.2.4　ARM64 位汇编 ············ 84

第4章　常见的攻击方式 ········· 86
　4.1　重签名攻击 ················· 86
　　　4.1.1　Android 应用重签名 ········ 86
　　　4.1.2　iOS 应用重签名 ··········· 90
　4.2　动态注入与 Hook 操作 ····· 92
　　　4.2.1　Android 动态注入 ········· 93
　　　4.2.2　iOS 动态注入 ············· 94
　　　4.2.3　Android Hook 攻击 ········ 97
　　　4.2.4　iOS Hook 攻击 ·········· 100
　4.3　动态调试 ················· 105
　　　4.3.1　Android 动态调试 ········ 105
　　　4.3.2　iOS 动态调试 ··········· 111
　4.4　Scheme 攻击 ············· 114
　4.5　WebView 攻击 ············ 116

第5章　客户端安全加固 ········ 120
　5.1　Java/Kotlin 代码保护 ······ 120
　5.2　C/C++ 代码保护 ·········· 122
　　　5.2.1　代码混淆保护 ··········· 122
　　　5.2.2　文件加壳保护 ··········· 125
　5.3　签名校验 ················· 126
　　　5.3.1　Android 签名校验 ········ 126
　　　5.3.2　iOS 签名校验 ··········· 128
　5.4　SO 文件保护 ············· 129
　5.5　应用防调试 ··············· 132
　　　5.5.1　Android 应用防调试 ······ 132
　　　5.5.2　iOS 应用防调试 ········· 134

　5.6　完整性校验 ··············· 137
　　　5.6.1　Android 应用完整性校验 ···· 137
　　　5.6.2　iOS 应用完整性校验 ········ 138
　5.7　防动态注入与防 Hook ·········· 138
　　　5.7.1　Android 应用防动态注入
　　　　　　 与防 Hook ··············· 139
　　　5.7.2　iOS 应用防动态注入与
　　　　　　 防 Hook ················ 140
　5.8　Scheme 防护 ·············· 142
　5.9　WebView 防护 ············· 143

第6章　网络通信安全 ·········· 145
　6.1　通信防抓包 ··············· 145
　　　6.1.1　代理检测 ··············· 145
　　　6.1.2　代理对抗 ··············· 146
　　　6.1.3　证书校验 ··············· 146
　6.2　数据防篡改 ··············· 150
　　　6.2.1　请求参数防篡改 ··········· 150
　　　6.2.2　请求数据防重放 ··········· 151
　6.3　通信数据加密 ············· 152

第7章　设备指纹 ·············· 158
　7.1　设备指纹系统 ············· 158
　7.2　设备数据采集 ············· 159
　7.3　设备指纹生成 ············· 164
　7.4　设备指纹隐藏 ············· 165
　7.5　设备指纹应用 ············· 166

第8章　风险环境检测 ·········· 169
　8.1　模拟器检测 ··············· 169
　8.2　设备 Root/ 越狱检测 ········ 171

8.2.1　Android Root 检测··········· 172

8.2.2　iOS 越狱检测············· 174

8.3　函数 Hook 检测················· 175

8.3.1　Java Hook 检测············· 175

8.3.2　GOT Hook 检测············· 177

8.3.3　Inline Hook 检测··········· 180

8.3.4　Swizzle Hook 检测········· 183

8.3.5　Fishhook 检测············· 185

8.3.6　Substrate Hook 检测········· 186

8.4　设备状态检测················· 187

8.4.1　调试状态检测············· 187

8.4.2　VPN 状态检测·········· 188

8.4.3　代理状态检测············· 189

8.4.4　USB 调试状态检测········· 190

8.4.5　充电状态检测············· 191

第9章　异常用户识别············· 192

9.1　位置篡改识别················· 192

9.2　设备篡改识别················· 193

9.3　注册异常识别················· 194

9.4　登录异常识别················· 197

9.5　协议破解识别················· 198

9.6　批量控制识别················· 199

第10章　隐私合规················· 202

10.1　应用上架合规················· 202

10.1.1　软件著作权申请········· 202

10.1.2　ICP 备案 /ICP 许可证······· 204

10.1.3　App 备案············· 206

10.1.4　安全评估············· 208

10.1.5　CCRC 认证············· 211

10.1.6　算法备案············· 217

10.2　合规实践指南················· 217

10.2.1　隐私政策············· 217

10.2.2　权限申请············· 220

10.2.3　个人信息收集··········· 221

10.2.4　"双清单"与权限说明····· 223

10.2.5　个性化推荐与定向
推送················· 226

10.2.6　自启动与关联启动········ 227

10.2.7　广告展示············· 229

10.3　违规整改规范················· 231

10.3.1　工信部············· 231

10.3.2　省通信管理局··········· 233

10.3.3　网信办············· 236

10.3.4　教育部············· 238

移动应用安全基础

作为目前的两大主流手机操作系统，Android 和 iOS 已经牢牢地占据了十余年手机操作系统市场的统治地位。它们不仅塑造了现代移动通信的轮廓，还不断地扩大技术和创新的边界。

Android 是一个基于 Linux 内核的自由及开放源代码的移动端操作系统。该系统最初由 Andy Rubin 开发，其项目在 2005 年被美国的 Google 公司收购。2007 年 11 月，Google 与多家硬件制造商、软件开发商及电信运营商组建开放手机联盟（OHA），共同研发、改良了 Android 系统。随后 Google 以 Apache 开源许可证的授权方式，发布了 Android 的源代码。这一举措极大地促进了该系统在全球范围内的普及和发展。

iOS 是苹果公司以 Darwin——苹果公司开发的一款 UNIX 操作系统——为基础开发的一款移动端操作系统。不同于开源的 Android 系统，iOS 系统选择了一条封闭的发展道路，它仅限于苹果公司的产品线，在 iPad、iPhone 等设备上使用。

本章将从 App 的签名、安装、权限、运行等多个维度，深入解析 iOS 和 Android 在应用开发方面的异同。通过详细的介绍和对比，为开发者揭示两大平台的特色和优势，以及它们在应用生态系统中如何共存共荣。

1.1 移动应用的签名

1.1.1 Android 签名机制和原理

Android 系统要求所有 APK（Android Application Package，Android 应用程序包）必须使用证书进行数字签名，否则无法安装或更新。在 Android 安装或更新 APK 时，系统首先检验 APK 签名，如果 APK 未签名或签名校验失败，则其安装操作将被拒绝。开发者可以自行为 APK 签名并将其上传到 Google Play 或其他应用商店。如果使用 Android App Bundle 格式在 Google Play 发布应用，则需要将其上传至 Google Play 管理中心，使用 Google Play 提供的功能进行应用签名。

签名利用摘要和非对称加密技术确保 APK 由开发者发布且未被篡改。摘要是使用哈希算法计算出来的 APK 内部文件唯一映射值，相当于 APK 的指纹。当 APK 文件内容发生任何改变时，摘要都会发生改变。签名使用开发者的私钥对摘要进行加密。在用户端安装 APK 时，系统会重新计算 APK 文件的摘要，然后使用开发者的公钥解密签名中的摘要，两者对比一致则可说明 APK 来源可信且未被篡改。

Android 11 及以前的版本中存在以下 4 种应用签名方案。

❑ v1 签名：最基本的签名方案，基于 JAR 的签名实现。

❑ v2 签名：提高验证速度并增强完整性保证（在 Android 7.0 版本中引入）。

❑ v3 签名：支持密钥轮替（在 Android 9.0 版本中引入）。

❑ v4 签名：根据 APK 的所有字节计算得出 Merkle 哈希树，并通过 v2 或 v3 签名进行补充。

> 🔍 **注意** v4 签名是 Google 为解决 APK 增量安装问题而推出的功能，目前只能通过 ADB 的方式安装，安装时 *.apk.idsig 文件需要和 *.apk 文件在同一目录中。

Android 签名方案是向下兼容的。Android 7.0 引入 v2 签名，Android 9.0 引入 v3 签名，Android 11 开始支持 v4 签名，v4 签名需要以 v2 或 v3 签名为补充，且签名信息需要单独存储在 <apk name>.apk.idsig 文件中。在进行应用验证时，Android 系统会优先寻找并校验最高版本的签名。如果无法找到更高版本的签名，系统会逐级向下寻找，直至找到兼容的签名方案。具体签名校验流程如图 1-1 所示。

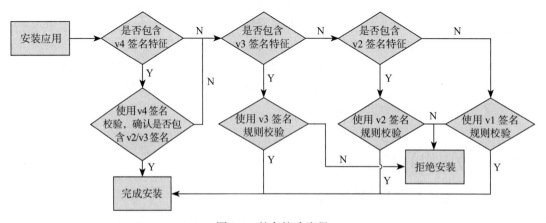

图 1-1 签名校验流程

注：Y 表示"是"或"通过校验"；N 表示"否"或"未通过校验"。

1. 应用签名工具

jarsigner 是 JDK 提供的工具，用于对 JAR 文件进行签名，apksigner 是 Google 官方提供的用于 Android 应用签名和验证的工具。无论是 Android 应用的 APK 包还是 JAR 包，本质都是 ZIP 格式的压缩包，因此它们的签名流程相似。

jarsigner 与 apksigner 的区别如下。

❏ jarsigner 只能用于应用的 v1 签名，且只能使用 keystore 文件进行签名。

❏ apksigner 可以用于 v1、v2、v3 和 v4 签名，签名时既可以使用 keystore 文件进行签名，也可以使用 PEM 证书和私钥进行签名。

jarsigner 签名语法如下：

```
jarsigner -keystore keystore.jks -signedjar signed.apk unsigned.apk alias_name
    -storepass pwd
```

其中，keystore.jks 是签名证书；signed.apk 是签名后的 APK；unsigned.apk 是待签名的 APK；alias_name 是签名证书的 alias 属性，用来区分不同的证书；pwd 是签名证书的密码。

apksigner 签名语法如下：

```
apksigner sign [signer_options] --ks keystore.jks | --key key.pk8 --cert cert.
    x509.pem --in unsigned_app.apk --out app-signed.apk
```

使用 --ks 选项指定密钥库文件。使用 --key 和 --cert 选项分别指定私钥文件和证书文件，私钥文件必须使用 PKCS #8 格式，证书文件必须使用 X.509 格式。如果未指定签名选项（signer_options），默认情况下 apksigner 会根据应用中的最小 SDK 版本（minSdkVersion）和最大 SDK 版本（maxSdkVersion）来决定使用哪种签名方案。

如果想禁用 v2 签名，则代码如下：

```
apksigner sign --v2-signing-enabled false --ks keystore.jks --in unsigned_app.
    apk --out app-signed.apk
```

如果想使用 v3 签名，则代码如下：

```
apksigner sign --v3-signing-enabled true --ks keystore.jks --in unsigned_app.apk
    --out app-signed.apk
```

2. 创建应用签名所需的证书文件

（1）Android Studio 创建签名文件

如图 1-2 所示是使用 Android Studio 创建签名文件：Build → GenerateSignedBundle/APK → APK → Next → Create new。根据提示设置文件生成路径和访问文件密码、文件名和签名密码、国家和城市等信息即可。

（2）keytool 创建签名文件

如图 1-3 所示是使用命令行工具 keytool 创建签名文件。

```
keytool -genkeypair -alias test -keyalg RSA -keypass 123456 -keystore TestKey.
    jks -storepass 123456 -validity 3650
```

图 1-2　使用 Android Studio 生成签名证书

```
$ keytool -genkeypair -alias test -keyalg RSA -keypass 123456 -keystore TestKey.jks
 -storepass 123456 -validity 3650
您的名字与姓氏是什么？
  [Unknown]:  test
您的组织单位名称是什么？
  [Unknown]:  test
您的组织名称是什么？
  [Unknown]:  test
您所在的城市或区域名称是什么？
  [Unknown]:  test
您所在的省/市/自治区名称是什么？
  [Unknown]:  test
该单位的双字母国家/地区代码是什么？
  [Unknown]:  test
CN=test, OU=test, O=test, L=test, ST=test, C=test是否正确？
  [否]:  Y
```

图 1-3　使用命令行生成签名证书

代码参数说明如表 1-1 所示。

表 1-1　使用命令行工具 keytool 生成签名证书的参数

参数名称	参数含义
-genkeypair	表示生成密钥对（公钥和私钥）
-alias	定义别名，可以自定义
-keyalg	指定签名算法，如 RSA、DSA（如果不指定则默认采用 DSA）
-keypass	指定证书的访问密码
-keystore	指定证书的存储位置和名称
-storepass	指定证书的密码
-validity	指定创建证书的有效期（天）

如图 1-4 所示是查看签名证书内容。

```
keytool -list -v -keystore TestKey.jks -storepass 123456
```

```
$ keytool -list -v -keystore TestKey.jks -storepass 123456
密钥库类型: PKCS12
密钥库提供方: SUN

您的密钥库包含 1 个条目

别名: test
创建日期: 2021年7月21日
条目类型: PrivateKeyEntry
证书链长度: 1
证书[1]:
所有者: CN=test, OU=test, O=test, L=test, ST=test, C=test
发布者: CN=test, OU=test, O=test, L=test, ST=test, C=test
序列号: 53d3dc17
生效时间: Wed Jul 21 15:02:48 CST 2021, 失效时间: Sat Jul 19 15:02:48 CST 2031
证书指纹:
        SHA1: D0:B8:4A:38:C8:52:62:72:A3:A2:1B:8C:6F:C5:98:B5:E6:BB:1C:4F
        SHA256: 88:20:82:9A:30:CB:DA:93:01:15:A7:EE:F9:4A:58:17:4A:19:50:43:CD:DD:7B:55:62:1D:9D:06:64:0C:9E:3C
签名算法名称: SHA256withRSA
主体公共密钥算法: 2048 位 RSA 密钥
版本: 3

扩展:

#1: ObjectId: 2.5.29.14 Criticality=false
SubjectKeyIdentifier [
KeyIdentifier [
0000: 30 DA 92 0B F3 40 10 40   BE D9 79 39 4A 46 10 6E  0....@.@..y9JF.n
0010: BA 7E 7D 40                                        ...@
]
]
```

图 1-4　查看签名证书内容

3. 签名方案

完成签名后，应用中会新增 META-INF 文件夹，该文件夹中包含 3 个文件，如表 1-2 所示。

表 1-2　META-INF 文件夹中的文件

文件	描述
MANIFEST.MF	记录应用中每一个文件的 Hash 摘要（除了 META-INF 文件夹）
*.SF	记录 MANIFEST.MF 文件的摘要和 MANIFEST.MF 中每个数据块的 Hash 摘要
*.RSA	记录 *.SF 文件的签名和包含公钥的开发者证书

4. 签名流程

1）遍历应用中的文件并计算文件对应的 SHA-1 摘要，对文件摘要进行 BASE64 编码，然后将其写入签名文件，即 MANIFEST.MF 文件。MANIFEST.MF 文件的具体内容如图 1-5 所示。

2）计算整个 MANIFEST.MF 文件的 SHA-1 摘要，进行 BASE64 编码后写入签名文件，即 *.SF 文件；再次计算 MANIFEST.MF 文件中每一条摘要内容的 SHA-1 摘要，将摘要内容进行 BASE64 编码后写入签名文件，即 *.SF 文件。*.SF 文件的具体内容如图 1-6 所示。

3）计算整个 *.SF 文件的数字签名，将数字签名和开发者的 X.509 数字证书写入 *.RSA 文件。*.RSA 文件的具体内容如图 1-7 所示。

```
 1 Manifest-Version: 1.0
 2 Built-By: Signflinger
 3 Created-By: Android Gradle 4.2.2
 4
 5 Name: AndroidManifest.xml
 6 SHA1-Digest: iXRsT8S3pQEKBGwLVOMiluPPgFU=
 7
 8 Name: META-INF/androidx.activity_activity.version
 9 SHA1-Digest: xTi2bHEQyjoCjM/kItDx+iAKmTU=
10
11 Name: META-INF/androidx.appcompat_appcompat-resources.version
12 SHA1-Digest: BeF7ZGqBckDCBhhvlPj0xwl01dw=
13
14 Name: META-INF/androidx.appcompat_appcompat.version
15 SHA1-Digest: BeF7ZGqBckDCBhhvlPj0xwl01dw=
16
17 Name: META-INF/androidx.arch.core_core-runtime.version
18 SHA1-Digest: OGGiGAP82euSpAMCew2iu3rdTeE=
19
20 Name: META-INF/androidx.cardview_cardview.version
21 SHA1-Digest: xTi2bHEQyjoCjM/kItDx+iAKmTU=
22
23 Name: META-INF/androidx.coordinatorlayout_coordinatorlayout.version
24 SHA1-Digest: BeF7ZGqBckDCBhhvlPj0xwl01dw=
25
26 Name: META-INF/androidx.core_core.version
27 SHA1-Digest: BeF7ZGqBckDCBhhvlPj0xwl01dw=
```

图 1-5   MANIFEST.MF 文件的具体内容

```
 1 Signature-Version: 1.0
 2 Created-By: Android Gradle 4.2.2
 3 SHA1-Digest-Manifest: br2CX9E1x67bnxfGqsR4qI/MzW4=
 4 X-Android-APK-Signed: 2
 5
 6 Name: AndroidManifest.xml
 7 SHA1-Digest: G7UBniYQAoFNx5OZWe4ggx/8qNI=
 8
 9 Name: META-INF/androidx.activity_activity.version
10 SHA1-Digest: RkNW8YDqxBjvnU/8M+42MoB0998=
11
12 Name: META-INF/androidx.appcompat_appcompat-resources.version
13 SHA1-Digest: L1WSnCxLg4cpL9uEb+hKu7Q2iL0=
14
15 Name: META-INF/androidx.appcompat_appcompat.version
16 SHA1-Digest: Sibj0VVmL7B67oBCzlyitRpAkSE=
17
18 Name: META-INF/androidx.arch.core_core-runtime.version
19 SHA1-Digest: e1tut2kK2rB7RpspgrtY2fhXIus=
20
21 Name: META-INF/androidx.cardview_cardview.version
22 SHA1-Digest: 5cRY2CqSCgH34xYdDfmWIOX0uBo=
23
24 Name: META-INF/androidx.coordinatorlayout_coordinatorlayout.version
25 SHA1-Digest: ErVX5QOwgl4pr+22Nw0Rk+7m+8s=
26
27 Name: META-INF/androidx.core_core.version
28 SHA1-Digest: txeaIiQkOxzdlNfDETRdv5OawXU=
```

图 1-6   *.SF 文件的具体内容

```
1    3082 051B 0609 2a86 4886 f70d 0107 02a0
2    8205 0930 8205 0502 0101 310b 3009 0605
3    2b0e 0302 1a05 0030 0b06 092a 8648 86f7
4    0d01 0701 a082 0357 3082 0353 3082 023b
5    a003 0201 0202 0464 6eaa d130 0d06 092a
6    8648 86f7 0d01 010b 0500 305a 310d 300b
7    0603 5504 0613 0474 6573 7431 0d30 0b06
8    0355 0408 1304 7465 7374 310d 300b 0603
9    5504 0713 0474 6573 7431 0d30 0b06 0355
10   040a 1304 7465 7374 310d 300b 0603 5504
11   0b13 0474 6573 7431 0d30 0b06 0355 0403
12   1304 7465 7374 301e 170d 3231 3037 3230
13   3032 3332 3238 5a17 0d34 3630 3731 3430
14   3233 3232 385a 305a 310d 300b 0603 5504
15   0613 0474 6573 7431 0d30 0b06 0355 0408
16   1304 7465 7374 310d 300b 0603 5504 0713
17   0474 6573 7431 0d30 0b06 0355 040a 1304
18   7465 7374 310d 300b 0603 5504 0b13 0474
19   6573 7431 0d30 0b06 0355 0403 1304 7465
20   7374 3082 0122 300d 0609 2a86 4886 f70d
21   0101 0105 0003 8201 0f00 3082 010a 0282
22   0101 0098 925b a915 bca2 51f1 ad15 c774
23   2236 e551 06fa 0050 c888 03ec f6c5 6b8a
```

图 1-7　*.RSA 文件的具体内容

到这里，我们已经对 Android 应用签名有了比较清晰的了解，接下来介绍 Android 应用签名都有哪些用处，如表 1-3 所示。

表 1-3　Android 应用签名的作用

场景	作用
确认开发者身份	通过检测应用签名信息确认开发者身份
应用程序升级	Android 系统要求应用程序的新版本和旧版本具有相同的签名与包名，若包名相同而签名不同，则系统会拒绝安装新版应用
应用程序模块化	Android 系统允许同一个证书签名的多个应用程序在一个进程里运行，系统实际上把它们看作单个应用程序。此时就可以将应用程序以模块的方式部署，而用户可以独立升级其中一个模块
数据共享	Android 系统提供了基于签名的数据共享机制，具有相同签名的两个应用程序可以共享功能与数据，不同签名的应用程序之间不可直接访问相应的功能与数据
保证应用安全	通过审查应用的签名信息中包含的开发者信息，能有效防止应用程序遭到伪造。例如，可以通过校验签名功能来防止应用被恶意二次打包

1.1.2　iOS 签名机制和原理

苹果在 iOS 2.0 版本中引入了强制代码签名（Mandatory Code Signing）技术。签名是 iOS 设备安全和苹果的 App Store 生态安全的基础。通过代码签名技术，苹果公司能够严格控制在苹果设备上运行的代码，可以有效防止来自外部的攻击。

苹果的签名证书按照用途可以分为 3 类：开发者证书、企业证书和发布证书。

1. 开发者证书

开发者证书旨在为开发人员提供一个便利的签名方案，使他们能够在应用开发过程中频繁地对代码进行修改并将应用安装到设备上进行测试。其实现原理是，苹果公司分发给开发者一套密钥和证书，使其通过这套密钥和证书对 App 进行签名，从而对开发者的身份进行认证"背书"，让设备信任由这些开发者签名的应用。

开发者证书需要开发者手动生成，主要步骤如下。

第一步，通过密钥串中的证书助理生成 CSR（Certificate Signing Request，证书签名请求）文件，如图 1-8 和图 1-9 所示。

图 1-8   请求颁发开发者证书

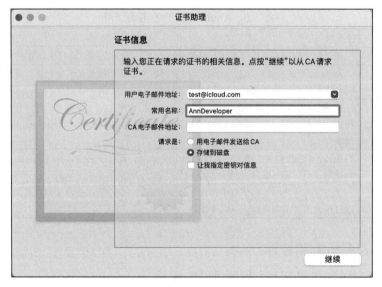

图 1-9   填写证书申请信息

完成操作之后，会生成一个名为 CertificateSigningRequest.certSigningRequest 的文件，存储到指定的目录中。同时，密钥串中会自动生成一对公 / 私钥，如图 1-10 所示。

第二步，在苹果开发者中心的 All Certificates 界面中创建一个证书（Create a New Certificate），按要求上传第一步中生成的 CertificateSigningRequest.certSigningRequest 文件，便可生成开发者证书，如图 1-11 所示。

图 1-10　查看证书公 / 私钥

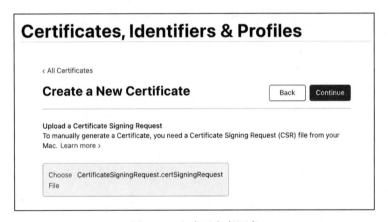

图 1-11　生成开发者证书

2. 企业证书

企业证书实际上就是苹果公司为企业级开发人员提供的签名证书。使用企业证书签名的应用可以直接安装到 iOS 设备上而不用提交给苹果公司审核，只需要在第一次启动应用时选择信任该证书即可。企业包常用于内部测试，或者被提供给一些测试用户来进行应用正式上线前的灰度测试。使用企业证书签名的应用无法上架到 App Store。

3. 发布证书

发布证书就是苹果公司为正式上架 App Store 的应用提供的签名证书，开发者将应用提交给 App Store 审核前需要使用发布证书对应用进行签名。该证书通常命名为 iPhone Distribution: xxxx，用于 App Store 校验所提交的应用的完整性。只有拥有管理员或者更高权限的开发者账号才可以申请该证书，并且可以控制提交权限的范围。发布证书只能用于应用的正式上架发布，不能用于应用的开发调试。

下面以开发者证书为例，介绍使用 Xcode 进行签名的流程。使用苹果的私钥对开发者的公钥进行签名并结合开发者的公 / 私钥生成证书，将证书整合进 Provisioning Profile 文件后，同样使用苹果的私钥进行签名。应用开发完成以后使用开发者的私钥进行签名，将 Provisioning Profile 文件导入应用中完成整个签名打包流程。具体签名流程如图 1-12 所示。

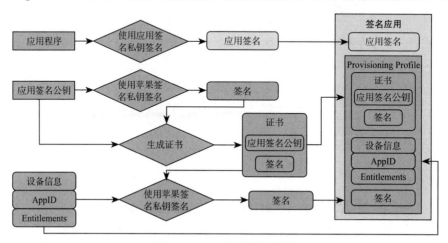

图 1-12　iOS 应用签名流程

生成的应用签名文件 CodeResources 存放在 IPA 安装包的 _CodeSignature 目录中。签名文件存储了安装包中所有文件的签名信息，具体内容如图 1-13 所示。

```xml
<?xml version="1.0" encoding="UTF-8"?>
<!DOCTYPE plist PUBLIC "-//Apple//DTD PLIST 1.0//EN" "http://www.apple.com/DTDs/Property
<plist version="1.0">
<dict>
    <key>files</key>
    <dict>
        <key>Base.lproj/LaunchScreen.storyboardc/01J-lp-oVM-view-Ze5-6b-2t3.nib</key>
        <data>
        p3kJIePj4b5wZ5tjsD9u+h3H9Y0=
        </data>
        <key>Base.lproj/LaunchScreen.storyboardc/Info.plist</key>
        <data>
        n2t8gsDpfE6XkhG31p7IQJRxTxU=
        </data>
        <key>Base.lproj/LaunchScreen.storyboardc/UIViewController-01J-lp-oVM.nib</key>
        <data>
        gf+bK1rytUqkoCytjNuixG+9y58=
        </data>
        <key>Base.lproj/Main.storyboardc/BYZ-38-t0r-view-8bC-Xf-vdC.nib</key>
        <data>
        pUS/1szC0Ny5tnZaPkZP7aQkUvo=
        </data>
        <key>Base.lproj/Main.storyboardc/Info.plist</key>
        <data>
        MDrKFvFWroTb0+KEbQShBcoBvo4=
        </data>
        <key>Base.lproj/Main.storyboardc/UIViewController-BYZ-38-t0r.nib</key>
        <data>
        zj/QJcmwcqgleh+U9NUTB7el6Jw=
        </data>
        <key>Info.plist</key>
        <data>
```

图 1-13　签名文件内容

iOS 系统会在应用安装时进行签名校验，应用通过校验后才能被正常安装到设备上。签名校验流程如图 1-14 所示。

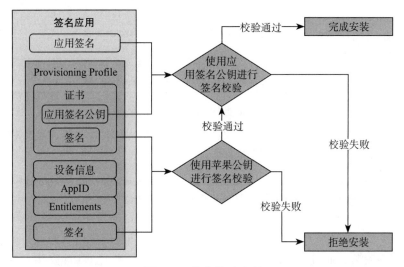

图 1-14 签名校验流程

iOS 系统不仅可以通过签名保证应用的完整性，防止应用被篡改，还可以根据开发者公钥生成证书，验证其是否为合法的开发者。应用程序只有签名后才能够正常使用苹果公司的服务，苹果公司就是通过这些手段实现对整个生态的控制的。

1.2 移动应用的安装

1.2.1 Android 应用安装

Android 应用的安装包本质是后缀为 .apk 的压缩包，里面包含了应用运行时所需的资源和依赖库等。程序安装就是把压缩包中的文件和依赖库资源复制到系统的相应目录中，然后在桌面创建应用图标。那么，Android 应用的具体安装过程是怎样的呢？本小节将为大家详细讲解。

Android 应用安装时可能涉及的系统目录及其如表 1-4 所示。

表 1-4 Android 应用安装时可能涉及的系统目录及其作用

系统目录	作用
/system/app	用于存放系统预装的应用，普通用户无法删除
/vendor/app	用于存放设备厂商预装的应用，普通用户无法删除
/data/app-private	用于存放受 DRM（Digital Rights Management，数字版权管理）保护的应用，普通用户无法删除
/data/app	用于存放用户安装的应用，普通用户可以删除
/data/data	用于存放已安装应用程序的数据

（续）

系统目录	作用
/data/system	该目录中的 packages.xml 文件记录了每个已安装应用的 name、codePath、flags、version、uesrid 等信息
/data/app/ 应用包名 /oat/	Android 6.0 及之后版本的系统安装应用时会将 DEX 文件复制至该目录，并将其转化为 OAT 文件
/data/dalvik-cache	Android 6.0 之前版本的系统安装应用时会将 DEX 文件复制至该目录，在 ART(Android Runtime）虚拟机执行时将 DEX 文件转换至 OAT 文件

应用安装时系统默认将其安装到 /data/data 目录，如果想将应用安装到 SD 卡中，则可以在应用的配置文件 AndroidManifest 中增加 android:installLocation 属性，并将该属性的值设置为 preferExternal 或 auto。具体代码如下：

```
<manifest xmlns:android="http://schemas.android.com/apk/res/android"
    android:installLocation="preferExternal"
    ... >
```

Android 系统为普通用户提供了 3 种应用安装途径：通过应用商店安装，通过系统中已安装的应用下载安装，通过 ADB 工具使用命令行的方式安装。这 3 种安装方式虽然最开始的调用方式不同，但最终都是由 PackageManagerService 服务进行处理的。

应用安装流程可以分为以下 5 步。

第一步：应用安装时通过 DefaultContainerService 将自身复制至 /data/app/package/ 目录中，动态库则复制至 /data/app/package/lib/ 目录中。如果系统是 Android 6.0 及以上版本，则将应用中的 DEX 文件复制至 "/data/app/ 应用包名 /oat/" 目录中，并进行优化处理。Android 6.0 以下版本系统会将应用中的 DEX 文件复制至 /data/dalvik-cache 目录中。

第二步：解析安装包中的资源文件进行签名校验，将从 AndroidManifest.xml 文件中读取的应用信息写入 /data/system/packages.xml 文件。

第三步：在 /data/data/package/ 目录中创建所需的数据目录，并将应用数据复制至相关目录中。

第四步：将 AndroidManifest.xml 文件中声明的组件信息注册到 PackageManagerService。

第五步：通过 Launcher 应用将应用图标添加至桌面，至此完成应用安装。随后系统会发送一条应用完成安装的广播。

具体安装流程如图 1-15 所示。

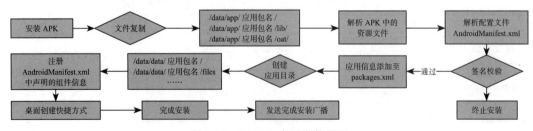

图 1-15　Android 应用安装流程

1.2.2 iOS 应用安装

iOS 应用的安装文件后缀为 .ipa。相对于 Android 系统来说，iOS 系统是封闭的，开发者无法像在 Android 系统中一样随意安装应用。不过 iOS 应用的安装文件本质上也是一个压缩文件，里面包含了应用运行时所需的资源和依赖库等。同 Android 应用的安装过程类似，iOS 也是把压缩包中的数据和依赖库复制到相应目录中，然后在桌面创建应用图标。

iOS 应用安装时通常会涉及 4 个文件目录：Documents、Library、tmp 和应用的安装目录 AppName.app。文件目录及其作用如表 1-5 所示。

表 1-5　iOS 应用安装时涉及的文件目录和作用

文件目录	作用
/var/mobile/Containers/Data/Application/xxxx/Documents	应用程序产生的文件数据（类似于 Android 系统的 data/data/ 应用包名）
/var/mobile/Containers/Data/Application/xxxx/Library	该目录下有 Preferences 和 Caches 两个子目录，分别用于存放应用的偏好设置信息和缓存文件
/var/mobile/Containers/Data/Application/xxxx/tmp	存放应用运行时产生的一些临时数据和文件。当应用进程停止或系统磁盘空间不足时会自动清除该目录中的数据
/var/containers/Bundle/Application/xxxx/AppName.app	用于应用程序安装，程序安装时会把安装文件复制到该目录。不建议改动目录中的文件，否则可能导致应用无法启动

iOS 系统提供了 3 种应用安装途径：App Store 安装、TestFlight 安装和 itemServices 协议安装。除了最开始的调用方式不同外，这 3 种安装方式最终都是由系统的安装服务进行处理的。

App Store 和 TestFlight 都是苹果官方的应用分发平台，不同之处在于 App Store 用于正式应用的分发，而 TestFlight 是苹果提供给开发者用于内测的分发平台。不是每个用户都有权使用 TestFlight 安装应用，需要开发者先发出测试邀请才可以。建议安装应用时首先考虑使用 App Store 方案。通过 App Store 安装 iOS 应用的流程如图 1-16 所示。

图 1-16　通过 App Store 安装 iOS 应用的流程

itemServices 是苹果公司推出的一种协议。基于此协议，开发者可以建立自己的企业版应用的分发平台，绕过在 App Store 上架的限制。使用 itemServices 配合 plist 文件构造一个网页，用户使用浏览器打开该页面便可下载并安装应用。具体示例如下：

```
<!DOCTYPE HTML PUBLIC "-//W3C//DTD HTML 4.01 Transitional//EN">
<html>
```

```
<body>
<a href='itms-services://?action=download-manifest&url=http://www.demo.com/
    demo.plist'>Demo</a>
</body>
</html>
```

使用此方式安装应用，用户在第一次打开应用时需要手动选择信任应用开发者的企业
证书，否则该应用将无法通过苹果的安全校验，也就无法正常运行，如图 1-17 所示。

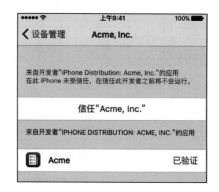

图 1-17　信任企业证书

通过 itemServices 协议安装 iOS 应用的流程如图 1-18 所示。

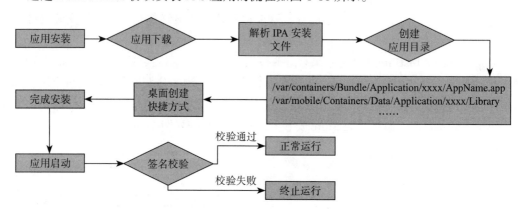

图 1-18　通过 itemServices 协议安装 iOS 应用的流程

1.3　移动应用的权限

1.3.1　Android 应用的权限

Android 是一个权限分离的操作系统，每个应用都有独特的系统标识。正常情况下，应
用本身没有权限执行对其他应用或系统产生危害的操作。应用都运行在访问权受限的沙盒
中，当应用需要使用沙盒以外的资源时需要申请相应的权限，如读写 SD 卡、读写联系人、

调用摄像头等权限。

根据重要程度，Android 权限可以分成 3 种类型，如表 1-6 所示。

表 1-6 Android 权限类型及含义

权限类型	权限含义
普通权限	普通权限只需要在 AndroidManifest.xml 中声明就可以使用。这类权限下的操作对用户隐私及其他应用带来的风险非常小。Android 在处理这类权限时不会提示用户，用户也没有办法撤销这类权限的授权
签名权限	Android 会在应用安装时根据应用程序的签名信息授予相应的权限，两个应用如果使用同一证书进行了签名，就可以进行安全的数据共享
危险权限	对于涉及用户隐私或者影响其他程序操作的权限，Android 会以弹窗的方式向用户进行询问，应用程序必须要经过用户的授权，才可以执行相应的动作

在 Android 5.0 及之前的版本中，应用无论申请普通权限还是申请危险权限，只需要在应用的 Manifest 配置文件中声明，就会在安装时被自动授予。为了提高系统的安全性，更好地保护用户的隐私，Google 在 Android 6.0 版本中针对危险权限开始使用新的权限管理模式，即动态权限申请。应用使用危险权限时需要先在 AndroidManifest.xml 中声明对应的权限。以访问相机为例，需要先在其中添加相应的 <uses-permission> 元素进行权限声明，具体添加以下代码行：

```
<manifest >
    <uses-permission android:name="android.permission.CAMERA"/>
    <application ...>
        ...
    </application>
</manifest>
```

应用运行时首次用到声明的危险权限，系统会弹窗提示用户，由用户自主决定授予还是拒绝所申请的权限。若没有被授予相应的权限而直接进行操作，则可能出现应用崩溃（crash）的情况。弹窗提示用户效果如图 1-19 所示。

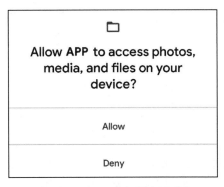

图 1-19 Android 权限申请弹窗

在 Android 上声明和请求应用运行时权限的工作流程如图 1-20 所示。

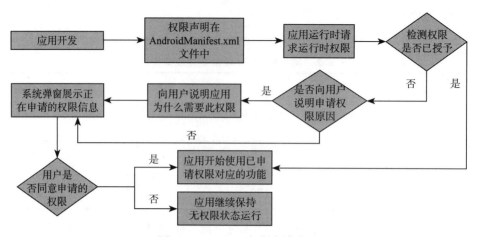

图 1-20 Android 权限申请流程

在 Android 6.0 ～ Android 8.0 版本中，若应用在运行时请求权限并且被授予该权限，则系统会错误地将属于同一权限组并且已在清单中声明的其他权限一同授予。也就是说，对于同一组内的权限，只要有一个被同意，其他的都会被同意。在 Android 8.0 之后，此 bug 已被修复，只会授予应用明确请求的权限。

1.3.2　iOS 应用的权限

iOS 一向以注重保护用户隐私而著称，因此 iOS 系统的权限审核相较于 Android 系统更加严格。苹果规定应用程序访问受保护的资源之前需要得到用户许可，可以理解为应用程序运行中涉及用户隐私相关权限时都需要弹窗提示，用户手动确认授权后方可使用。

同 Android 应用一样，iOS 应用在使用权限前也需要注册声明。开发者需要将应用运行中用到的权限注册在 Info.plist 中，如果未在 Info.plist 中声明而直接使用权限，则将导致应用崩溃。权限在 Info.plist 中的具体注册格式如图 1-21 所示。

Key	Type	Value
⬥ permission 〉 🗂 permission 〉 🎛 Info 〉 No Selection		
∨ Information Property List	Dictionary	(3 items)
〉 Application Scene Manifest	Dictionary	(2 items)
Privacy - Photo Library Usage Description	String	应用需要使用相册的访问权限
Privacy - Calendars Usage Description	String	应用需要使用相机权限

图 1-21　Info.plist 权限声明

在 Info.plist 文件中，通过 Key 指定应用所需的权限，而在相应的 Value 处则需填写使用该权限的具体理由。系统在弹出授权提示窗口时会向用户展示 Value 中填写的信息，让用户了解权限使用的目的，具体效果如图 1-22 所示。

iOS 应用运行时请求权限的工作流程如图 1-23 所示。

图 1-22　iOS 权限申请弹窗

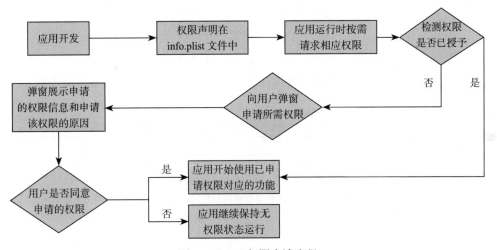

图 1-23　iOS 权限申请流程

Android 系统中，如果用户拒绝授予敏感权限，那么开发者有机会通过多次弹窗来提醒用户授权。而 iOS 系统只允许开发者通过一次弹窗来提示用户授权，如果用户拒绝，则应用无法再次通过弹窗请求授权，只能引导用户前往系统的权限管理设置功能中手动进行授权。

1.4　移动应用的运行

1.4.1　Android 应用的运行

Android 是基于 Linux 内核开发的操作系统，因此也继承了 Linux 的安全机制。如图 1-24 所示，Android 系统进一步完善了 Linux 基于用户的识别和隔离应用资源的保护机制。Android 系统中每个应用程序安装时都会被分配唯一的用户编号（UID），只要应用程序不被卸载，UID 就不会变动。Android 会依据应用的 UID 为每个应用设置一个独立的内核级应用沙盒，所有应用都在沙盒中独立运行。默认情况下应用之间不能交互，只能访问和使用自己沙盒内的资源。

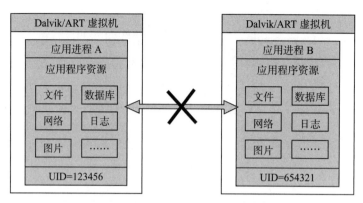

图 1-24　Android 进程隔离

攻击者要想攻破 Android 系统，就必须突破沙盒的安全限制，Android 为了保证应用沙盒机制的安全性，一直在不断增加各种安全措施。表 1-7 是 Android 各版本新增的安全机制情况。

表 1-7　Android 各版本新增的安全机制

系统版本	安全机制
Android 5.0	通过利用 SELinux 的强制访问控制（MAC）机制，实现系统与应用间的隔离，同时采用基于 UID 的自主访问控制（DAC）策略，确保第三方应用之间的隔离
Android 6.0	扩展 SELinux 沙盒功能，实现跨越物理用户边界的应用隔离。更改应用主目录的默认访问权限，确保除了目录属主拥有读、写和可执行权限外，所属组内的用户和所属组外的其他用户均无访问权限
Android 8.0	应用通过基于 Linux 提供的 Seccomp BPF 模式过滤运行，Android 通过该模式限制应用对系统 API 的调用，从而增强应用沙盒的安全性
Android 9.0	非特权应用运行在不同的 SELinux 沙盒中，并针对各个应用采用 MAC 策略，进一步提升应用隔离效果，防止替换安全默认设置，并且防止应用的数据让所有人可访问
Android 10.0	应用默认被授予外部存储空间的分区访问权限，可以直接访问外部存储空间上的应用专属目录以及本应用所创建的特定类型的媒体文件，不需要申请与存储空间相关的权限

为了保证应用沙盒的安全，除了上述不断增强的系统层面的防护措施外，Android 还根据应用本身的可信度对其进行分类，共分为 4 类，即不可信应用、特权应用、平台应用和系统应用，如表 1-8 所示。

表 1-8　Android 应用类型及权限

应用类型	应用权限
不可信应用	用户安装的应用以及部分预装应用都属于此类应用，此类应用在访问系统资源时受到严格限制
特权应用	特权应用位于 /system/priv-app 目录或 OEM 定义的其他目录下，用户无法自行卸载，不以系统权限运行，访问系统资源受到严格限制
平台应用	平台应用具备平台签名，不以系统权限运行，访问系统资源同样受到限制
系统应用	系统应用具备平台签名，以系统权限运行时可以不受应用沙盒的限制，能访问大部分 Android 框架中的系统资源

如图 1-25 所示，应用程序启动时会根据应用的类型分配不同的访问权限。拥有系统权限的应用在访问系统资源时有很多特权，几乎不受沙盒策略的限制；非系统应用要访问系统资源则会受到严格的限制。

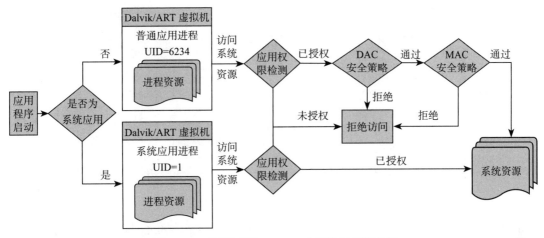

图 1-25　不同类型的 Android 应用访问系统资源

虽然严格地应用隔离策略能大幅提高应用的安全性，但应用之间不可避免地会交互通信，严格的应用隔离策略会带来诸多不便。为保证运行在不同沙盒间的应用依然可以正常交互，Android 提供了两种应用间数据共享机制：sharedUserId 共享机制和基于 Binder 的 IPC 通信机制。

（1）sharedUserId 共享机制

使用相同签名和相同 sharedUserId 属性的应用会被分配相同的 UID，拥有相同 UID 的应用可以彼此访问其数据目录下的任意数据，还可以将应用配置到同一个进程中运行。开发者可以在应用的 Manifest 文件中添加 sharedUserId 属性进行设置，具体代码如下：

```
<manifest xmlns:android="http://schemas.android.com/apk/res/android"
    package="com.share.demo"
    android:versionCode="1"
    android:versionName="1.0"
    android:sharedUserId="demo">
```

 注意　Android 10.0 及以后的系统不再支持 sharedUserId 属性的设置。

（2）基于 Binder 的 IPC 通信机制

Binder 实现了基于客户端 / 服务器（C/S）架构的进程间通信（IPC），它通过 Android 接口定义语言（AIDL）来定义通信接口及交换数据的格式，确保进程间传输的数据安全有效，避免数据溢出或越界。其本质就是通过共享内存方式实现进程通信，具体通信原理如图 1-26 所示。

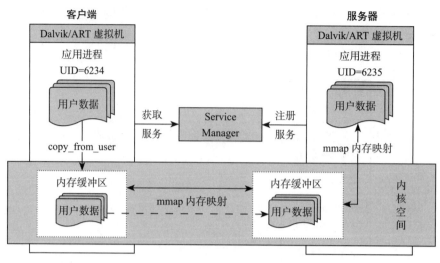

图 1-26 Android 进程间通信

　　Binder 在内核空间创建两个内存缓冲区，在两个内存缓冲区之间建立映射关系，同时在内核中的共享数据缓存区和接收进程的用户空间地址之间建立映射关系。发送方进程调用 copy_from_user 函数将共享数据复制到到内核中的内存缓冲区。由于内存缓冲区和接收进程的用户空间存在内存映射，接收进程便可直接读取共享数据。

1.4.2　iOS 应用的运行

　　iOS 系统是苹果基于 Darwin 研发的操作系统，而 Darwin 是基于 FreeBSD 研发的操作系统。iOS 系统就顺理成章地继承了 FreeBSD 系统基于 TrustedBSD 框架的 MAC 机制，iOS 以此机制为基础建立了一套严格限制应用访问的安全机制。如图 1-27 所示，应用安装时都会分配一个独立的存储空间，该存储空间也就是应用沙盒。沙盒之间相互独立，不能相互访问，应用只能访问自己空间内的资源。

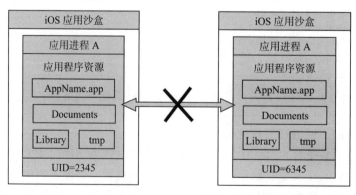

图 1-27　iOS 进程隔离

1.2.2 节提到 iOS 的应用沙盒由 4 个文件目录组成：Documents、Library、tmp 及应用的安装目录 AppName.app。文件目录所在位置和作用如表 1-5 所示。

安全沙盒机制保证应用与系统文件和资源处于隔离状态，如果应用要访问系统文件和资源，就需要取得系统的授权。而与 Android 系统有所不同，iOS 系统中的大部分系统应用要访问系统文件和资源同样需要先获取相关授权，如图 1-28 所示。

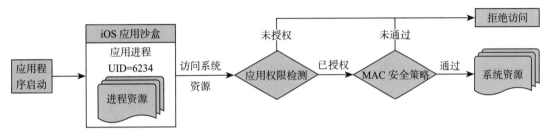

图 1-28　iOS 应用访问系统资源

应用沙盒保证了每个应用程序在设备中都有自己独立的存储位置，从而确保了应用数据的安全。但有时为了实现某些应用的功能，要进行数据共享。在保证应用数据安全的前提下，iOS 系统提供了 3 种数据共享方式：KeyChain、App Groups 和剪贴板。

首先，如图 1-29 所示，KeyChain 提供了两种访问区：私有区域和公共区域。私有区域仅限本应用进行访问，对其他应用不可见，也无法访问。公共区域可以被同一证书签名的其他应用访问，可以通过此方式实现不同应用间的数据共享。

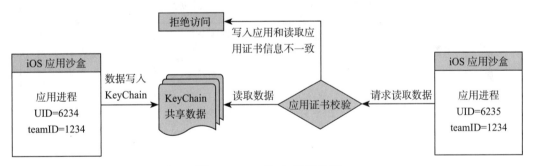

图 1-29　KeyChain 数据共享

其次，如图 1-30 所示，App Groups 是苹果在 iOS 8 版本中加入的功能，同一开发者的应用可以通过注册同一个 App Groups 进行数据共享。开发者在苹果的开发者中心注册一个对外共享的 App Groups，然后通过 Xcode 对需要进行数据共享的应用都配置该 App Groups。这样同一开发者的应用间就可以通过 App Groups 共享数据。

最后，如图 1-31 所示，剪贴板功能是一种便捷且高效的数据共享方式，使不同应用间能够轻松共享信息。iOS 系统提供了两种剪贴板模式：generalPasteboard 和 pasteboardWithName。generalPasteboard 作为一个全局剪贴板，允许系统中所有的应用进行数据共享。pasteboardWithName

则相当于一个私有剪贴板，只有本应用或者使用同一证书签名的应用之间可以共享数据。

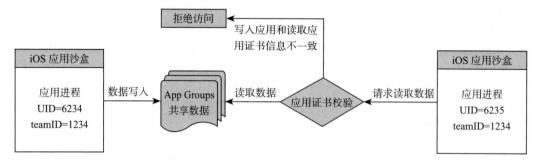

图 1-30 App Groups 数据共享

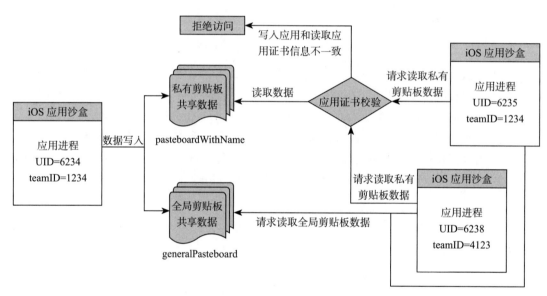

图 1-31 剪贴板数据共享

第 2 章 Chapter 2

应用分析基础

要在安全技术领域获得更高的造诣，就必须先打下扎实的基础。就像建造一座坚固的建筑需要优质的材料一样，保证移动应用安全，工具和基础命令是不可或缺的。在本章中，我们将探讨一些常用的工具和基础命令，它们是保护应用程序免受各种威胁和攻击的关键。

2.1 常用工具

2.1.1 越狱版商店 Cydia

Cydia 是由 Jay Freeman（saurik）领导、Okori Group 及加州大学圣巴巴拉分校（UCSB）合作开发的，专为使用 iPhone、iPad 等苹果设备的越狱用户提供的类似于 App Store 的软件商店，以方便用户安装不被 App Store 接受的程序。它也是一个软件仓库的聚合器，包含几个被社区信任的源，大部分软件包的稳定版本都可以在这些源中找到，不过用户也可以自定义添加软件。

要安装 Cydia，首先需要对苹果设备进行越狱，只有越狱后的设备才能正常使用 Cydia，如图 2-1 所示。

如图 2-2 所示，Cydia 主页下方的工具栏共 5 个图标，分别是"Cydia""软件源""变更""已安装""搜索"，下面说明其具体功能。

❑ Cydia：点击该图标即进入 Cydia 主页。该页面与 App Store 类似，包含一些热门 deb 软件的介绍和说明。其中，右上角的"重建加载"键，用于在页面显示不正常时重刷加载页面。主页页面最底部显示的是当前设备类型、系统版本、Cydia 版本等信息。

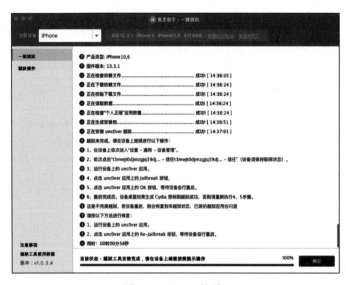

图 2-1 iPhone 越狱

图 2-2 Cydia 主页

❑ 软件源: 一个 deb 软件库的索引。单击右上角的"编辑",然后单击左上角的"添加",
在源地址输入栏中输入正确的源地址,再单击"添加源",即可完成对软件源的添加,
如图 2-3 所示。

❑ 变更: 点击该图标,显示 Cydia 中已添加的软件源列表中软件的版本变化情况。如
图 2-4 所示,可根据实际情况对已安装软件进行更改。

❑ 已安装: 通过 Cydia 安装的软件都会在此处展示,可以对已安装的软件进行卸载、
更新等操作,如图 2-5 所示。

❑ 搜索: 可以搜索需要安装的软件名字。如果搜索所需的软件无果,则可以在添加包
含该软件的软件源后重新搜索。

图 2-3 添加软件源

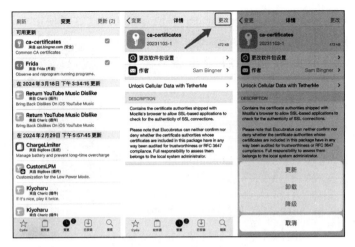

图 2-4　软件变更

图 2-5　软件卸载

如果设备越狱后依然无法正常使用 Cydia，则可尝试通过爱思助手安装由 Electra 越狱团队发布的 Sileo 作为替代。

2.1.2　Root 工具 Magisk

Magisk 是由吴泓霖开发的一套开放源代码的 Android（5.0 以上版本）自定义工具，内置了 Magisk Manager（图形化管理界面）、Root 管理工具、SELinux 补丁等功能。Magisk 同时提供了在不修改系统文件的情况下更改 /system 或 /vendor 分区内容的接口。利用其与 Xposed 类似的模块系统，开发者可以对系统进行修改或对所安装的软件功能进行修改等。

本节主要介绍如何使用 Magisk 对 Android 设备进行 Root 操作。这就先要对设备的 BootLoader 状态进行解锁，只有解锁后才可以通过刷机等一系列操作完成 Root。现在国内大部分手机厂商已经彻底关闭了 BootLoader 解锁方式。因此这里使用 Google 生产的 Pixel 系列手机进行 Root 操作演示。

将手机的 BootLoader 状态解锁，在开发者模式下开启 OEM unlocking，如图 2-6 所示。

进入 BootLoader 模式：

```
adb reboot bootloader
```

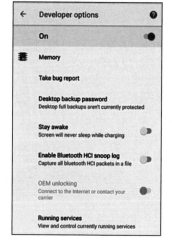

在 BootLoader 模式下解锁 BootLoader 程序，根据屏幕提示进行如下操作：

```
fastboot flashing unlock 或 fastboot oem unlock
```

在 Google 官网中下载设备对应的系统镜像：https://developers. google.com/android/images#taimen。解压缩镜像文件，将其中的 boot.img 推送到手机的 SD 卡中，安装 Magisk，并对 boot. img 进行 patch（打补丁）操作。Magisk 会将处理后的 boot. img 存放在 /sdcard/Download 目录中，并重命名为 magisk_patched-xxxx.img。具体操作流程如图 2-7 所示。

图 2-6　开启 OEM unlocking

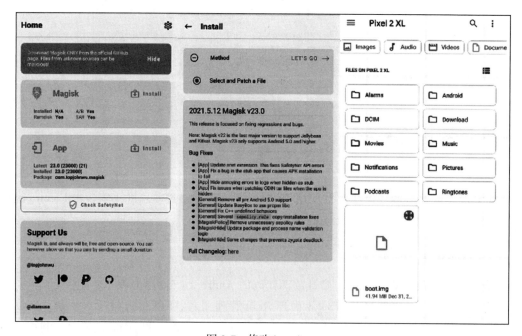

图 2-7　修改 boot.img

将修补后的 boot.img 文件复制到本地计算机，接着将该文件临时写入需要进行 Root 操作的设备中。

```
adb pull /sdcard/Download/magisk_patched-23000_T5HA4.img .
adb reboot bootloader
fastboot boot magisk_patched-23000_T5HA4.img
```

如图 2-8 所示，重启设备后进入系统，Magisk 应该已经成功安装。如果 Magisk 显示未安装，则可能是安装失败，需要按照之前的步骤重新尝试。但成功安装 Magisk 后获取的 Root 权限为临时 Root 权限，为了转为永久 Root 权限，要进入 Magisk 主页，选择 Install（选择安装）→ Direct Install（直接安装），安装完成后选择 Reboot（重启设备）。重启完成后，设备的临时 Root 权限将被转换为永久 Root 权限。

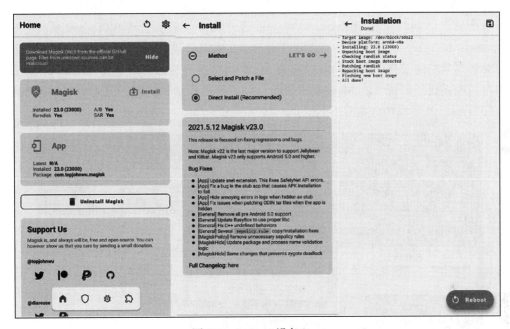

图 2-8　Android 设备 Root

除此之外，还可以通过命令行将经过补丁处理的 boot.img 文件直接写入需要进行 Root 操作的设备中以获取永久 Root 权限。但该 boot.img 文件需要与目标系统的设备完全匹配，否则可能导致系统无法启动或 Wi-Fi 无法连接。因此，建议优先使用 Magisk 获取永久 Root 权限。

```
adb pull /sdcard/Download/magisk_patched-23000_T5HA4.img .
adb reboot bootloader
fastboot flash boot magisk_patched-23000_T5HA4.img
```

至此，彻底完成了设备的 Root 工作。之后我们可以在此设备上任意安装所需工具。

2.1.3　Hook 框架 EdXposed

EdXposed 是一款适用于 Android 系统的 Hook 框架。它是基于 Riru 构建的 ART Hook

框架，最初用于 Android Pie。EdXposed 使用 YAHFA 或 SandHook 技术进行 Hook 操作，支持 Android 8 到 Android 11 的系统版本。它提供了与原版 Xposed 相同的 XposedBridge API，可在 Android 高权限模式下运行，并在不修改 App 文件的情况下修改程序的运行情况。基于 EdXposed，开发者可以创建许多功能强大的 Xposed 模块，且这些模块能在功能不冲突的情况下同时运作。

1. EdXposed 安装

前面对 Android 设备进行 Root 操作时已经了解了如何安装 Magisk。EdXposed 可通过 Magisk 进行安装，在其模块功能中搜索 Riru 和 EdXposed 模块并选择适配自己系统的版本进行安装。同时安装 EdXposed Manager 客户端方便后续管理 EdXposed 插件。打开 EdXposed Manager，软件首页中提示"EdXposed 框架已激活"，说明 EdXposed 框架已经成功安装到当前的设备中。如果提示未激活，则可能是因为选择的 Riru 和 EdXposed 模块版本与当前系统不匹配，在 Magisk 中删除已经安装的模块，重新下载对应版本的模块即可。EdXposed 安装成功后如图 2-9 所示。

图 2-9　安装 EdXposed 框架

EdXposed 框架提供了与原版 Xposed 框架相同的 XposedBridge API，因此基于该框架编写的模块与原版 Xposed 框架编写的模块是完全兼容的。因为这两个 Hook 框架使用的 API 相同，所以 EdXposed 框架的使用方法和 Xposed 框架是一致的。如果之前已有 Xposed 模块的开发经验，则可以略过后面的教程，直接进行 EdXposed 模块开发。

2. 创建 Xposed

创建 Xposed 的模块时可根据交互情况选择工程模板。此处为了让大家快速上手 Xposed

模块的开发，会通过简单的不需要交互的范例进行讲解。首先，通过 Android Studio 创建一个 No Activity 的工程，如图 2-10 所示。

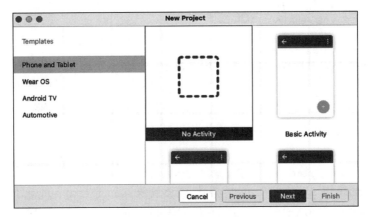

图 2-10 创建 Xposed 工程

此时创建的为普通 Android 应用工程，接下来需要在工程的 AndroidManifest.xml 文件中增加以下 3 个属性值，用于将该应用转化为 Xposed 模块：

```
# 标记该应用为 Xposed 模块，用于 Xposed 框架识别
<meta-data android:name="xposedmodule" android:value="true" />
# 对该 Xposed 模块的描述
<meta-data
    android:name="xposeddescription"
    android:value="Edxposed demo!" />
# 模块支持的最低 API 版本
<meta-data android:name="xposedminversion" android:value="54" />
```

添加完属性值的 AndroidManifest.xml 文件内容如下：

```
<?xml version="1.0" encoding="utf-8"?>
<manifest xmlns:android="http://schemas.android.com/apk/res/android"
    package="com.hook.xposed">
    <application
        android:icon="@mipmap/ic_launcher"
        android:label="@string/app_name">
        <meta-data
            android:name="xposedmodule"
            android:value="true" />
        <meta-data
            android:name="xposeddescription"
            android:value="Edxposed Xposed Test" />
        <meta-data
            android:name="xposedminversion"
            android:value="54" />
    </application>
</manifest>
```

有两种添加 XposedBridge API 开发依赖的方式。

1）通过 Gradle 添加，即在该工程的 app 目录下的 build.gradle 文件中添加开发时所需的 XposedBridge API 环境，如下：

```
dependencies {
    compileOnly 'de.robv.android.xposed:api:82'
    compileOnly 'de.robv.android.xposed:api:82:sources'
}
```

在工程根目录的 settings.gradle 的 repositories 属性中增加如下配置项：

```
repositories {
    jcenter()
}
```

2）下载 XposedBridgeApi-82.jar，将该 JAR 包放置到工程 app 目录下的 libs 文件中，以添加开发时所需的 XposedBridge API 环境，同时在 build.gradle 文件中进行如下配置：

```
dependencies {
    compileOnly files('libs/XposedBridgeApi-82.jar')
}
```

配置 Hook 模块的入口，用于通知 EdXposed 框架该模块是从哪里开始启动的。在该工程的 main 目录下新建 assets 文件夹，并在该文件夹下创建名为 xposed_init 的文件。将作为入口的 class 完整路径写入该文件即可，代码如下：

```
com.hook.xposed.InitHook
```

以上配置完成后就可以正式开始使用 EdXposed 框架来进行 Hook 操作了。Hook 操作主要使用了 Xposed 中两个比较重要的函数：handleLoadPackage，用于在包加载时进行回调并获取对应的 classLoader；findAndHookMethod，用于对指定类中的函数进行 Hook 操作。它们的详细定义如下：

```
/**
 * Edxposed 框架注入应用时的回调
 */
public void handleLoadPackage(final LoadPackageParam lpparam)
/**
 * Edxposed 提供的 Hook 方法
 * @param className 需要执行 Hook 操作的类名
 * @param classLoader classLoader
 * @param methodName 需要执行 Hook 操作的方法名
 * @param parameterrypesAndCallback 目标方法的参数类型和回调
 * @return
 */
findAndHookMethod(string className,ClassLoader classLoader,parameterTypesAndCallback)
```

具体使用方法可以参考模块入口类 InitHook 中的代码，如下：

```
public class InitHook implements IXposedHookLoadPackage{
    @Override
    public void handleLoadPackage(final XC_LoadPackage.LoadPackageParam lpparam)
        throws Throwable {
        findAndHookMethod(
            "需要执行 Hook 操作的类名 ",
            lpparam.classLoader,
            "需要执行 Hook 操作的函数名 ",
            "需要执行 Hook 操作的函数参数 ",
            new XC_MethodHook() {
                @Override
                protected void beforeHookedMethod(MethodHookParam param) throws
                    Throwable {
                    // 执行方法前进行 Hook 拦截，通常用于修改传入的参数
                }
                @Override
                protected void afterHookedMethod(MethodHookParam param) throws
                    Throwable {
                    // 执行方法后进行 Hook 拦截，通常用于修改函数的返回值
                }
            }
        );
    }
}
```

3. Xposed 模块开发

现在所有开发 Hook 模块的准备工作已经完成，正式开始实战操作。

先准备一款用于测试目标应用，该应用界面展示了一个按钮，单击即可显示返回值。运行效果如图 2-11 所示。

图 2-11　测试应用

　　下面是该应用的核心代码。当单击"开始点击"按钮时程序会调用 getTextViewShowData 函数获取需要展示的数据。我们的目标是通过 Hook 的方式拦截并替换该函数的返回数据。

```java
package com.test.demo;
......
public class FirstFragment extends Fragment {
......
    public void onViewCreated(@NonNull View view, Bundle savedInstanceState) {
        super.onViewCreated(view, savedInstanceState);
        binding.buttonFirst.setOnClickListener(new View.OnClickListener() {
            @Override
            public void onClick(View view) {
                new Thread(new Runnable() {
                    @Override
                    public void run() {
                        Message ms = new Message();
                        Bundle mb = new Bundle();
                        mb.putString("test",getTextViewShowData());
                        ms.setData(mb);
                        handle.sendMessage(ms);
                    }
                }).start();
            }
        });
    }
    public String getTextViewShowData() {
        return "Hello, welcome to here!!!";
    }
    ......
}
```

　　接下来开始编写 Hook 代码。首先确认目前函数名和其所在类的全路径，在此演示示例中目标函数没有接收参数，因此不用关注参数问题。

```java
public class HookDemo implements IXposedHookLoadPackage {
    @Override
    public void handleLoadPackage(XC_LoadPackage.LoadPackageParam lpparam) {
        findAndHookMethod(
            "com.test.demo.FirstFragment",
            lpparam.classLoader,
            "getTextViewShowData",
            new XC_MethodHook() {
            @Override
            protected void afterHookedMethod(MethodHookParam param) {
                // 在方法执行后进行 Hook 拦截，通常用于修改函数的返回值
                param.setResult("该返回结果已经被 Hook！！！");
            }
        });
    }
}
```

　　将开发的 Hook 模块应用进行签名打包后安装到目标设备中，在 EdXposed Manager 客户端的模块管理中启用该模块，并重启设备使该 Hook 模块生效。具体操作参考图 2-12。

图 2-12　安装 Hook 模块

　　设备完成重启后，Hook 模块的功能已经正常生效。打开目标应用并单击"开始点击"按钮，界面上展示的就是被我们替换后的内容。具体效果如图 2-13 所示。

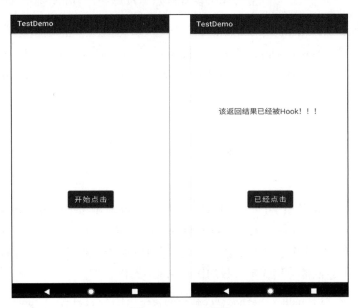

图 2-13　Hook 测试

实际场景中目标应用的代码量通常比较大，应用打包时 DEX 文件中的引用方法往往已经超过 65 536 个，因此会拆分成多个 DEX 文件。而 Hook 框架默认对应用中的主 DEX 文件执行操作，因此可能出现类的路径和方法名都正确，却无法调用目标方法的情况。Android 系统加载 DEX 文件后，会创建一个 Application 类，并调用其 attach 方法。attach 方法会接收一个参数，即 Context 对象。通过 Context 对象，可以获取相应 DEX 文件的 ClassLoader，这个 ClassLoader 包含了该 DEX 文件中所有类的信息。因此，只要对 attach 方法进行 Hook 操作，就能获取 Context 对象，并进一步获取 ClassLoader，也就能搜索到目标类。这解决了对多 DEX 应用进行 Hook 操作时难以定位目标方法的问题，具体实现代码如下：

```
// 多 DEX 应用支持
findAndHookMethod("android.app.Application",
    loadPackageParam.classLoader,
    "attach",
    Context.class,
    new XC_MethodHook() {
        @Override
        protected void afterHookedMethod(MethodHookParam param) {
            Context context = (Context) param.args[0];
            ClassLoader classLoader = context.getClassLoader();
            // 此处开始正常进行 Hook 操作
            ......
        }
    }
);
```

> **注意** 此方法不仅对多 DEX 应用有效，在针对加壳应用进行 Hook 操作时也能收到令人惊喜的效果。

在真实环境对函数进行 Hook 操作时，目标函数往往都是带有参数的，而上述示例中的函数是无参的，下面介绍如何执行带参数的函数 Hook 操作。假设上述 Hook 操作示例中的函数带有两个参数，代码如下：

```
......
public String getTextViewShowData(String input, int count) {
    return "Hello, welcome to here!!!";
}
......
```

Java 语言是支持函数重载的，即在同一个类中可以存在多个函数名称相同但参数列表不同的函数。编写 Hook 代码时如果仅指定目标方法名而未指定该方法接受的参数类型，将导致 Hook 模块无法准确定位到该函数。因此，在 Hook 带参数的目标方法时必须指定匹配的参数类型。以上述函数为例，带参数的函数 Hook 操作如下：

```
XposedHelpers.findAndHookMethod("com.demo.app.MainActivity", lpparam.classLoader,
    "getTextViewShowData", String.class, int.class, new XC_MethodHook() {
```

```
    @Override
    protected void beforeHookedMethod(MethodHookParam param) throws Throwable {
        // 在 getTextViewShowData 方法执行前拦截并修改
        param.setResult("this function is be hooked!!!");
    }
});
```

例子中函数接收的参数都是标准类型，然而在工作或学习中需要通过反编译的方式确定目标函数名和其所在类，然后编写 Hook 模块。这时经常会遇到函数的参数是自定义类型而不是标准数据类型的情况。针对此种情况，Xposed 也提供了解决方案，具体代码如下：

```
Class<?> customClass = XposedHelpers.findClass(" 自定义变量的完整路径 ", classLoader);
findAndHookMethod(
    " 目标类名 ",
    classLoader,
    " 目标方法名 ",
    String.class,
    customClass,
    new XC_MethodHook() {
        @Override
        protected void afterHookedMethod(MethodHookParam param) {
        }
    }
);
```

2.1.4　Hook 框架 Frida

Frida 是面向开发人员、逆向工程师和安全研究人员的支持多平台的动态测试工具包。使用者可以通过该工具将 JavaScript 代码片段或自定义的库注入 Windows、macOS、Linux、iOS、Android 平台的应用程序中，注入的 JavaScript 代码在执行时可以完全访问宿主程序的内存、hook 函数，甚至可在进程内调用本地函数。同时，Frida 还为使用者提供了一系列基于 Frida API 构建的简单工具。使用者既可以直接使用这些 API，也可以根据具体的场景按需对这些 API 进行调整。

1. Frida 安装

Frida 分为客户端和服务端两部分，需要两者配合才能正常使用。下面将以 macOS 和 Android 平台为例对该工具的安装和使用进行介绍。官网推荐使用 pip 方式进行安装，Python 最好为 3.0 以上的版本。

```
$ pip3 install frida-tools
```

首先，安装 Frida 服务端到 Android 手机端。在 https://github.com/frida/frida/releases 下载相应版本的服务端程序，然后通过下列命令进行安装并启动：

```
adb push  frida-server /data/local/tmp
adb shell  // 进入到 Android 的命令行模式
$ su       // 切换到 Root 模式
```

```
# chemod a+x /data/local/tmp/frida-server
# ./data/local/tmp/frida-server
```

然后，为保证客户端和服务端的正常通信，需要进行端口映射，如下：

```
adb forward tcp:27042 tcp:27042
adb forward tcp:27043 tcp:27043
```

可通过 frida-ps -U 命令验证之前部署的 Frida 服务是否正常运行，该命令用于查询出当前 Android 设备中所有正在运行的进程。

```
# 查询 USB 连接设备上的进程信息
$ frida-ps -U
  PID   Name
 -----  -------------------------------------------------------
  5805   com.google.android.gms
  5366   com.google.android.gms.persistent
 11067   com.google.android.gms.ui
  7371   com.google.android.gms.unstable
  5649   com.google.android.googlequicksearchbox
  5592   com.google.android.googlequicksearchbox:interactor
  5628   android.process.media
```

2. Frida 常用测试命令

Frida 提供了 6 个对新手用户非常友好的命令行工具：frida-ls-devices、frida-trace、frida-ps、frida、frida-discover、frida-kill。这些工具可以让使用者在无须自己开发注入模块的情况下快速上手 Frida。

1）frida-ls-devices 是一个用于列出附加设备的命令行工具，在与多个设备交互时非常有用。

```
$ frida-ls-devices
Id                 Type    Name
----------------   ------  ------------
local              local   Local System
CVH7N15A20001095   usb     Nexus 6P
socket             remote  Local Socket
```

2）frida-trace 工具可以用来追踪指定函数的调用情况，传入的参数都是可以使用通配符的，在分析应用程序时非常有帮助。

```
# 跟踪进程中的 recv* 和 send* API 的调用
$ frida-trace -i "recv*" -i "send*" <进程名>
# 在应用程序中跟踪 ObjC 方法的调用
$ frida-trace -m "ObjC" <进程名>
# 在设备中打开应用程序并跟踪函数 call 的调用
$ frida-trace -U -f <进程名> -I "call"
# 在 Android 设备上的指定应用程序中跟踪所有 JNI（Java Native Interface,Java 本地接口）函数调用
$ frida-trace -U -i "Java_*" <进程名>
```

注意　参数中的 -U 代表的是 USB，当参数中加入 -U 参数时说明该命令的操作对象是通过 USB 连接的设备。

3）frida-ps 是一个用于列出进程的命令行工具，在与远程系统进行交互时非常有用。

```
# 显示通过 USB 连接的设备上的进程信息
$ frida-ps -U
# 显示通过 USB 连接的设备上活跃的进程信息
$ frida-ps -Ua
# 显示通过 USB 连接的设备上安装的应用信息
$ frida-ps -Uai
```

4）frida 可以模拟出类似于 IPython（Interactive Python，增强版 Python 交互式解释器）或 Cycript 的交互窗口，让使用者可以快速和轻松地实现对目标进程的调试，如图 2-14 所示。

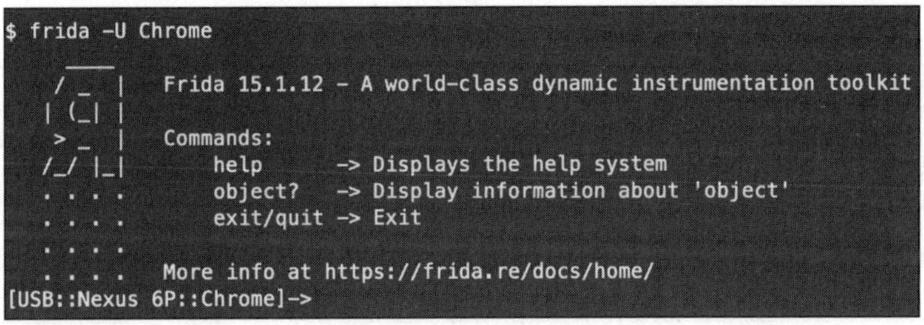

图 2-14　frida 使用示例

```
# Frida 通过 USB 连接到设备上的 Chrome 浏览器，并在调试模式下加载 test.js
$ frida -U Chrome -l test.js --debug
```

5）frida-discover 是一个用于发现程序内部函数的工具，经常配合 frida-trace 使用。先通过 frida-discover 发现程序中的函数，然后可以使用 frida-trace 对发现的函数进行跟踪。

```
# 发现应用程序中的内部函数
$ frida-discover -n <进程名>
$ frida-discover -p <进程 ID>
```

6）frida-kill 是一个用于“杀死”进程的命令行工具，使用时需要通过 frida-ls-devices 和 frida-ps 工具中分别识别的设备 ID 和进程 ID。

```
$ frida-kill -D <DEVICE-ID> <PID>
# 查询当前连接的设备
$ frida-ls-devices
Id               Type    Name
---------------- ------  ------------
local            local   Local System
CVH7N15A20001095 usb      Nexus 6P
socket           remote  Local Socket
```

```
# 列出指定设备上活跃的进程信息
$ frida-ps -D CVH7N15A20001095  -a
  PID   Name
 -----  -------------------------------------------------------
  5805     com.google.android.gms
  5366     com.google.android.gms.persistent
 11067     com.google.android.gms.ui
  7371     com.google.android.gms.unstable
  5649     com.google.android.googlequicksearchbox
  5592     com.google.android.googlequicksearchbox:interactor
  5628     android.process.media
# 结束指定设备上的进程
$ frida-kill -D CVH7N15A20001095  5805
```

3. Frida 模块开发

Frida 框架支持 Python 语言，可以通过 Python 编程实现更多复杂的需求。在使用 Python 开发 Frida 模块前需要了解 Frida 的 attach 和 spawn 两种模式，其具体区别如表 2-1 所示。

表 2-1　Frida 的 attach 和 spawn 模式

模式名称	模式含义
attach	attach 是指附加到已经存在的进程，其原理是通过 ptrace 的方式完成对进程内存的修改。如被附加的进程已处于调试状态或者进行了防调试处理，则将附加失败
spawn	spawn 是指根据指定的参数启动一个新的进程并挂起，在进程启动的同时注入 Frida 代码。该方法常用于在进程启动前的一些 Hook 操作，比如针对 RegisterNative 函数的 Hook 操作，注入完成后会调用 resume 函数恢复进程

attach 模式下，Frida 附加到已经运行的目标进程并注入其 agent：

```
# 附加到目标进程
process = frida.attach(target_process)
# 加载 jscode 到目标进程
script = process.create_script(script_code)
script.load()
```

spawn 模式下，Frida 启动目标进程并注入其 agent：

```
# 启动指定的进程
pid = device.spawn([packename])
# 附加到新创建的进程
process = device.attach(pid)
# 加载 jscode 到目标进程
script = process.create_script(jscode)
script.on('message', on_message)
script.load()
# 新创建的进程为挂起状态，调用 resume 函数将进程恢复
device.resume(pid)
```

在正式开发前，还需要了解在 Python 代码中 Frida 如何连接到目标设备。Frida 提供了 3 种连接指定设备的方式。

```
# 获取指定设备 ID 的设备
device = frida.get_device_manager().get_device("device id")
# 获取远程的设备
manager = frida.get_device_manager()
device = manager.add_remote_device("30.128.25.128:8080")
# 获取通过 USB 连接的设备
device = frida.get_usb_device()
```

使用 Frida 结合 Python 来加载 JavaScript 代码以对 Android 应用进行 Hook，示例如下：

```
import sys
import frida
# 获取通过 USB 连接的设备
device = frida.get_usb_device()
# 启动指定的进程
pid = device.spawn(["com.frida.test"])
# 附加到新创建的进程
session = device.attach(pid)
# 新创建的进程为挂起状态，调用 resume 函数将进程恢复
device.resume(pid)
jscode = """
Java.perform(function(){
    var main=Java.use("com.frida.test.MainActivity");
    main.test.implementation = function()
    {
        console.log("You have been Hooked");
    }
});
"""
def on_message(message,data):
    # message 的类型为 map，取出 key payload 的 value
    print(message["payload"])
script = session.create_script(jscode)
# 设置 message 回调函数为 on_message，JavaScript 代码调用 send 就会将其发送到 on_message
script.on("message",on_message)
script.load()
sys.stdin.read()
```

Frida 是一个非常强大的 Hook 框架，不但可以对 Java 层的代码进行 Hook 操作，还可以对 Native 层进行 Hook 操作，代码示例如下：

```
import frida
import sys
# 获取通过 USB 连接的设备
device = frida.get_usb_device()
# 启动指定的进程
pid = device.spawn(["com.frida.test"])
# 附加到新创建的进程
session = device.attach(pid)
# 新创建的进程为挂起状态，调用 resume 恢复进程
```

```
device.resume(pid)
jscode = """
var openPtr = Module.findExportByName("libc.so", "open");
Interceptor.attach(openPtr, {
    onEnter : function(args){
        var pathPtr = args[0];
        send("open called ! path=" + pathPtr.readUtf8String());
    },
    onLeave : function(retval){
        send("open leave.....");
    }
});
"""
def on_message(message, data):
 # message 的类型为 map，取出 key payload 的 value
    print(message["payload"])
script = session.create_script(jscode)
# 设置 message 回调函数为 on_message，Java Script 代码调用 send 就会将其发送到 on_message
script.on("message", on_message)
script.load()
sys.stdin.read()
```

至此，我们已经熟练掌握 Frida 的操作，建议各位读者立刻找一个目标应用去实际操作一下！

2.1.5 Hook 工具 Objection

Objection 是基于 Frida 框架开发的自动化 Hook 工具包，该工具支持 Android 和 iOS 平台。如果不擅长进行代码开发，但又想使用 Frida 进行一些复杂的 Hook 操作，那 Objection 将是一个非常不错的工具。

Objection 中集成的 Frida 依赖 Python 3.x 版本，因此安装 Objection 需要准备匹配的环境。可使用以下命令进行安装：

```
pip3 install objection
```

完成安装后在终端中输入 objection 命令，执行结果如图 2-15 所示，这说明该工具已经安装成功。正式使用 Objection 前需要在手机端启动 frida-server，并进行端口转发。

Objection 默认采用 attach 模式进行 Hook 操作，通过应用的包名或者 bundleID 附加需要调试的目标应用，进入 Objection 提供的交互界面，这是个类似于 IPython 的交互环境。

```
objection -g [packageName/bundleID] explore
```

如果我们需要在应用启动时就进行 Hook 操作，则可以通过 --startup-command 的方式启动 Objection，示例如下：

```
objection -g packageName explore --startup-command'android
hooking watch class_method xxxx'
```

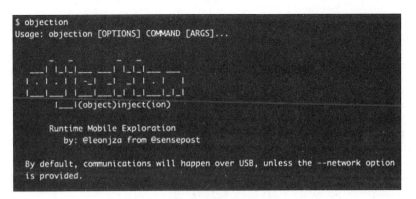

图 2-15 Objection 安装示例

启动 Objection 后，想要查看目标应用程序在设备内的存储路径，直接在交互界面输入 env 命令即可，结果如图 2-16 所示。

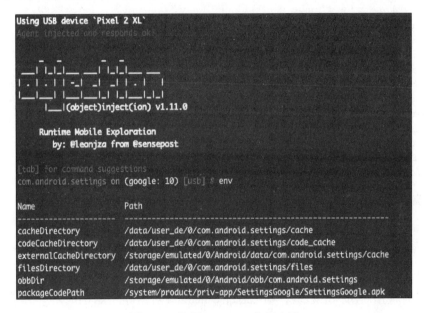

图 2-16 使用 Objection 分析应用

如目标应用为 Android 应用，则可通过以下命令查看该应用的组件信息：

```
# 查看应用的 Activity 组件信息
android hooking list activities
# 查看应用的 Service 组件信息
android hooking list services
# 查看应用的 Broadcast Receiver 组件信息
android hooking list receivers
```

既能查看目标应用的组件信息，亦可启动目标应用的组件：

```
# 启动指定的 Activity 组件
android intent launch_activity [class_activity]
# 启动指定的 Service 组件
android intent launch_service [class_service]
```

对目标应用已加载到内存中的类和方法执行相关操作：

```
# 查看内存中所有的类
android/ios hooking list classes
# 查看指定类中的所有方法
android/ios hooking list class_methods <class_name>
# 查找指定特征的类
android/ios hooking search classes <class_name>
# 查找指定特征的方法
android/ios hooking search methods <method_name>
```

使用 Objection 进行 Hook 操作：

```
# 对指定类中的所有方法进行 Hook 操作
android/ios hooking watch class [class_name]
# 对指定类中的指定方法进行 Hook 操作
# --dump-args ：打印参数
# --dump-backtrace ：打印调用栈
# --dump-return ：打印返回值
android/ios hooking watch class_method [class_name] --dump-args --dump-backtrace
    --dump-return
# 设置返回值，目前仅支持 bool 类型
android/ios hooking set return_value [class_name] false
# 生成 Frida 的 Hook 代码
android/ios hooking generate simple [class_name]
```

调用执行目标应用中的方法：

```
# 搜索指定类的实例 ，获取该类的实例 ID
search instances search instances [class_name]
# 通过实例 ID 直接调用该类中的方法
android heap execute [instance_id] [method_name]
```

如果目标应用启用 SSL 校验，则可通过 Objection 对其进行关闭：

```
android/ios sslpinning disable
```

目标应用内存操作如下：

```
# 枚举当前进程模块
memory list modules
# 查看指定模块的导出函数
memory list exports [lib_name]
# 将导出函数的结果保存到指定的文件中
memory list exports [lib_name] --json result.json
# 搜索内存
memory search --string --offsets-only
```

其他常用命令如下：

```
# 尝试对抗 Root 检测
android root disable
# 尝试模拟 Root 环境
android root simulate
# 截图
android/ios ui screenshot [image.png]
# 对抗越狱检测
ios jailbreak disable
# 导出 KeyChain 中的内容
ios keychain dump
# 尝试关闭 iOS 生物特征认证
ios ui biometrics_bypass
# 执行 shell 命令
android shell_exec [command]
```

2.1.6　Hook 工具 Tweak

1. Tweak 环境搭建

Tweak 是一款依赖 Cydia Substrate 框架的越狱插件开发工具。该工具创建 dylib 动态库注入宿主进程中，以完成各种 Hook 操作，让开发者在不需要破解 iOS 系统的情况下，快速开发出功能强大的 Tweak 插件。

进行 Tweak 开发前需要安装 Theos 环境。Theos 提供了一组工具和库，可以帮助开发者快速创建、编译和部署 Tweak。具体环境配置命令如下：

```
# 将 Theos 下载并安装到指定目录中
git clone --recursive https://github.com/theos/theos.git
/opt/theos
# 将 Theos 添加到环境变量中
export THEOS=/opt/theos
export PATH='$THEOS/bin:$PATH'
# 安装签名工具，用于对编译完成后的文件进行签名
brew install ldid
```

Theos 环境搭建完成后就可以开始创建 Tweak 工程了。首先，在终端中执行 nic.pl 命令，根据输出的提示信息选择 Tweak 模板进行创建。然后，按照提示依次输入工程名称、包名、作者名称等信息，即可完成创建，具体命令如下：

```
$ nic.pl
NIC 2.0 - New Instance Creator
------------------------------
  [1.] iphone/activator_event
  [2.] iphone/activator_listener
  [3.] iphone/application
  [4.] iphone/application_swift
  [5.] iphone/control_center_module-11up
  [6.] iphone/cydget
```

```
[7.] iphone/flipswitch_switch
[8.] iphone/framework
[9.] iphone/library
[10.] iphone/notification_center_widget
[11.] iphone/notification_center_widget-7up
[12.] iphone/preference_bundle
[13.] iphone/preference_bundle_swift
[14.] iphone/theme
[15.] iphone/tool
[16.] iphone/tool_swift
[17.] iphone/tweak
[18.] iphone/tweak_swift
[19.] iphone/tweak_with_simple_preferences
[20.] iphone/xpc_service
[21.] iphone/xpc_service_modern
Choose a Template (required): 17
Project Name (required): TestTweak
Package Name [com.yourcompany.testtweak]: com.test.tweak
Author/Maintainer Name [AYL]: AYL
[iphone/tweak] MobileSubstrate Bundle filter [com.apple.springboard]: com.apple.
    springboard
[iphone/tweak] List of applications to terminate upon installation (space-separated,
    '-' for none) [SpringBoard]:
Instantiating iphone/tweak in testtweak/...
Done.
```

命令执行成功后将在当前目录下创建一个名为 testtweak 的工程目录。工程目录中默认生成 4 个文件，具体文件信息如图 2-17 所示。

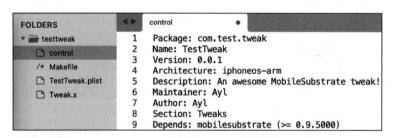

图 2-17　Tweak 工程目录示例

❑ control：该文件中包含当前工程的配置信息，如工程名称、包名、作者名称、版本号及相关依赖等。

❑ Makefile：主要用于自动化构建工程，文件中指定了待编译的源代码、依赖信息和编译配置信息等。

❑ TestTweak.plist：用于存储配置信息。配置信息中的 Bundle ID 决定了当前工程对哪些应用生效。具体配置信息如下：

```
{ Filter = { Bundles = ( "com.test.demo","com.test.demo1" ); }; }
```

❑ Tweak.x：Theos 生成的源代码文件，该文件中的代码使用 Logos 语法进行开发。具体代码示例如下：

```
%hook ClassName
// Hooking a class method
+ (id)sharedInstance {
    return %orig;
}
// Hooking an instance method with an argument.
- (void)messageName:(int)argument {
    %orig;
}
// Hooking an instance method with no arguments.
- (id)noArguments {
        %orig;
}
%end
```

2. Logos 语法

正式进行 Tweak 插件开发前还需要学习一下 Logos 语法。Logos 是 Cydia Substrate 框架所提供的一组用于实现 Hook 操作的宏定义，语法简单，便于开发者快速针对目标应用进行 Hook 开发。下面将简单介绍一些经常用到的语法，如果想要更加深入地学习 Logos 语法则可以看官方文档。

1）%hook 和 %end 组合，用于对目标类进行 Hook。在代码块中可以直接写入 Hook 操作的目标方法，代码示例如下：

```
%hook ClassName
// Hooking a class method
+ (id)sharedInstance {
    return %orig;
}
%end
```

2）%group 和 %end 组合，用于对 Logos 代码进行分组管理，每个声明的组都需要使用 %ctor 和 %init 进行初始化操作，代码示例如下：

```
%group testGroup
%hook ClassName
// Hooking a class method
+ (id)sharedInstance {
    return %orig;
}
%end
%end
%ctor {
    %init(testGroup);
}
```

3）%new，用于在进行 Hook 操作的目标类中添加新的方法，代码示例如下：

```
%hook ClassName
%new
- (void)addNewMethod {
}
%end
```

4）%orig，调用原始方法，可以传入自定义参数和接收原始方法的返回值，示例代码如下：

```
%hook ClassName
- (int)add:(int)a to:(int)b {
    if (a != 0) {
        // Return original result if `a` is not 0
        return %orig;
    }
    // Otherwise, use 1 as `a`
    return %orig(1, b);
}
%end
```

5）%log，输出目标方法的调用信息，包括函数的类名、参数等，代码示例如下：

```
%hook ClassName
- (void)targetMethod:(id)arg1 {
    %log
}
%end
```

3. Tweak 插件开发

现在开始开发第一个 Tweak 插件，以目标进程 SpringBoard 为例进行讲解。

对 SpringBoard 进程中的 [SpringBoard applicationDidFinishLaunching] 方法进行 Hook 操作，添加弹窗代码。SpringBoard 启动时会出现弹窗，具体代码如下：

```
#import <SpringBoard/SpringBoard.h>
%hook SpringBoard
-(void)applicationDidFinishLaunching:(id)application {
    %orig;
    UIAlertView *alert = [[UIAlertView alloc] initWithTitle:@"Test"
        message:@"Tweak test！！！"
        delegate:nil
        cancelButtonTitle:@" 确定 "
        otherButtonTitles:nil];
    [alert show];
}
%end
```

在编译安装该插件之前还需要设置目标手机的 IP 地址，否则插件将安装失败。配置完成后便可在终端中切换到工程所在目录进行编译安装。相关命令如下：

```
# 设置 Tweak 插件安装到目标手机的 IP 地址，否则安装将失败
export THEOS_DEVICE_IP=[ 目标手机 IP]
# 编译并安装 Tweak 插件
make do
```

安装成功后 SpringBoard 将重新启动并加载 Tweak 插件，效果如图 2-18 所示。至此，我们已经初步掌握了 Tweak 工具的使用。

图 2-18　Tweak Hook 效果

2.1.7　安全测试工具 Drozer

Drozer 是由 MWR InfoSecurity 开发的针对 Android 应用的安全测试框架。该框架是一款交互式的安全测试工具，支持用于真实的 Android 设备和模拟器。安全人员或开发者借助 Drozer 可以通过测试应用与其他应用的交互开展复杂的测试活动，只需很少时间即可评估与 Android 应用安全相关的问题，从而快速发现 Android 应用中的安全漏洞。

1. Drozer 安装

Drozer 运行需要依赖 Python2.x 和 Java 环境，在正式安装使用 Drozer 前需要先将其依赖的运行环境配置好。如图 2-19 所示，Drozer 分为两部分，一部分是客户端，另一部分是手机端代理。手机端代理需要安装在目标设备上，用于在客户端和目标设备通信时进行数据代理转发。Drozer 的官网下载地址为 https://labs.f-secure.com/tools/drozer。

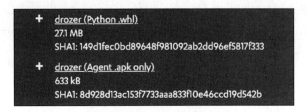

图 2-19　Drozer 下载

以 macOS 系统为例进行客户端安装介绍，在终端中切换到存放 drozer-2.4.4-py2-none-any.whl 文件的目录下，然后运行以下命令：

```
# Drozer 依赖 Python 2.x，此处的 pip 必须为 Python 2.x 的版本
pip install drozer-2.4.4-py2-none-any.whl --ignore-installed
pyOpenSSL
```

安装 Drozer 运行时所必需的依赖：

```
pip install protobuf==3.17.3 pyOpenSSL Twisted service_identity
```

```
# 安装 Mac Command Line
xcode-select --install
```

 注
意 安装过程中可能会遇到网络原因导致下载文件超时报错的情况，此时重新执行命令直到安装成功即可。

2. 常用测试命令

使用数据线将手机设备与 PC 设备连接起来，安装代理到手机上并开启服务。在 PC 终端中执行端口转发命令和连接手机命令后，效果如图 2-20 所示，即可正式开始使用 Drozer 工具。

```
# 端口转发
adb forward tcp:31415 tcp:31415
# 连接 Drozer
drozer console connect
```

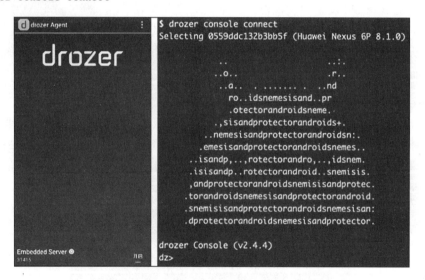

图 2-20　Drozer 运行效果

1）通过 app.package.info 模块查看目标应用的基本信息：

```
dz> run app.package.info -a package_name
```

2）查看目标应用的攻击面，主要是指 Android 四大组件中将 export 属性设置为 ture 的组件：

```
dz> run app.package.attacksurface package_name
```

3）查看目标应用的暴露的组件信息：

```
# 查看暴露的 Activity 组件
dz> run app.activity.info -a package_name
# 查看暴露的 Service 组件
```

```
dz> run app.service.info -a package_name
# 查看暴露的 Broadcast 组件
dz> run app.broadcast.info -a package_name
# 查看暴露的 Content Provider 组件
dz> run app.provider.info -a package_name
```

4）尝试启动导出的 Activity 组件，可通过该功能对组件进行拒绝服务漏洞的检测：

```
# 启动时使用空 action
dz> run app.activity.start --component package_name activity_name
# 启动时指定 action
dz> run app.activity.start --component package_name activity_name
--action android.intent.action.XXX
```

5）对目标应用进行敏感数据泄露检测：

```
# 获取目标应用中对外暴露的 URI
dz> run scanner.provider.finduris -a package_name
# 通过暴露的 URI 进行信息检索
dz> run app.provider.query content://uri/passwords/ --vertical
```

6）对目标应用进行注入漏洞检测：

```
dz> run scanner.provider.injection -a package_name
```

7）对目标应用进行目录遍历漏洞检测，示例命令如下：

```
dz> run scanner.provider.traversal -a package_name
```

8）对目标应用进行全局可读或可写文件检测：

```
# 全局可写文件检测
dz> run scanner.misc.writablefiles --privileged/data/data/pacakge_name
# 全局可读文件检测
dz> run scanner.misc.readablefiles --privileged/data/data/pacakge_name
```

2.2　常用命令行工具

2.2.1　ADB

ADB 全称为 Android Debug Bridge（Android 调试桥），是一种功能多样的命令行工具，可让使用者与目标设备进行通信。利用 adb 命令可进行各种设备操作（如安装和调试应用），并提供对 Unix shell（可用来在设备上运行各种命令）的访问权限。

adb 命令语法格式如下：

```
adb [ -d | -e | -s <deviceId>] <command>
```

参数具体含义如表 2-2 所示。

表 2-2　参数含义

参数	含义
-d	如果当前仅有一个通过 USB 连接的设备，则可直接通过该参数对其进行操作
-e	如果当前仅有一个运行的模拟器，则可直接通过该参数对其进行操作
-s	指定相应 deviceId（即当前设备的序列号）的设备进行操作

当仅有一个设备连接时，在命令中可以不指定 [-d|-e|-s <serial-number>] 参数，而直接使用 adb <command> 的方式进行操作。对于连接多个设备的情况，常见的方法是通过 -s <deviceId> 参数指定待连接的设备。

如果和目标设备在同一局域网中，则可以通过 "IP 地址 + 端口" 的方式连接到目标设备。

```
adb connect host_ip[:port]
```

可以通过 adb devices 命令查看当前已经连接的设备：

```
$ adb devices
List of devices attached
rsnvs87d5dgewt    device
a38b2e8           device
emulator-5554     device
```

这种场景下如果想指定 a38b2e8 设备来运行 adb 命令，则可以采用 -s <deviceId> 的方式：

```
adb -s a38b2e8 install demo.apk
```

通过 adb 命令查看目标设备应用列表的基本命令格式如下：

```
adb shell pm list packages [-f|-d|-e|-s|-3|-i|-u] [--user USER_ID] [FILTER]
```

参数显示列表见表 2-3。

表 2-3　参数显示列表

参数	显示列表
无参数	显示目标设备上已安装的所有应用的包名
-f	显示已安装应用包名对应的安装包路径
-d	显示目标设备上已停用的应用的信息
-e	显示目标设备上未停用的应用的信息
-s	显示目标设备上的系统应用
-3	显示用户自己安装的应用
-i	显示应用的安装来源
-u	显示目标设备上已安装的所有应用的包名
[FILTER]	显示包名中包含指定字符串的应用

查看目标设备上安装的所有应用：

```
adb shell pm list packages
```

查看目标设备上安装的系统应用：

```
adb shell pm list packages -s
```

查看目标设备上用户自己安装的应用：

```
adb shell pm list packages -3
```

查看目标设备上包名中含有指定字符的应用：

```
adb shell pm list packages 'test'
```

adb 命令配合 am <command> 命令可以实现与目标应用的交互，常用命令如表 2-4 所示。

表 2-4　常用命令及作用

命令	作用
start [options] <INTENT>	通过 <INTENT> 启动指定的 Activity 组件
startservice [options] <INTENT>	通过 <INTENT> 启动指定的 Service 组件
broadcast [options] <INTENT>	通过 <INTENT> 发送给指定的广播接收器
force-stop <packagename>	强制停止指定包名的应用进程

启动一个应用，命令格式如下：

```
adb shell am start -n com.test.demo/com.test.demo.activity
```

 注意　可以用 debug 方式启动应用（am start -D -n），特别是在反编译调试应用的时候。

启动指定的服务，具体命令如下：

```
adb shell am startservice -n com.test.demo/com.test.demo.service
```

向系统发送一条指定的广播，具体命令如下：

```
adb shell am broadcast -a android.NET.conn.CONNECTIVITY_CHANGE
```

强制停止指定包名的应用进程，具体命令如下：

```
adb shell am force-stop com.test.demo
```

adb 命令除了可以用于应用交互，还可以配合 input 命令来模拟更多的用户行为，如按键行为和输入行为。模拟按键行为的命令如下：

```
adb shell input keyevent <keycode>
```

其中，经常使用的 keycode 如表 2-5 所示。

表 2-5　常用 keycode 及含义

keycode	含义
3	HOME 键
4	返回键
26	电源键
82	菜单键
187	切换应用
224	系统休眠

模拟用户滑动屏幕行为的具体命令如下：

```
adb shell input swipe 500 300 100 300
```

这段代码模拟了用户向左滑动屏幕的行为。参数 "500 300 100 300" 分别表示起始点 x 坐标、起始点 y 坐标、结束点 x 坐标和结束点 y 坐标。

模拟用户单击屏幕行为的具体命令如下：

```
adb shell input tap 100 300
```

这段代码模拟了用户单击屏幕的行为。参数 "100 300" 分别表示单击位置的 x 坐标和 y 坐标。

下面解释其他常用命令。

查看当前应用的 Activity 组件信息：

```
adb shell dumpsys activity top
```

查看指定包名应用的详细信息：

```
adb shell dumpsys [packagename]
```

查看指定进程名或者进程 ID 的内存信息：

```
adb shell dumpsys meminfo [packagename/pid]
```

查看指定包名应用的数据库存储信息：

```
adb shell dumpsys dbinfo [packagename]
```

重启进入 bootloader 状态，即刷机模式：

```
adb reboot bootloader
```

重启进入 recovery 状态，即恢复模式：

```
adb reboot recovery
```

2.2.2　readelf

readelf 是用于查看 ELF 格式文件信息的工具，常见的 ELF 文件如在 Android 平台上的可执行文件、动态库或者静态库等。

在 Linux 系统中可以直接在命令行中使用该工具，虽然在 macOS 系统中无法直接使用该工具，但可以安装使用 greadelf，两者功能是一样的。具体安装命令如下：

```
brew install binutils                  // x86 架构的安装方法
arch -arm64 brew install binutils      // ARM 架构的安装方法
```

readelf 工具的功能较多，可在命令行直接输入 readelf --help 命令获取 readelf 的功能介绍和所有参数的说明及用法，本节只对其中的几个常用参数及含义进行讲解，如表 2-6 所示。

表 2-6　常用参数及含义

参数	含义
-h	显示 ELF 文件的文件头信息
-l	显示 ELF 文件的程序头信息
-S	显示 ELF 文件的节头信息

查看动态库文件形式的 ELF 文件头信息，具体命令及结果如下：

```
[root@localhost]# readelf -h libc.so
ELF 头:
    Magic:  7f 45 4c 46 01 01 01 00 00 00 00 00 00 00 00 00
    类别：                    ELF32
    数据：                    2 补码, 小端序 (little endian)
    版本：                    1 (current)
    OS/ABI:                   UNIX - System V
    ABI 版本：                0
    类型：                    DYN ( 共享目标文件 )
    系统架构：                ARM
    版本：                    0x1
    入口点地址：         0x0
    程序头起点：          52 (bytes into file)
    Start of section headers:          772512 (bytes into file)
    标志：           0x5000200, Version5 EABI, soft-float ABI
    本头的大小：     52 ( 字节 )
    程序头大小：     32 ( 字节 )
    Number of program headers:         9
    节头大小：       40 ( 字节 )
    节头数量：       32
    字符串表索引节头: 29
```

查看 ELF 文件程序头信息，具体命令及结果如下：

```
[root@localhost]# readelf -l libc.so
ELF 文件类型为 DYN ( 共享目标文件 )
```

```
入口点 0x0
共有 9 个程序头，开始于偏移量 52
程序头：
    Type          Offset    VirtAddr    PhysAddr    FileSiz  MemSiz  Flg Align
    PHDR          0x000034  0x00000034  0x00000034  0x00120  0x00120  R   0x4
    LOAD          0x000000  0x00000000  0x00000000  0x8c910  0x8c910  R E 0x1000
    LOAD          0x08cd20  0x0008dd20  0x0008dd20  0x04c08  0x0c680  RW  0x1000
    DYNAMIC       0x08f2ac  0x000902ac  0x000902ac  0x00108  0x00108  RW  0x4
    NOTE          0x000154  0x00000154  0x00000154  0x00038  0x00038  R   0x4
    GNU_EH_FRAME  0x08c1e4  0x0008c1e4  0x0008c1e4  0x0072c  0x0072c  R   0x4
    GNU_STACK     0x000000  0x00000000  0x00000000  0x00000  0x00000  RW  0
    EXIDX         0x07e514  0x0007e514  0x0007e514  0x02b38  0x02b38  R   0x4
    GNU_RELRO     0x08cd20  0x0008dd20  0x0008dd20  0x032e0  0x032e0  RW  0x20
Section to Segment mapping:
    段节 ...
    00
    01     .note.android.ident .note.gnu.build-id .dynsym .dynstr .gnu.hash .hash
    02     .fini_array .data.rel.ro .init_array .dynamic .got .data .bss
    03     .dynamic
    04     .note.android.ident .note.gnu.build-id
    05     .eh_frame_hdr
    06
    07     .ARM.exidx
    08     .fini_array .data.rel.ro .init_array .dynamic .got
```

查看 ELF 文件节头信息，具体命令及结果如下：

```
[root@localhost]# readelf -S libc.so
共有 32 个节头，从偏移量 0xbc9a0 开始：
节头：
    [Nr] Name               Type       Addr      Off     Size    ES Flg Lk Inf Al
    [ 0]                     NULL       00000000  000000  000000  00       0   0  0
    [ 1] .note.android.ide  NOTE       00000154  000154  000018  00   A   0   0  4
    [ 2] .note.gnu.build-i  NOTE       0000016c  00016c  000020  00   A   0   0  4
    [ 3] .dynsym            DYNSYM     0000018c  00018c  0060e0  10   A   4   1  4
    [ 4] .dynstr            STRTAB     0000626c  00626c  004680  00   A   0   0  1
    [ 5] .gnu.hash          GNU_HASH   0000a8ec  00a8ec  00303c  04   A   3   0  4
    [ 6] .hash              HASH       0000d928  00d928  00285c  04   A   3   0  4
    [ 7] .gnu.version       VERSYM     00010184  010184  000c1c  02   A   3   0  2
    [ 8] .gnu.version_d     VERDEF     00010da0  010da0  0000e4  00   A   4   7  4
    [ 9] .gnu.version_r     VERNEED    00010e84  010e84  000030  00   A   4   1  4
    [10] .rel.dyn           REL        00010eb4  010eb4  002e30  08   A   3   0  4
    [11] .rel.plt           REL        00013ce4  013ce4  001508  08   AI  3  12  4
    [12] .plt               PROGBITS   000151ec  0151ec  001fa0  00   AX  0   0  4
.......
Key to Flags:
    W (write), A (alloc), X (execute), M (merge), S (strings), I (info),
    L (link order), O (extra OS processing required), G (group), T (TLS),
    C (compressed), x (unknown), o (OS specific), E (exclude),
    y (noread), p (processor specific)
```

2.2.3　Apktool

Android APK 文件在编译打包时除了将源码编译为 DEX 文件外，还会将配置文件和部分资源文件编译为二进制文件。如果直接解包 APK 文件是无法反编译 DEX 文件和二进制资源文件的。Apktool 是 Connor Tumbleson 专门为逆向分析 Android APK 文件而开发的工具。该工具不仅可以将 DEX 文件反编译为 Smali 代码，还会解码配置文件和资源文件。Apktool 运行需要依赖 Java 1.8 及以上版本的环境，在正式开始使用前请确保计算机环境是否为 Java 1.8 或更高版本。通过官网 https://apktool.org 可以下载最新版 Apktool。

下载完成后可在命令行中输入 java -jar apktool.jar -h 命令获取 Apktool 的功能介绍和所有参数的说明及用法，本节只对其中几个常用功能进行讲解。

将目标应用 demo.apk 反编译至目标目录 output，具体命令如下：

```
apktool d [options] demo.apk -o output
```

其中 options 表示可选参数，具体可选参数及含义如表 2-7 所示。

表 2-7　具体可选参数及含义

参数	含义
-f,--force	强制删除目标目录
-r,--no-res	不解码资源文件
-s,--no-src	不解码源代码文件
-o,--output	指定结果的输出目录
-p,--frame-path	指定反编译时使用的框架文件

将反编译后的输出结果重新打包，具体命令如下：

```
apktool b [options] output -o repackage.apk
```

具体可选参数及含义如表 2-8 所示。

表 2-8　具体可选参数及含义

参数	含义
-f,--force-all	跳过文件变更检测，强制将所有文件进行打包
-o,--output	指定重新打包后 APK 的名称，默认存储为 dist/name.apk
-p,--frame-path	指定重新打包时使用的框架文件

2.2.4　Clutch

在 iOS 系统中正常只能通过 App Store 下载安装应用，要想对应用进行分析只能从目标设备上导出目标应用的 IPA 包。苹果为了保护开发者的权益使用了数字版权加密技术对 IPA 包进行保护，因此直接导出的 IPA 包的内容是无法直接进行分析的。要想对 IPA 文件进行分析就需要对其进行解密，也就是通常所说的"砸壳"。

Clutch 是一款便捷的工具解密工具，支持 iPhone、iPad 等设备以及所有 iOS 系统版本、架构类型和大多数二进制文件。不管应用如何加密，运行的时候都要解密，Clutch 就是在应用运行时将其内存数据按照一定格式导出的。

Clutch 的源码是在 GitHub 开源的，我们可以自己下载编译。下载源码后既可以将工程导入 Xcode 中编译，也可以通过命令行的方式进行编译。下面将展示如何通过命令行的方式编译 Clutch。首先，安装编译所需环境和下载工具源码，具体如下：

```
xcode-select --install        // 安装编译所需的 Command line tools 工具
git clone https://github.com/KJCracks/Clutch.git  // 下载工具源码
```

开始正式编译，具体命令如下：

```
mkdir build && cd build
cmake -DCMAKE_BUILD_TYPE=Release -DCMAKE_TOOLCHAIN_FILE=../cmake/iphoneos.
    toolchain.cmake ..
make
```

通过 scp 命令将编译好的 Clutch 安装到目标设备，具体命令如下：

```
scp ./build/Clutch root@<your.device.ip>:/usr/bin/Clutch
```

通过 SSH 的方式连接目标设备，在命令行中输入 Clutch 即可查看该工具的所有功能，如图 2-21 所示。

```
[iPhone:~ root# chmod +x /usr/bin/Clutch
[iPhone:~ root# Clutch
2022-04-07 14:14:18.178 Clutch[951:9838] command: None command
Usage: Clutch [OPTIONS]
-b --binary-dump              Only dump binary files from specified bundleID
-d --dump                     Dump specified bundleID into .ipa file
-i --print-installed          Prints installed applications
   --clean                    Clean /var/tmp/clutch directory
   --version                  Display version and exit
-? --help                     Displays this help and exit
-n --no-color                 Prints with colors disabled
-v --verbose                  Print verbose messages
```

图 2-21　查看 Clutch 的功能

查看目标设备上安装的应用清单，具体命令如下：

```
iPhone:~ root# Clutch -i
Installed apps:
1:   TextDemo <com.test.dump>
2:   TextDemo2 <com.test2.dump>
3:   TextDemo3 <com.test3.dump>
```

对选中的目标应用进行砸壳操作，具体命令如下：

```
iPhone:~ root# Clutch -d 2        // 数字 2 即上一步操作中应用对应的序号
```

至此已经完成砸壳操作，砸壳后的应用通常会存在 /private/var/mobile/Documents/Dumped 目录下。

2.2.5　Class-dump

Class-dump 可以将砸壳后的 IPA 文件中的头文件导出，逆向分析 iOS 应用时结合头文件中声明的函数名或者变量名可极大地提高分析速度。Class-dump 的官方版本因长期不维护而对由 Objective-C 2.0 和 Swift 开发的应用支持得不好，一些厉害的开发者于是对官方版本进行了修改以使其更好地支持 Objective-C 2.0 和 Swift 开发的应用。虽然 Class-dump 出现了很多修改版，但是这些版本的使用方法和功能与官方版本依然保持一致，因此本节将使用官方版本进行讲解。

在官网 http://stevenygard.com 下载 class-dump-3.5.dmg 文件，如图 2-22 所示。双击打开该文件，并将其中 class-dump 文件复制到 /usr/local/bin/ 目录下，这样就可以直接在终端的命令行中使用 class-dump 命令。

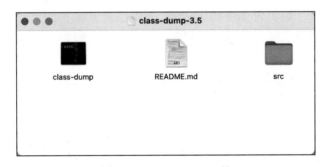

图 2-22　Class-dump 工具

通过 Class-dump 工具将应用的 Header 信息输出在终端，具体命令如下：

```
$class-dump TestDemo.app
```

输出结果如图 2-23 所示。

```
//
//     Generated by class-dump 3.5 (64 bit) (Debug version compiled Sep 17 2017 16:24:48).
//
//     class-dump is Copyright (C) 1997-1998, 2000-2001, 2004-2015 by Steve Nygard.
//

#pragma mark Blocks

typedef void (^CDUnknownBlockType)(void); // return type and parameters are unknown

#pragma mark Named Structures
```

图 2-23　通过 Class-dump 将 Header 信息输出到终端

正常情况下目标应用中会存在大量函数，因此将结果输出在终端会不方便查看。对此，Class-dump 提供了将结果输出到指定目录的功能，具体命令如下：

```
class-dump -H TestDemo.app -o Headers
```

输出结果如图 2-24 所示。

```
$ ls
APIBase.h                      AYPService.h                     AppSettingItem.h
APIBaseCallback-Protocol.h     AddCardToWXCardPackageReq.h      ArkObject.h
APIBaseDelegate-Protocol.h     AddCardToWXCardPackageResp.h     AudioObject-RCTExternModule.h
APIResponse.h                  AppCommunicate.h                 AudioObject.h
APNSEventEmitter.h             AppCommunicateData.h
AYPService-RCTExternModule.h   AppRegisterInfo.h
```

图 2-24　通过 Class-dump 将 Header 信息输出到指定目录

下面就可以对目标应用中头文件的函数信息进行分析了。

2.3　Android 应用分析

开始解析 Android 应用之前，我们先来了解其整体组成。Android 应用程序包通常简称为 APK，其本质是一个后缀为 .apk 的压缩包，其中包含了程序运行所需的可执行文件和相关资源文件。APK 需要安装到 Android 系统上运行。APK 文件中的标准文件结构如图 2-25 所示。

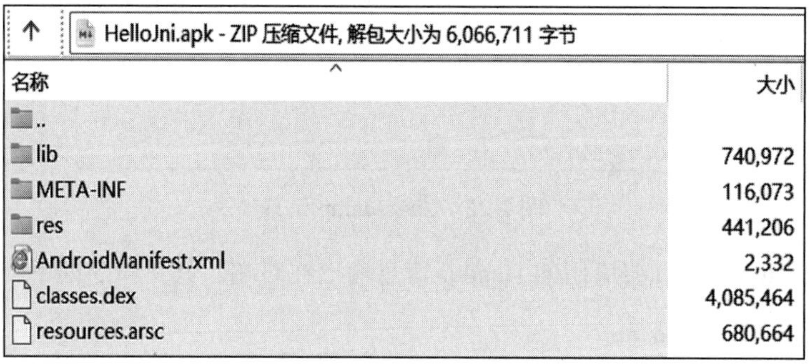

名称	大小
..	
lib	740,972
META-INF	116,073
res	441,206
AndroidManifest.xml	2,332
classes.dex	4,085,464
resources.arsc	680,664

HelloJni.apk - ZIP 压缩文件，解包大小为 6,066,711 字节

图 2-25　APK 标准文件结构

APK 文件中的标准文件内容如图 2-26 所示。

```
── AndroidManifest.xml          // Manifest配置文件
── META-INF
        ── CERT.RSA             // 签名证书信息
        ── CERT.SF
        ── MANIFEST.MF
── classes.dex                  // Java/Kotlin编译的可执行文件
── lib
        ── armeabi
            └── libnative-jni.so  // C/C++编译的动态库
── res                          // 存放所需的资源文件
── resources.arsc               // 程序的语言文件
```

图 2-26　APK 标准文件内容

Android 应用程序的逆向分析主要就是使用工具将 .apk 文件中的 DEX 文件、配置文件和 SO 动态库等文件进行逆向反编译。光使用 Apktool、Jadx 和 IDA 等工具对 APK 文件进行反编译，再分析反编译后的文件以找到程序的漏洞。

Android 应用程序的四大组件都需要在 Manifest 配置文件中声明，可通过配置文件中的组件信息快速定位其所在的代码位置。首先通过配置文件声明的信息定位应用程序的执行入口，然后便可按照程序的执行流程进行分析。配置文件中被定位的执行入口特征如图 2-27 所示。

```xml
<?xml version="1.0" encoding="utf-8"?>
<manifest xmlns:android="http://schemas.android.com/apk/res/android" android:versionCode="
    <uses-sdk android:minSdkVersion="21" android:targetSdkVersion="32"/>
    <application android:theme="@style/Theme_ReverseDemo" android:label="@string/app_name"
        <activity android:name="com.test.demo.MainActivity" android:exported="true">
            <intent-filter>
                <action android:name="android.intent.action.MAIN"/>
                <category android:name="android.intent.category.LAUNCHER"/>
            </intent-filter>
        </activity>
    </application>
</manifest>
```

图 2-27　Android 应用配置文件中被定位的执行入口特征

通过配置文件可知该程序的执行入口类为 com.test.demo.MainActivity，通过该类的路径很容易定位反编译后的代码位置，如图 2-28 所示。

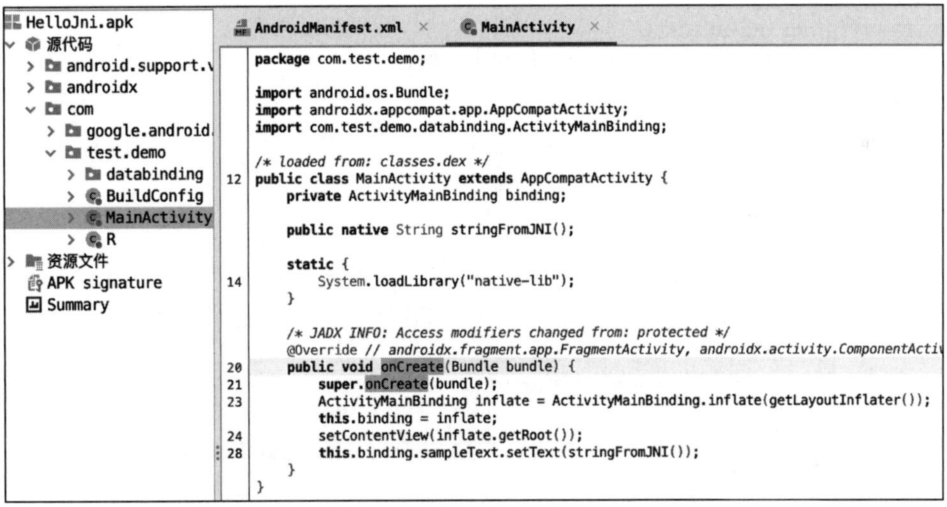

图 2-28　定位反编译后的代码位置

除此之外，还可以使用 adb 命令配合 Manifest 配置文件声明的组件信息进行安全测试，如测试是否存在组件拒绝服务漏洞等。参考命令如下：

```
# 启动目标应用
adb shell am start -n com.test.demo/com.test.demo.MainActivity
```

```
# 针对空 Intent 导致的本地拒绝服务测试
adb shell am start -n com.test.demo/com.test.demo.TestActivity
```

Android 应用程序除了使用 Java/Kotin 开发以外，还可以使用 C/C++ 开发。使用 Java/Kotin 开发的部分通常被称为 Java 层，使用 C/C++ 开发的部分通常被称为 Native 层。Java 层和 Native 层是通过 JNI 进行交互的，也就是说 JNI 接口是两部分的连接点，我们在分析应用时只要定位到 JNI 接口就能快速定位相关代码。

Java 层和 Native 层都需要先注册 JNI 函数，然后才能正常交互。Java 层注册 JNI 函数的格式如下：

```
package com.test.demo;
public class JniWrapper {
    static {
        System.loadLibrary("native-lib");
    }
    public static native String stringFromJNI();
}
```

Native 层注册 JNI 函数的方式有静态注册和动态注册两种。静态注册的方式方便简单，但从攻防的角度考虑，这种方式是不安全的。因为这种方式是直接将 Java 层注册的函数以" Java_ 包名 _ 类名 _ 方法名"在 Native 层进行声明的，所以可以快速通过 SO 动态库中暴露的 JNI 函数名定位到它与 Java 层代码的关联。静态注册的具体实现如下：

```
JNIEXPORT jstring JNICALL
Java_com_test_demo_JniWrapper_stringFromJNI(
        JNIEnv* env,
        jclass ) {
    std::string hello = "Hello from JNI";
    return env->NewStringUTF(hello.c_str());
}
```

可通过 IDA 逆向分析动态库并查看导出函数，如果它是通过静态注册方式声明的 JNI 函数，便可根据函数名定位到该函数在 Java 层的调用位置。IDA 分析结果如图 2-29 所示。

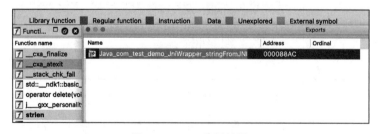

图 2-29　IDA 分析结果

如果没有安装 IDA，那么可以使用 objdump 命令查看动态库中的导出函数，具体命令如下：

```
$ objdump -tT libnative-lib.so | grep Java
000088ac g    DF .text    00000074 Java_com_test_demo_JniWrapper_stringFromJNI
```

Native 层动态注册 JNI 函数的方式实现起来更加复杂，我们先看一下动态注册的核心代码实现方式，只有知道其实现方式才能在逆向分析时进行快速定位。动态注册的核心代码如下：

```
static JNINativeMethod method_table[] = {
        {"stringFromJNI2" , "()Ljava/lang/String;", (void*)helloJni},// 绑定
};
JNIEXPORT jint JNI_OnLoad(JavaVM* vm, void* reserved)
{
    JNIEnv* env = nullptr;
    jint result = -1;
    if (vm->GetEnv((void**) &env, JNI_VERSION_1_4) != JNI_OK)
    {
        return result;
    }
    jclass clazz;
    clazz = env->FindClass( "com/test/demo/JniWrapper");
    if (clazz == nullptr)
    {
        return JNI_FALSE;
    }
    if (env->RegisterNatives(clazz, gMethods, numMethods) < 0)
    {
        return JNI_FALSE;
    }
    return JNI_VERSION_1_4;
}
```

其中最核心的就是 JNINativeMethod 结构体。该结构体包含 3 个参数，这些参数决定了 Java 层和 Native 层 JNI 函数的映射关系。逆向分析时可通过该结构体快速定位 Native 层的 JNI 导出函数。JNINativeMethod 结构体的具体参数及含义如下：

```
typedef struct {
    const char*    name;    //Java 层中定义的 Native 方法名
    const char*    sign;    //Java 层中定义的 Native 方法签名
    void*          jni;     //Native 层中定义的 JNI 函数
} JNINativeMethod;
```

知道了 JNINativeMethod 结构体中参数含义就可以快速进行分析了。首先，通过反编译 Java 层代码获取其声明的 Native 函数名，然后利用 IDA 反编译目标 SO 文件。通过字符串查找功能快速定位 Native 函数名，如图 2-30 所示。

利用 IDA 的交叉引用功能跳转到使用该字符串的位置，分析发现此处正是动态注册中初始化后的 JNINativeMethod 结构体。此结构中第三个参数即 Native 层声明的 JNI 函数，具体如图 2-31 所示。

```
a:0001506D aHelloFromUni2 DCB "hello from JNI",0  ; DATA XREF: helloOnJNI+10 0
a:0001506D                                         ; .text:off 8840 o
a:0001507D aHelloFromJni  DCB "Hello from JNI",0   ; DATA XREF: Java com test demo JniWrapp
a:0001507D                                         ; .text:off 891C o
a:0001508C aStringfromjni2 DCB "stringFromJNI2",   ; DATA XREF: .data:off 1A000 o
a:0001509B aLjavaLangStrin DCB "()Ljava/lang/String;",0
a:0001509B                                         ; DATA XREF: .data:0001A004 o
a:000150B0 aBasicString   DCB "basic_string",0     ; DATA XREF: std:: ndk1:: basic_string
a:000150B0                                         ; .text:off 892C o ...
a:000150BD aCannotAllocate DCB "cannot allocate __cxa_eh_globals",0
a:000150BD                                         ; DATA XREF: .text:000091FC o
a:000150DE aStdLibcppTlsSe DCB "std::__libcpp_tls_set failure in __cxa_get_globals()",0
a:000150DE                                         ; .text:off 9210 o
a:000150DE                                         ; .text:off 9214 o
a:00015113 aExecuteOnceFai DCB "execute once failure in __cxa_get_globals_fast()",0
```

图 2-30   定位 Native 函数名

```
1A000
1A000 ; Segment type: Pure data
1A000                 AREA .data, DATA
1A000                 ; ORG 0x1A000
1A000 off_1A000       DCD aStringfromjni2      ; DATA XREF: register_ndk_load( JNIEnv *)+22 o
1A000                                          ; .text:off 8758 o ...
1A000                                          ; "stringFromJNI2"
1A004                 DCD aLjavaLangStrin      ; "()Ljava/lang/String;"
1A008                 DCD helloJni+1
1A00C                 EXPORT __cxa_terminate_handler
1A00C __cxa_terminate_handler DCD loc_9FB8+1   ; DATA XREF: LOAD:000012A0 o
1A00C                                          ; std::terminate(void)+14 o ...
1A010                 EXPORT __cxa_unexpected_handler
1A010 __cxa_unexpected_handler DCD sub_A094+1  ; DATA XREF: LOAD:00001130 o
```

图 2-31   Native 层声明的 JNI 函数

至此，我们已经初步掌握了 Android 应用的分析方法，可以独立进行 Android 应用的逆向分析了。

2.4   iOS 应用分析

本节要通过一个案例讲解逆向分析 iOS 应用的大致流程。与 Android 应用相同，开始解析 iOS 应用之前，先来了解其整体组成。iOS 标准应用文件的后缀 .ipa，全称为 iPhone Application Archive，通常简称为 IPA。IPA 文件的本质也是压缩包，其中包含了程序运行所需的可执行文件和相关资源文件，IPA 需要安装到 iOS 系统上运行。iOS 应用标准结构如图 2-32 所示。

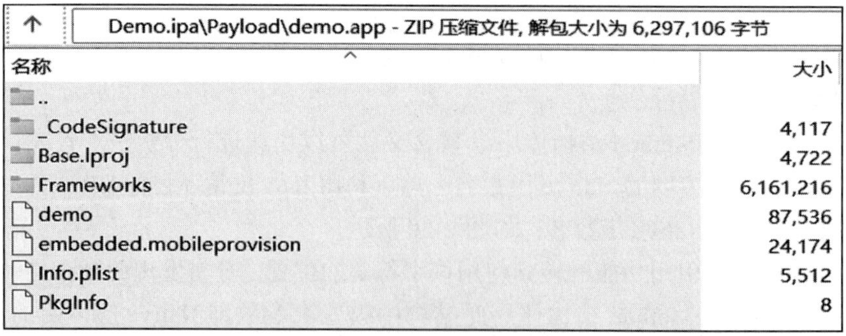

↑ Demo.ipa\Payload\demo.app - ZIP 压缩文件，解包大小为 6,297,106 字节	
名称 ︿	大小
..	
_CodeSignature	4,117
Base.lproj	4,722
Frameworks	6,161,216
demo	87,536
embedded.mobileprovision	24,174
Info.plist	5,512
PkgInfo	8

图 2-32   iOS 应用标准结构

iOS 应用程序中包含的标准文件内容如图 2-33 所示。

```
├── embedded.mobileprovision      // 企业安装包中的设备描述文件
├── Base.lproj                    // 存放本地化相关文件
├── _CodeSignature
│   └── CodeResources             // 签名文件信息
├── demo                          // objective-c/swift编译的可执行文件
├── Frameworks                    // 依赖的应用框架和动态库
│       ├── App.framework
│       └── libswiftCore.dylib
├── Info.plist                    // 属性列表文件
└── PkgInfo                       // 存储程序类型信息，iOS不是必需的
```

图 2-33 iOS 应用标准文件内容

iOS 应用在提交到 App Store 时，苹果官方将对其进行加密处理，加密后的应用是无法直接进行反编译的，需要先进行砸壳。砸壳需要使用越狱后的手机配合砸壳工具，比较常见的砸壳工具有 Clutch、frida-ios-dump、dumpdecrypted 等，这里使用 Clutch 工具进行砸壳，具体命令如下：

```
iPhone:~ root# Clutch -i      // 查看待砸壳的目标应用
Installed apps:
1:   Demo <com.test.dump>
iPhone:~ root# Clutch -d 1    // 数字 1 即待砸壳应用对应的序号
```

砸壳结束后便可使用工具对其进行逆向分析，为了快速定位到关键函数，可使用 Class-dump 工具将应用的 Header 文件导出，具体命令如下：

```
class-dump -H Demo.app -o Headers
```

导出的 Header 文件中有程序声明的函数名或者变量名，可借此提高分析速度。导出的 Header 文件内容示例如图 2-34 所示。

```
//
//     Generated by class-dump 3.5 (64 bit) (Debug version compiled Sep 17 2017 16:24:48).
//
//     class-dump is Copyright (C) 1997-1998, 2000-2001, 2004-2015 by Steve Nygard.
//

#import <objc/NSObject.h>

@interface HotJsPackage : NSObject
{
}

+ (id)getApplicationSupportDirectory;
+ (id)getHotJsPath;
+ (id)getStatusFilePath;
+ (id)getCurrentVersionFilePath;
+ (id)getDownloadFilePath;
+ (void)deleteDownloadZip:(id)arg1;
+ (id)getCurrentPackageInfo;
+ (id)getJsPackageInfo;
+ (void)removePreviousPackage:(id)arg1 withSavePackage:(id)arg2;
+ (id)bundleURL;

@end
```

图 2-34 Header 文件内容示例

　　要想看到某个具体函数的实现逻辑，则可以使用反编译工具 IDA 或 Hopper 对解压 IPA 文件得到的可执行文件进行反编译，然后定位到目标函数，即可看到其实现逻辑。此处以函数 injectNSURLSessionConfiguration 为例，通过反编译工具查看其实现逻辑，结果如图 2-35 所示。

图 2-35　injectNSURLSessionConfiguration 函数反编译结果

　　如果目前掌握的关键信息只有一串字符，无法确定它在哪个函数中被调用，则可以通过 IDA 的字符串查找功能定位到该字符串在代码中的位置，然后就可以通过 IDA 交叉引用功能跳转到其调用位置，如图 2-36 所示。

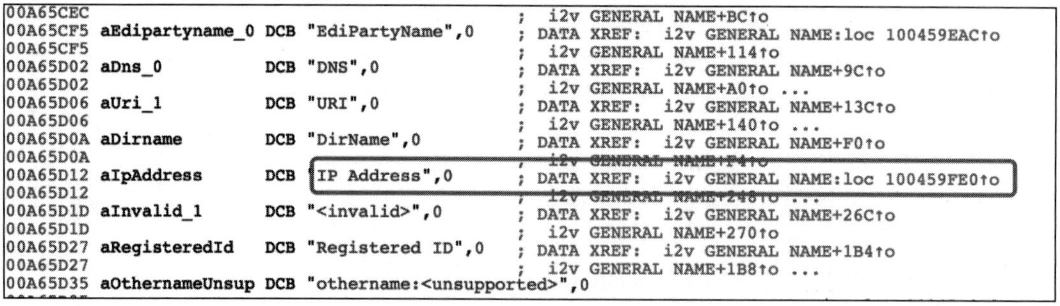

图 2-36　反编译查看字符串调用位置

　　至此，我们已经初步掌握了 iOS 应用的分析方法，可以独立进行 iOS 应用的逆向分析了。

第3章 *Chapter 3*

汇编基础

汇编语言，作为计算机世界中的一种低级语言（Low-level language），承载着深厚的编程底蕴与智慧。它不单是一种编程语言，更是电子计算机、微处理器、微控制器等可编程器件之间的沟通桥梁，让人类能够以更直接的方式与机器对话。掌握汇编语言能够使我们更深入地理解计算机的工作逻辑，打开程序内核的神秘之门。通过汇编语言，我们可以更加精准地分析程序的执行流程、数据结构以及关键算法，揭示程序设计背后的深层次原理。

3.1 Smali 汇编基础

Smali 语言最早是一个发布在 Google Code 上的开源项目，并设有官方语言标准。Smali 是 Dalvik 虚拟机字节码的逆向工程产物。Dalvik 虚拟机是 Google 专门为 Android 平台设计的，在 Dalvik 虚拟机上运行的文件是 DEX 文件，DEX 文件反编译之后即可获得 Smali 代码。因此，Smali 语言也被称作 Android 虚拟机的反汇编语言。

3.1.1 基本类型

Smali 包含两种基本数据类型：原始类型和引用类型。对象类型和数组类型属于引用类型，其他都属于原始类型。具体数据类型如表 3-1 所示。

如果熟悉 Java 的数据类型，就会发现 Smali 的原始数据类型中除 boolean 类型以外都是用 Java 基本数据类型首字母的大写形式来表示的，很容易理解。这里重点介绍对象类型和数组类型。

表 3-1　Smali 基本数据类型

Smali 基本数据类型	Java 基本数据类型	说明
v	void	只能用于返回值类型
Z	boolean	布尔类型
B	byte	字节类型
S	short	短整型
C	char	字符型
I	int	整数类型
J	long	长整型
F	float	浮点型
D	double	双精度浮点型
Lpackagename/objectname;	对象类型	"L"后是完整的包名，使用";"表示对象名称的结束
[数据类型	数组类型	[Ljava/lang/String；表示一个 String 类型的数组

- 对象类型，在 Java 代码中使用完整的包名的方式表示对象类型，如 java.lang.String。而在 Smali 中则以 Lpackagename/objectname 的形式表示对象类型。L 即上面定义的 Java 类类型，其后是类的全限定名。比如，Java 中的 java.lang.String 对象类型在 Smali 中对应表示为 Ljava/lang/String;。

- 数组类型，Smali 中的数组类型使用 " ["进行标记， " ["后是基本数据类型的描述符。比如，Java 中的 int[] 数组在 Smali 中的表示是 " [I"，二维数组 int[][] 为 " [[I"，三维数组则用 "[[[I"表示。对于对象数组来说， " ["后是对应类的全限定符。比如，Java 当中的 String[] 数组在 Smali 中对应表示为 " [java/lang/String;"。

3.1.2　寄存器

Smali 中寄存器的数量和 Dalvik 虚拟机有关，最多支持 65 536 个寄存器，具体程序中使用的寄存数量由具体函数中的参数和变量决定。每个寄存器可存储的数据长度为 32 位，可以存储任何类型的数据。比如，int 类型使用一个寄存器，long 类型的数据使用两个寄存器即可。

寄存器的命名方式有两种。

- v 命名法：使用 v 命名法命名的寄存器称作本地寄存器，此类寄存器常用于表示函数内部定义的变量。

- p 命名法：使用 p 命名法命名的寄存器称作参数寄存器，此类寄存器常用于表示函数传入的参数。

下面将通过一段代码实例详细介绍这两种寄存器命名方式的使用方法，具体 Smali 代码如下：

```
.method static add(II)I
    .locals 2
    const/4 v0, 0x4
```

```
    const/4 v1, 0x5
    add-int/2addr p0, p1
    return p0
.end method

.method add(II)I
    .locals 0
    add-int/2addr p1, p2
    return p1
.end method
```

第一个函数为静态函数，传入两个参数。通过 .locals 2 可知函数中有两个本地寄存器，即函数内部定义了两个变量。根据寄存器命名规则，v0 和 v1 是函数内部定义的变量，而使用 p 命名法命名的 p0 和 p1 寄存器是传入 add 函数的两个参数。第二个函数为非静态函数，在非静态函数中需要使用一个寄存器保存 this 指针，一般使用 p0 寄存器，所以该函数传入的第一个参数是 p1。

3.1.3　基础指令

要想快速学习一门编程语言，就要先学习该语言最基本的指令。本节将介绍 Smali 汇编语言中经常用到的一些基础指令，以便快速学习和分析 Smali 代码。

（1）数据定义指令

数据定义指令用于定义代码中使用的常量、类等数据，基础指令是 const。常见数据定义指令及含义见表 3-2。

表 3-2　常见数据定义指令及含义

指令	含义
const/4 vA, #+B	将数值符号扩展为 32 后赋值给寄存器 vA
const-string vA, string@BB	通过字符串索引将字符串赋值给寄存器 vA
const-class vA, type@BB	通过类型索引获取一个类的引用赋值给寄存器 vA

示例代码如下：

```
const/4 v0, 0x1              # 将值 0x1 存到寄存器 v0
const-string v0, "HelloSmali"    # 将字符串 "HelloSmali" 存到寄存器 v0
```

（2）数据操作指令

Smali 语言中使用 move 指令和 return 指令进行数据操作。其中，move 指令用于赋值操作，return 指令用于返回数据。常见数据操作指令及含义见表 3-3。

表 3-3　常见数据操作指令及含义

指令	含义
move vA,vB	将寄存器 vB 的值赋值给寄存器 vA
move-wide vA,vB	将寄存器 vB 中存储的 long 或 double 类型数据赋值给寄存器 vA
move/from16 vA,vBB	将寄存器 vBB 中的值赋给寄存器 vA，源寄存器为 16 位字节，目的寄存器为 8 位字节

(续)

指令	含义
move-object vA,vB	将寄存器 vB 存储的对象引用赋值给寄存器 vA
move-result vA	将上一个方法调用的结果移到寄存器 vA 中
move-result-wide vA	将上个方法调用的结果（类型为 double 或 long）移到寄存器 vA 中
move-result-object vA	将上一个方法调用后得到的对象引用赋值给寄存器 vA
move-exception vA	将程序执行过程中抛出的异常赋值给寄存器 vA
return-void	表示函数从一个 void 方法返回
return vA	函数返回寄存器中存储的值
return-object vA	表示函数返回一个对象类型的值

示例代码如下：

```
invoke-static {v0, v1}, Lcom/smali/test/Test;->test(II)I
move-result v0        # 将方法调用的结果值存储的 v0
return v0             # 函数返回寄存器 v0 中存储的值
```

（3）对象操作指令

对象操作指令用于实现对象实例相关的操作，如对象类型转换等。常见对象操作指令及含义见表 3-4。

表 3-4　常见对象操作指令及含义

指令	含义
new-instance vA,type@BB	构造指定类型的对象，并将其引用赋值给寄存器 vA
instance-of vA,vB,type@BB	判断寄存器 vB 中的对象引用是不是指定类型，如果是则将 vA 赋值为 1，否则赋值为 0
check-cast vA,type@BB	将寄存器 vA 中的对象引用转换成指定类型，成功则将结果赋值给 vA，否则抛出 ClassCastException 异常

示例代码如下：

```
# 构造指定类型对象并将引用赋值给寄存器 p1
new-instance p1, Lcom/smali/test/Test;
```

（4）数组操作指令

Smali 语言中有专门用于操作数组的指令。常见数组操作指令及含义见表 3-5。

表 3-5　常见数组操作指令及含义

指令	含义
new-array vA,vB,type@BB	创建指定类型和大小的数组，并将其赋值给寄存器 vA（寄存器 vB 表示数组大小）
fill-array-data vA,+BBBB	使用指定的数据填充数组，vA 代表数组的引用（即数组中第一个元素的地址）

示例代码如下：

```
const/4 v0, 0x5                        # 定义数组元素个数
new-array v1, v0, [Ljava/lang/String;  # 创建字符串数组
```

（5）比较指令

比较指令用于比较两个寄存器中值的大小。Smali 中有 3 种比较指令：cmp、cmpl、cmpg。其中，cmpl 表示寄存器 vB 小于 vC 中的值这一条件是否成立，若成立则返回 1，大于返回 –1，相等则返回 0。cmp 和 cmpg 含义一致，均表示寄存器 vB 大于 vC 中的值这一条件是否成立，成立则返回 1，小于返回 –1，相等则返回 0。比较指令一般配合跳转指令使用，常见比较指令及含义见表 3-6。

表 3-6　常见比较指令及含义

指令	含义
cmpl-float vA,vB,vC	比较单精度浮点数。如果寄存器 vB 中的值大于寄存器 vC 的值，则返回 –1 到寄存器 vA 中，相等则返回 0，小于则返回 1
cmpg-float vA,vB,vC	比较单精度浮点数。如果寄存器 vB 中的值大于寄存器 vC 的值则返回 1 到寄存器 vA 中，相等则返回 0，小于则返回 –1
cmpl-double vA,vB,vC	比较双精度浮点数。如果寄存器 vBB 中的值大于寄存器 vCC 的值，则返回 –1，相等则返回 0，小于则返回 1
cmpg-double vA,vB,vC	比较双精度浮点数，和 cmpl-float 的语义一致
cmp-double vA,vB,vC	等价于 cmpg-double vA,vB,vC 指令

示例代码如下：

```
const v1, 3.14
const v2, 2.71
# 使用 cmpl-float 指令比较寄存器 v1 和 v2 中的单精度浮点数值
# 如果 vB 寄存器中的值大于 v2 寄存器的值，将 –1 存储到寄存器 v0 中
# 如果 vB 寄存器中的值等于 v2 寄存器的值，将 0 存储到寄存器 v0 中
# 如果 vB 寄存器中的值小于 v2 寄存器的值，将 1 存储到寄存器 v0 中
cmpl-float v0, v1, v2
```

（6）跳转指令

跳转指令用于从当前地址跳转到指定的偏移地址，在 if 和 switch 分支中使用较多。常见跳转指令及含义见表 3-7。

表 3-7　常见跳转指令及含义

指令	含义
if-eq vA,vB,target	判断寄存器 vA、vB 中的值是否相等，等价于 Java 中的 if（a==b）
if-ne vA,vB,target	判断寄存器 vA、vB 中的值是否不相等，等价于 Java 中的 if（a!=b）
if-lt vA,vB,target	判断寄存器 vA 中的值是否小于 vB 中的值，等价于 Java 中的 if（a<b）
if-gt vA,vB,target	判断寄存器 vA 中的值是否大于 vB 中的值，等价于 Java 中的 if（a>b）
if-ge vA,vB,target	判断寄存器 vA 中的值是否大于或等于 vB 中的值，等价于 Java 中的 if（a>=b）
if-le vA,vB,target	判断寄存器 vA 中的值是否小于或等于 vB 中的值，等价于 Java 中的 if（a<=b）
packed-switch vA,+BB	分支跳转指令，vA 寄存器中的值用于 switch 分支判断，+BB 则是指偏移表（packed-switch-payload）中的索引值
spare-switch vA,+BB	分支跳转指令，和 packed-switch 类似，只不过 +BB 表示偏移表（spare-switch-payload）中的索引值
goto +AA	无条件跳转到指定偏移处，AA 即偏移量

示例代码如下：

```
# if 条件语句和 goto 跳转示例
.method static test(I)V
if-eq p0, v0, :cond_1
......
:cond_1
......
goto :goto_0
......
:goto_0
return-void
.end method
# packed-switch 示例
.packed-switch v0 # packed-switch 解析 v0，根据不同解析值通过相应的分支
    :pswitch_0
    :pswitch_1
    :pswitch_2
.end packed-switch
```

3.1.4 语法修饰符

Smali 语言提供了很多修饰符（在有些编程语言中叫作关键字）。修饰符用于强调关键词，并添加与该词有关的信息或描述性细节。修饰符可以用来标记类、方法或者变量，通常放在语句的开始位置。表 3-8 展示了 Smali 中经常用到的修饰符。

表 3-8 常见修饰符及含义

修饰符	含义
.class	定义 Java 类名
.super	定义父类名
.source	定义 Java 源文件名
.field	定义字段
.method	定义方法开始
.end method	定义方法结束
.annotation	定义注解开始
.end annotation	定义注解结束
.implements	定义接口指令
.local	指定方法内局部变量的个数
.registers	指定方法内使用寄存器的总数
.prologue	表示方法中代码的开始处
.line	表示 Java 源文件中指定行
.paramter	指定方法的参数
.param	与 .paramter 含义一致，但是格式不同

用 Smali 代码说明这些修饰符的具体用处，Smali 文件的前 3 行（即文件头）描述了当

前类的信息：

```
.class <访问权限修饰符> [非权限修饰符] <类名>
.super <父类名>
.source <源文件名称>
```

 注意 <> 中的内容表示必不可缺的，[ ] 表示可选择的。

访问权限修饰符即 public、protected、private，而非权限修饰符则指的是 final、abstract。举例说明如下：

```
.class public Lcom/smali/test/Test;
.super Ljava/lang/Object;
.source "Test.java"
```

在 Smali 文件头之后便是文件的正文，即类的主体部分，包括类实现的接口描述、注解描述、字段描述和方法描述 4 个部分。下面分别看看字段和方法的结构。

1）接口描述，如果该类实现了某个接口，则会通过 .implements 定义，其格式如下：

```
# interfaces
.implements <接口名称>
```

2）注解描述，如果在一个类中使用注解，则会用 .annotation 定义，其格式如下：

```
.annotation [注解的属性] <注解类名>
    [注解字段 = 值]
    ...
.end
```

3）字段描述，Smali 中使用 .field 描述字段，我们知道 Java 中分为静态字段（类属性）和普通字段（实例属性）。普通字段在 Smali 中的格式如下：

```
# instance fields
.field <访问权限修饰符> [非权限修饰符] <字段名>:<字段类型>
```

4）方法描述，在 Smali 中分别使用 .method 和 .end method 标识方法的开始和结束。以静态方法为例，其格式如下：

```
.method static <方法名>([参数])<返回类型>
    <方法具体实现代码>
.end method
```

至于 [非权限修饰符]，可以是 final、volidate、transient。
举例说明如下：

```
.field private TAG:Ljava/lang/String;
```

静态字段在普通字段的定义基础上添加了static，其格式如下：

```
# static fields
.field <访问权限> static [修饰词] <字段名>:<字段类型>
```

Smali 文件还为静态字段和普通字段分别添加了 # static fields 和 # instance fields 注释。举例说明如下：

```
# static fields
.field private static final pi:F = 3.14f
.class public Lcom/smali/test/Test;
.super Ljava/lang/Object;
.source "Test.java"
.method public constructor <init>()V
    .locals 2
    .line 8
    invoke-direct {p0}, Ljava/lang/Object;-><init>()V
    const-string v0, "Smali"
    const-string v1, "This is constructor method!"
    .line 9
    invoke-static {v0, v1}, Landroid/util/Log;->i(Ljava/lang/String;Ljava/lang/
        String;)I
    return-void
.end method
.method static add(II)I
    .locals 0
    .annotation runtime Ljava/lang/Deprecated;
    .end annotation
    add-int/2addr p0, p1
    add-int/lit8 p0, p0, 0x1
    return p0
.end method
```

3.1.5 函数调用

函数是整个程序的基石，开始讲 Smali 函数调用之前，先介绍 Smali 汇编语言中的函数构成。

Smali 中函数定义格式为：

```
.method public/private [static] method()<返回类型>
    <.locals>
    [.parameter]
    [.prologue]
    [.line]
    <代码逻辑>
.end method
```

.method 标识函数由此开始；.end method 标识函数结束；在方法名前使用修饰符对方法进行标识，例如，直接方法用 private 修饰，虚方法用 public 或 protected；.locals 标识方

法内使用的局部变量的个数；.parameter 标识该方法中的参数；.prologue 标识方法中代码的
开始处。函数示例代码如下：

```
# direct methods
.method public constructor ()V
    .registers 2
    .prologue
    .line 8
    invoke-direct {p0}, Landroid/app/Activity;->()V
    .line 10
    const-string v0, "MainActivity"
    iput-object v0, p0, Lcom/test/demo/MainActivity;->TAG:Ljava/lang/String;
    .line 13
    const/4 v0, 0x0
    iput-boolean v0, p0, Lcom/test/demo/MainActivity;->running:Z
    return-void
.end method
```

直接方法是指静态方法和私有方法，在编译时就确定了调用的具体方法，运行时不需
要动态分派即可直接调用。Smali 汇编代码中，使用 .method private/static 标识直接方法。
虚方法是指非静态方法，运行时需要进行动态分派，具体调用哪个方法由运行时对象的实
际类型决定。Smali 汇编代码中，使用 .method public 或 .method protected 标识虚方法。

Smali 汇编中的函数和 Java 代码中的函数一样存在访问控制，根据访问级别不同可分
为 direct 和 virtual 两类。其中，修饰符 direct 声明的函数等同于 Java 代码中的 private 类
型函数，修饰符 virtual 声明的函数等同于 Java 代码中的 protected 和 public 类型函数。另
外，它按方法类型可以分为 3 类：static、interface 和 super（即静态方法、接口方法和父
方法）。

根据函数的访问权限和方法类型，调用函数时有 invoke-direct、invoke-virtual、invoke-
static、invoke-super 及 invoke-interface 等几种不同的指令。具体调用格式如下：

```
invoke- 指令类型 { 参数 1, 参数 2,...}, L 类名 ;-> 方法名
```

❑ invoke-direct 指令：直接方法调用，即 private 方法调用。参考示例代码如下，start
方法用于定义在 Test 类中的一个 private 函数，可以通过 invoke-direct 调用。

```
invoke-direct {p0, v0, v1}, Lcom/smali/test/Test;->start(II)I
```

❑ invoke-virtual 指令：虚方法调用，用于调用 protected 或 public 函数。参考示例代码
如下，start() 就是定义在 Test 中的一个 public 函数，可以通过 invoke-virtual 调用。

```
invoke-virtual {p1}, Lcom/smali/test/Test;->start()V
```

❑ invoke-static 指令：静态方法调用。

```
invoke-static {}, Lcom/smali/test/Test;->test()V
```

❑ invoke-super 指令：调用父类方法，一般用于调用 onCreate、onDestroy 等方法。

```
invoke-super {p0, p1},
Landroidx/appcompat/app/AppCompatActivity;-
>onCreate(Landroid/os/Bundle;)V
```

❑ invoke-interface 指令：调用接口类方法。

```
invoke-interface {v0}, Ljava/util/List;->size()I
```

3.1.6 函数返回值

在 Smali 代码中，函数返回值可以分为 3 类：空值、基本数据类型、对象类型。因为返回值类型不同，用到的返回指令也各不相同，具体如表 3-9 所示。

表 3-9　不同返回指令及含义

指令	含义
return-void	表示函数从一个 void 方法返回
return vA	表示函数返回一个 32 位非对象类型的值
return-wide vA	表示函数返回一个 64 位非对象类型的值
return-object vA	表示函数返回一个对象类型的值，返回值放在 8 位的寄存器 vA 中

在 Java 代码中调用函数并返回函数执行结果只需一条语句便可完成，而在 Smali 代码中调用函数和返回函数结果需要分开实现：如果调用的函数返回结果为基本数据类型，则需要使用 move-result 或 move-result-wide 指令将结果移动到指定的寄存器；如果调用的函数返回结果为对象类型，则需要使用 move-result-object 指令将结果对象移动到指定的寄存器。

函数返回空值：

```
.method public constructor <init>()V
    .locals 0
    invoke-direct {p0}, Ljava/lang/Object;-><init>()V
    return-void
.end method
```

函数返回基本数据类型：

```
.method public static start()I
    .locals 2
    const/4 v0, 0x4
    const/4 v1, 0x5
    invoke-static {v0, v1}, Lcom/smali/test/Test;->test(II)I
    move-result v0
    return v0
.end method
```

函数返回对象类型：

```
.method public test()Ljava/lang/String;
    .locals 2
    invoke-virtual {p0, v0}, Lcom/smali/test/Test;->test()
Ljava/lang/String;
    move-result-object v0
    return-object v0
.end method
```

3.2 ARM 汇编基础

ARM 是 Advanced RISC Machine 的缩写，可以理解为一种处理器架构，还可以作为一套完整的处理器指令集。RISC（Reduced Instruction Set Computer，精简指令集计算机）则是一种通过执行较少类型的计算机指令来提高整体性能的微处理器。

ARM 架构的处理器是典型的 RISC 处理器，它们采用的是加载 / 存储体系结构，只有加载和存储指令才能直接访问内存，数据处理指令只能操作寄存器的内容。目前市面上绝大多数的手机 CPU 都是基于 ARM 架构的。

3.2.1 寄存器

ARM 处理器共有 37 个 32 位的寄存器，其中 31 个为通用寄存器，6 个为状态寄存器。

❑ 31 个通用寄存器，包括 1 个程序计数器（PC）和 30 个通用寄存器。

❑ 6 个状态寄存器，包括 1 个 CPSR 寄存器和 5 个 SPSR 寄存器。虽然这些寄存器都是 32 位的，但实际只使用了其中的 12 位。

虽然 ARM 处理器可用寄存器有 37 个，但是这些寄存器是无法同时被访问的，具体哪些寄存器可以访问是由处理器的工作状态和运行模式决定的。在不同的处理器模式下使用不同的寄存器组。图 3-1 中每列展示的寄存器即该用户模式下所有可见的寄存器，在任何处理器模式下，通用寄存器（R0 ～ R15）、1 或 2 个状态寄存器都是可以访问的。

1. 通用寄存器

通用寄存器包括 R0~R15，可以分为 3 类：不分组寄存器（R0 ～ R7）、分组寄存器（R8 ～ R4）、程序计数器 R15（PC）。

其中，不分组寄存器在所有的处理器模式中均可以被访问，是真正的通用寄存器。但有一点需要注意：在中断或异常处理时，进行模式转换可能会造成寄存器中数据的损坏。

分组寄存器的访问与当前处理器模式相关，如果不想依赖处理器模式访问特定的寄存器，则需要使用规定的寄存器名字。

寄存器 R13 通常用作堆栈指针，因此有时也被称作 SP。当程序进入异常运行模式，如函数调用时，R13 寄存器会指向异常模式分配的堆栈，异常处理程序可借此将当前运行环境中其他寄存器的值存储到堆栈中。当函数执行结束后，将堆栈中的值重新恢复到原来的寄存器中，从而恢复异常处理前的运行环境，继续执行后续流程。

处理器模式						
用户	系统	管理	中止	未定义	中断	快中断
R0	R0	R0	R0	R0	R0	R0
R1	R1	R1	R1	R1	R1	R1
R2	R2	R2	R2	R2	R2	R2
R3	R3	R3	R3	R3	R3	R3
R4	R4	R4	R4	R4	R4	R4
R5	R5	R5	R5	R5	R5	R5
R6	R6	R6	R6	R6	R6	R6
R7	R7	R7	R7	R7	R7	R7
R8	R8	R8	R8	R8	R8	R8_fig
R9	R9	R9	R9	R9	R9	R9_fig
R10	R10	R10	R10	R10	R10	R10_fig
R11	R11	R11	R11	R11	R11	R11_fig
R12	R12	R12	R12	R12	R12	R12_fig
R13	R13	R13_svc	R13_abt	R13_und	R13_irq	R13_fig
R14	R14	R14_svc	R14_abt	R14_und	R14_irq	R14_fig
R15 (PC)	R15 (PC)	R15 (PC)	R15 (PC)	R15 (PC)	R15 (PC)	R15 (PC)
CPSR	CPSR	CPSR	CPSR	CPSR	CPSR	CPSR
		SPSR_svc	SPSR_abt	SPSR_und	SPSR_irq	SPSR_fiq

图 3-1　寄存器清单

寄存器 R14 通常用作子程序链接寄存器，就是通常说的 LR（Link Register）。当执行程序跳转指令 BL（Branch with Link）或 BLX（Branch with Link and Exchange）时，程序计数器 R15 中的子程序返回地址会被复制到 R14。待子程序执行结束返回时，R14 中存储的返回地址会恢复到 R15 中。执行指令如下：

```
MOV     PC, LR
BX      LR
```

在子程序入口，执行如下指令把寄存器 R14 存到堆栈：

```
STMFD    SP!,{<rsgisters>,LR}
```

使用如下指令将堆栈中保存的数据恢复到寄存器中：

```
LDMFD    SP!, {<registers>,PC}
```

寄存器 R15 在分类上属于通用寄存器，但默认作为程序计数器使用，因此寄存器 R15 也叫作 PC 寄存器。如果强行将其作为通用寄存器使用，则可能导致程序出现不可预知的行为。

2. 状态寄存器

状态寄存器包含 1 个当前程序状态寄存器（CPSR）和 5 个备份的程序状态寄存器（SPSR）。

CPSR 在任何处理器模式下均可被访问，CPSR 用于标记当前程序的运算结果、处理器状态、运行模式等。

SPSR 用来备份当前的程序状态寄存器，当程序触发异常中断时，可将 CPSR 的值存放到 SPSR，当异常处理程序执行完毕返回时，再将 SPSR 中存放的当前程序状态值恢复至 CPSR。CPSR 和 SPSR 格式是相同的，如图 3-2 所示。

31	30	29	28	27	26 25 24 23 20	30	16	15 10	9	8	7	6	5	4	0
N	Z	C	V	Q	Res	J	保留	GE[3：0]	保留	E	A	I	F	T	M[4：0]

图 3-2 CPSR 和 SPSR 寄存器格式

3. 条件标志位

N（Negative）、Z（Zero）、C（Carry）和 V（Overflow）通称为条件标志位。条件标志位的值会根据程序中的计算或逻辑指令的执行结果值决定。程序可以根据条件标志位中的值决定程序的执行流程，常用于判断逻辑，如 if 条件语句和 switch 语句。其具体作用如表 3-10 所示。

表 3-10 条件标志位及作用

标志位	含义	作用
N	负数标志	用于表示有符号整数运算结果状态，N=1 表示运算的结果为负数，N=0 表示运算结果为 0 或正数
Z	零标志	Z=1 表示运算结果为 0，Z=0 表示运算结果不为 0
C	进位标志	情况一：无符号加法运算中如果产生了进位，说明发生了上溢出，则 C=1，否则 C=0 情况二：在减法运算中如果发生了借位，说明发生了下溢出，则 C=0，否则 C=1 情况三：位移运算中，C 中存储的是被移位寄存器最后移出的值 情况四：其他非加减运算不会导致 C 中值的变化
V	溢出标志	情况一：当加减运算的结果是以二进制补码的方式表示带符号的数时，V=1 表示符号位溢出 情况二：非加减运算不会改变 V 标志位的值

4. 控制位

CSPR 的低 8 位统称为控制位，包括中断禁止位和状态控制位。当异常发生时，这些标志位将会发生变化。同时，它们也可以在特权模式下被修改。

其中，中断禁止位 I、F 以及状态控制位 T 的具体作用如表 3-11 所示。

表 3-11 I、F、T 标志位的含义与作用

标志位	含义	作用
I	中断禁止位	I=1 用于表示禁止 IPQ 中断
F	中断禁止位	F=1 用于表示禁止 FIQ 中断
T	状态控制位	T 表示处理器的运行状态：在 ARM v4 及以上的版本中，T=0 表示处理器处于 ARM 状态，T=1 表示处理器处于 Thumb 状态

模式控制位 M[4:0] 用于表示处理器的工作模式，同时表示了当前处理器模式下可访问的寄存器。模式控制与工作模式下可访问的寄存器的对照关系如表 3-12 所示。

表 3-12　模式控制与工作模式下可访问的寄存器对照

M[4:0]	处理器模式	当前模式可访问的寄存器
10000	用户模式	CPSR、R0 ~ R14、PC(R15)
10001	FIQ 模式	CPSR、SPSR_fiq、R0 ~ R7、R8_fiq、R14_fiq、PC(R15)
10010	IRQ 模式	CPSR、SPSR_irq、R0 ~ R12、R13_irq、R14_irq、PC(R15)
10011	管理模式	CPSR、SPSR_svc、R0 ~ R12、R13_svc、R14_svc、PC(R15)
10111	中止模式	CPSR、SPSR_abt、R0 ~ R12,R13 abt,R14 abt,PC(R15)
11011	未定义模式	CPSR、SPSR_und、R0 ~ R12、R13_und、R14_und、PC(R15)
11111	系统模式	CPSR(ARM v4 及以上版本)、R0 ~ R14、PC(R15)

3.2.2　基础指令

本节简要介绍 ARM 的指令集和它的基本用法。指令是汇编语言的基本单位，了解指令的用法、指令间如何关联，以及将指令进行组合能实现什么功能，对于学习汇编语言都是至关重要的。

ARM 汇编由 ARM 指令组成。ARM 指令通常包含一两个操作数，具体的语法格式如下：

```
MNEMONIC {S} {condition} {Rd}, Operand1, Operand2
```

需要指出的是，并不是所有 ARM 指令都会用到指令模板中的所有域，正常情况只会使用部分域。模板中各字段的具体含义如下。

❑ MNEMONIC 表示指令的助记符，如 MOV、ADD。

❑ {S} 表示可选的扩展位，如果指令后加了 S，则会依据计算结果更新 CPSR 寄存器中相应的标志位。

❑ {condition} 表示语句的执行条件，如果没有指定，则默认为 AL（无条件执行）。

❑ {Rd} 是指目的寄存器，存储指令计算结果。

❑ Operand1 表示第一个操作数，可以是一个寄存器或一个立即数。

❑ Operand2 表示第二个（可变）操作数，可以是一个立即数或寄存器，甚至是带移位操作的寄存器。

助记符、扩展位、目的寄存器和第一个操作数的作用很好理解，不多做解释，这里补充解释一下执行条件和第二个操作数。设置了执行条件的指令在执行指令前会先校验 CPSR 寄存器中的标志位，只有当标志位组合匹配所设置的执行条件时，指令才会被执行。第二个操作数被称为可变操作数，因为它可以被设置为多种形式，包括立即数、寄存器、带移位操作的寄存器。图 3-3 为 ARM 汇编中常用的指令和使用方法。

指令	指令含义	指令示例
MOV	移动数据	MOV R1，R0；将寄存器 R0 的值传送到寄存器 R1
MVN	取反码移动数据	MVN R0. #0；将立即数 0 取反传送到寄存器 R0 中，完成后 R0= −1
ADD	数据相加	ADD R0，R2，R3；相当于 R0 = R2 + R3
SUB	数据相减	SUB R0，R1，#256；相当于 R0 = R1 − 256
MUL	数据相乘	MUL R0，R1，R2；相当于 R0 = R1 × R2
LSL	逻辑左移	MOV R0，R1，LSL#2（ASL#2）；将 R1 中的内容左移两位后传送到 R0 中，低位用 0 填充
ASR	算数右移	
LSR	逻辑右移	MOV R0，R1，LSR#2；将 R1 中的内容右移两位后传送到 R0 中，左端用零来填充
ROR	循环右移	MOV R0，R1，ROR#2；将 R1 中的内容循环右移两位后传送到 R0 中
CMP	数据对比	CMP R1，R0；将寄存器 R1 的值与寄存器 R0 的值相减，并根据结果设置 CPSR 的标志位
AND	单比特与	AND R0，R0，#3；该指令保持 R0 的 0、1 位，其余位清零
ORR	单比特或	ORR R0，R0，#3；该指令设置 R0 的 0、1 位，其余位保持不变
EOR	单比特异或	EOR R0，R0，#3；该指令反转 R0 的 0、1 位，其余位保持不变
LDR	数据加载	LDR R0，[R1，R2]！；将存储器地址为 R1+R2 的字数据读入 R0，并将新地址 R1+R2 写入 R1
STR	数据存储	STR R0，[R1]，#8；将 R0 中的字数据写入 R1 为地址的存储器中，并将新地址 R1+8 写入 R1
LDM	批量数据加载	LDMFD R13!，{R0，R4–R12，PC}；将堆栈内容恢复到寄存器（R0，R4 到 R12，LR）
STM	批量数据存储	STMFD R13!，{R0，R4–R12，LR}；将寄存器列表中的寄存器（R0，R4 到 R12，LR）存入堆栈
PUSH	压栈	PUSH {R4，LR}；寄存器 R4 入栈，LR 也入栈
POP	出栈	POP {R4，PC}；将堆栈中的数据弹出到寄存器 R4 和 PC 中
B	跳转	B Label；程序无条件跳转到标号 Label 处执行
BL	带返回的跳转	BL Label；当程序无条件跳转到标号 Label 处执行时，同时将当前的 PC 值保存到 R14 中
BX	带状态切换的跳转	BX Label；跳转到指令中所指定的目标地址，目标地址处的指令既可以是 ARM 指令，也可以是 Thumb 指令
BLX	带返回和状态切换的跳转	BLX Label；从 ARM 指令集跳转到指令中指定的目标地址，并将处理器的工作状态由 ARM 状态切换到 Thumb 状态，该指令同时将 PC 的当前内容保存到寄存器 R14 中

图 3-3　ARM 汇编中常用的指令和使用方法

下面列举一些条件指令的例子。

1）比较两个值大小。其 C 语言代码如下：

```
if (a > b)
{
    a++;
}else{
    b++;
}
```

相应的 ARM 指令如下（设 R0 为 a，R1 为 b）：

```
CMP R0, R1          ; R0 与 R1 比较
ADDHI R0,R0,#1      ; 若 R0>R1，则 R0=R0+1
ADDLS R1,R1,#1      ; 若 R0≤R1，则 R1=R1+1
```

2）若两个条件均成立，则将这两个数值相加。其 C 语言代码如下：

```
if ((a != 10) && (b != 20))
{
    a = a + b;
}
```

对应的 ARM 指令如下：

```
CMP R0,#10          ; 比较 R0 是否为 10
CMPNE R1,#20        ; 若 R0 不为 10，则比较 R1 是否为 20
ADDNE R0,R0,R1      ; 若 R0 不为 10 且 R1 不为 20，则执行 R0=R0+R1
```

3）若两个条件中有一个成立，则将这两个数值相加。其 C 语言代码为：

```
if ((a != 10) || (b !=20 ))
{
    a = a + b;
}
```

对应的 ARM 指令如下：

```
CMP R0,#10          ; 比较 R0 是否为 10
CMPEQ R1,#20        ; 若 R0 值为 10，则比较 R1 是否为 20
ADDNE R0,R0,R1      ; 若 R0 不为 10 或 R1 不为 20，则执行 R0=R0+R1
```

4）分支（跳转）：跳转到另一个代码段，比较两个初始值并返回最大值。其 C 语言代码为：

```
int main()
{
    int max = 0;
    int a = 2;
    int b = 3;
    if(a < b)
    {
    max = b;
```

```
    }
    else {
    max = a;
    }
    return max;
}
```

对应的 ARM 指令如下：

```
main:
    MOV    R1, #2      ; 设置初始变量 a 的值为 2
    MOV    R2, #3      ; 设置初始变量 b 的值为 3
    CMP    R1, R2      ; 比较 a 和 b 值，看哪个更大
    BLT    lower       ; 因为 a<b，跳转到 lower 程序段
    MOV    R0, R1      ; 如果 a>b，则将 a 的值存储到 R0
    B      end         ; 跳转到程序末尾
lower:
    MOV R0, R2         ; 因为 a<b，跳转到此处继续执行，将 b 的值存储到 R0
    B end              ; 跳转到程序末尾
end:
    BX LR              ; 程序执行结束，返回值由 R0 返回
```

5）使用条件分支实现循环。C 语言伪代码如下：

```
int main()
{
    int count = 0;
    while(count < 10)
    {
        count++;
    }
    return count;
}
```

对应的 ARM 指令如下：

```
main:
    MOV    R0, #0       ; 设置初始变量 count
loop:
    CMP    R0, #10      ; 判断 count==10
    BEQ    end          ; 如果 count==10，则循环执行结束
    ADD    R0, R0, #1   ; 否则使 R0 中的值递增 1
    B loop              ; 跳转到 loop 开始位置
end:
    BX LR               ; 程序执行结束
```

3.2.3　函数调用

熟悉编程的读者对于函数调用不会陌生，简单来说，函数调用就是调用者向被调用者传递一些参数，然后执行被调用者的代码，并获取执行结果的过程。任何语言的函数调用都发生在栈上的，如果调用者要在被调用函数返回后继续正常执行，那就需要在

跳转到被调用的函数之前保存当前函数的堆栈信息，包括函数的局部变量、返回地址等关键数据。以便被调用函数执行结束后，返回到调用函数时会将其运行所需的堆栈信息恢复。

要理解 ARM 中的函数，必须要先了解 ARM 中函数的构成。为了方便理解，我们暂且将 ARM 函数分为 3 个部分：函数头、函数体和函数尾。

（1）函数头

该部分的主要功能就是保存当前函数的执行环境、设置栈帧的起始位置，并在栈上为程序中使用的变量开辟存储空间。示例代码如下：

```
STMFD   SP!, {FP, LR}    ; 将栈帧指针 FP 和 LR 压入栈中，保存当前函数执行环境
ADD     R11, SP, #0      ; 设置栈帧的起始位置
SUB     SP, SP, #16      ; 在栈中为程序变量分配存储空间
```

（2）函数体

这是该函数内部真正的逻辑实现部分，示例代码如下：

```
MOV     R3, #5           ; 将 SUM 函数的第 5 个参数暂存入 R3 寄存器
STR     R3, [SP]         ; 将 SUM 的第 5 个参数值存储到栈空间
MOV     R0, #1           ; 将 SUM 函数的第 1 个参数存入 R0 寄存器
MOV     R1, #2           ; 将 SUM 函数的第 2 个参数存入 R1 寄存器
MOV     R2, #3           ; 将 SUM 函数的第 3 个参数存入 R2 寄存器
MOV     R3, #4           ; 将 SUM 函数的第 4 个参数存入 R3 寄存器
BL      SUM              ; 跳转到 SUM 函数执行
```

上述代码设置了 SUM 参数具体的数值，并跳转到 SUM 函数进行执行。同时，代码展示了通过栈为函数 SUM 传递参数的过程。若函数中接收的形参数量少于或等于 4 个，则参数可以通过 R0、R1、R2、R3 寄存器进行传递。若要传递的参数超过 4 个，则超出的部分参数需要通过堆栈进行传递。

（3）函数尾

这是函数的最后部分，用于将函数体的执行结果返回给调用者，同时还原到函数初始的状态，这样就可以从函数被调用的地方继续执行。这个过程需要在被调用函数中调整栈指针 SP，通过加减帧指针寄存器 FP 来实现。重新调整栈指针后，将之前保存的寄存器值从堆栈弹出到相应的寄存器来还原这些寄存器值。根据函数类型，一般 LDMFD/POP 指令是表示函数结束的指令。示例代码如下：

```
MOV     R0, R0           ; 获取 SUM 函数的返回值
MOV     R0, R3           ; 设置调用函数的返回值
SUB     SP, FP, #4       ; 恢复原来的栈指针
LDMFD   SP!, {FP, PC}    ; 使栈帧指针和 LR 出栈，用于恢复现场
```

函数通过寄存器 R0 返回结果，无论 SUM 函数执行结果是什么，都要在函数结束后从寄存器 R0 中取出返回值。如果函数返回结果的长度是 64 位，那么该结果需要使用寄存器 R0 和 R1 组合返回。

完整的 ARM 函数调用示例代码如下：

```
SUM:
    STR FP, [SP, #-4]!      ; 设置 SUM 函数空间中栈底指针
    ADD FP, SP, #0          ; 设置栈帧指针
    SUB SP, SP, #20         ; 为传入的参数在栈上分配存储空间
    STR R0, [FP, #-8]       ; 将传入的参数 1 存储到栈上分配的空间
    STR R1, [FP, #-12]      ; 将传入的参数 2 存储到栈上分配的空间
    STR R2, [FP, #-16]      ; 将传入的参数 3 存储到栈上分配的空间
    STR R3, [FP, #-20]      ; 将传入的参数 4 存储到栈上分配的空间
    LDR R2, [FP, #-8]       ; 将传入的参数 1 存储到寄存器 R2
    LDR R3, [FP, #-12]      ; 将传入的参数 2 存储到寄存器 R3
    ADD R2, R2, R3          ; 将参数 1 和参数 2 相加，将结果存储到寄存器 R2
    LDR R3, [FP, #-16]      ; 将传入的参数 3 存储到寄存器 R3
    ADD R2, R2, R3          ; 将参数 3 和之前的结果进行累加
    LDR R3, [FP, #-20]      ; 将传入的参数 4 存储到寄存器 R3
    ADD R2, R2, R3          ; 将参数 4 和之前的结果进行累加
    LDR R3, [FP, #4]        ; 将传入的参数 5 存储到寄存器 R3
    ADD R3, R2, R3          ; 将参数 5 和之前的结果进行累加
    MOV R0, R3              ; 将执行结果作为函数 SUM 的返回值返回
    SUB SP, FP, #0          ; 调整栈指针地址
    LDR FP, [SP], #4        ; 恢复原来的栈指针
    BX LR                   ; 函数执行完跳转回 MAIN 函数
MAIN:
    STMFD SP!, {FP, LR}     ; 将栈帧指针和 LR 压入栈中，用于现场保护
    ADD FP, SP, #4          ; 设置栈底指针
    SUB SP, SP, #8          ; 在栈中为程序中的变量分配存储空间
    MOV R3, #5              ; 设置 SUM 函数的第 5 个参数暂存入 R3 寄存器
    STR R3, [SP]            ; 将 SUM 的第 5 个参数值存储到栈空间
    MOV R0, #1              ; 将 SUM 函数的第 1 个参数存入 R0 寄存器
    MOV R1, #2              ; 将 SUM 函数的第 2 个参数存入 R1 寄存器
    MOV R2, #3              ; 将 SUM 函数的第 3 个参数存入 R2 寄存器
    MOV R3, #4              ; 将 SUM 函数的第 4 个参数存入 R3 寄存器
    BL  SUM                 ; 跳转到 SUM 函数执行
    MOV R0, R0              ; 获取 SUM 函数的返回值
    MOV R0, R3              ; 设置 MAIN 函数的返回值
    SUB SP, FP, #4          ; 恢复原来的栈指针
    LDMFD SP!, {FP, PC}     ; 使栈帧指针和 LR 出栈，用于恢复现场
```

汇编代码对应的 C 语言代码如下：

```
int sum(int arg1, int arg2, int arg3, int arg4, int arg5)
{
    return arg1+arg2+arg3+arg4+arg5;
}
int main()
{
    sum(1,2,3,4,5);
    return;
}
```

通过对 ARM 函数调用的分析，可以将 ARM 中函数调用过程主要总结为 4 个部分。

❑ 进入调用函数时通过 STMFD/PUSH 指令将栈帧指针和 LR 压入栈中，用于保护调用函数执行环境。

❑ 在栈上申请存储空间，用于保存调用函数的局部变量或者被调用函数的参数值。

❑ 跳转到被调用函数执行，并通过寄存器 R0 将执行结果返回给调用者。

❑ 被调用函数返回后，通过 LDMFD/POP 指令恢复调用函数原始执行环境，继续代码执行。

至此，ARM 函数的调用过程就讲完了。函数的调用其实不难，只要明白如何保存及还原 FP 和 LR 寄存器，就能明白函数是如何通过栈帧进行调用和返回的。

3.2.4　ARM64 位汇编

ARM64 采用 ARM v8 架构，具有 64 位操作长度，拥有 31 个 64 位的通用寄存器。对于 ARM64 位汇编指令，以 X 开头的是 64 位的寄存器，以 W 开头的就是 32 位的寄存器。其中，32 位寄存器就是 64 位寄存器的低 32 位部分。ARM64 位汇编中的寄存器如表 3-13 所示。

表 3-13　ARM64 位汇编中的寄存器

寄存器	含义
x0~x7	常用于子程序调用时的参数传递，X0 还用于存储返回值。如果返回结果大于 64 位，则可通过 x1:x0 的方式返回
x8	通常用于保护子程序的返回地址，不能随意赋值
x9~x15	通用寄存器，可以随意使用
x16~x17	常用于子程序内部调用，不能随意使用
x18	平台寄存器，在内核模式下指向当前处理器的 KPCR，在用户模式下指向 TEB
FP(x29)	帧指针寄存器，用于保存栈帧地址
LR(x30)	程序链接寄存器，保存子程序结束后需要执行的下一条指令
SP(x31)	保存栈指针，可使用 SP/WSP 来对 SP 寄存器进行访问
PC	程序计数器，总是指向即将执行的下一条指令
SPRs	状态寄存器，用于存储程序运行时的状态标识

ARM64 相对于 ARM32 的区别如下。

❑ ARM64 中移除了批量加载寄存器指令 LDM/STM、PUSH/POP，并使用加载寄存器指令 STP/STP、LDR/LDP 代替。

❑ ARM64 中对栈的操作是以 16 字节为单位对齐的。

❑ ARM64 指令集中没有协处理器的概念，因此也没有协处理器指令 MCR、MRC。

❑ ARM64 中只有条件跳转和少数数据处理指令支持条件执行功能。

ARM32 架构中，通常栈的操作对齐遵循 4 字节或 8 字节的倍数。而在 ARM64 架构中，栈的操作对齐通常遵循 16 字节的倍数，这样的对齐方式有助于提高内存访问的效率，并且符合 ARM64 架构的设计和优化要求。

相对于 ARM32，ARM64 的汇编指令没有什么变化，对此可通过 C 语言程序反编译来验证。示例代码如下：

```
int sum(int arg1, int arg2)
{
    return arg1+arg2;
}
int  main()
{
    return sum(1,2);
}
```

将上述 C 语言代码编译的 ARM64 版本可执行文件进行反编译，查看汇编代码可以发现，相对于 ARM32 位汇编代码，对应的 ARM64 位汇编代码主要是使用的寄存器由 32 位扩展为 64 位，其他操作指令的变化不大。

```
SUM:
    SUB SP, SP, #16
    STR W0, [SP,12]
    STR W1, [SP,8]
    LDR W1, [SP,12]
    LDR W0, [SP,8]
    ADD W0, W1, W0
    ADD SP, SP, 16
    RET
MAIN:
    STP X29, X30, [SP, -16]!
    ADD X29, SP, 0
    MOV W0, 1
    MOV W1, 2
    BL SUM
    LDP X29, X30, [SP], 16
    RET
```

需要注意的是，ARM64 位参数调用规则遵循 AAPCS64，规定堆栈为满递减堆栈。前 8 个参数通过 x0 ～ x7 传递，大于 8 个的参数通过栈来传递（第 8 个参数需要通过 SP 访问，第 9 个参数需要通过 SP + 8 访问，第 n 个参数需要通过 SP + 8 × (n–8) 访问）。

常见的攻击方式

不知攻，焉知防。要防御移动端攻击，就要先了解攻击者的技术手段，才能采取有效的安全措施。本章主要介绍针对客户端的常见攻击手段，先通过这些手段找出客户端的薄弱点，再加以防护，从而更好提高客户端的安全防护水平。

4.1 重签名攻击

4.1.1 Android 应用重签名

Android App 在编译时会遍历应用中的文件，计算其对应的 Hash 摘要，并将所有文件摘要进行 BASE64 编码后写入签名文件，即 MANIFEST.MF 文件。App 运行时会校验文件的 Hash 是否正确，攻击者为实现绕过收费、App 多开等目的，会对 App 进行解包篡改。

通过 Apktool 工具可对 Android App 进行解包反编译，攻击者修改后可以重新使用它进行打包。具体命令如下：

```
# 将目标应用解压到指定目录
apktool d demo.apk -o output
# 将解包后的应用重新打包
apktool b ouput -o new_demo.apk
```

将 App 解包后的文件篡改后重新打包，文件的 Hash 值已经变动，与原签名信息不匹配，因此无法通过 App 的签名校验，这将导致篡改后的文件无法正常安装到设备上，如图 4-1 所示。

图4-1　Android App 签名异常导致安装报错

为了保证篡改后的 APK 文件可以正常使用，攻击者会使用自己的签名文件对重打包后的应用进行再次签名，从而达到绕过系统签名校验的目的。可利用 apksigner 工具对二次打包后的 App 进行重新签名，具体命令如下：

```
# 对二次打包后的应用重新签名
apksigner sign --ks key.keystore --ks-key-alias key new_demo.apk
```

目前大多数的开发者会在 App 运行时获取当前的签名信息，并将获取的签名信息与正版签名信息进行对比，以确认自己的 App 是否受到重打包攻击。通常开发者检测到 App 被篡改重打包后，会对用户进行安全提醒，如图4-2 所示。

图4-2　App 安全提醒

攻击者会尝试各种方法绕过客户端的签名校验，但其原理基本相同，即篡改客户端签名校验的结果，从而达到欺骗客户端的目的。获取签名信息的方法如下：

```java
public static byte[] getSignature(Context context) {
    try {
        PackageInfo packageInfo = context.getPackageManager().getPackageInfo(get
            PackageName(), PackageManager.GET_SIGNATURES);
        Signature[] signatures = packageInfo.signatures;
        if (signatures != null) {
            return signatures[0].toCharsString();
        }
    } catch (Exception e) {
    }
    return null;
}
```

获取签名信息最核心的代码是 Signature[] signatures = packageInfo.signatures。对此，常见的篡改方式有两种。

1）反编译客户端，定位到签名校验处的代码，将判断语句更改为相反的逻辑，或者通过 Hook 的方式对检测返回值进行修改。签名校验示例代码如下：

```java
public static boolean checkSignature(Context context){
    if (sign.equals(getAppSignature(context))){
        return true;
    }else {
        return false;
    }
}
```

只要将返回结果全部更改为 True 即可通过客户端签名校验。如果应用的签名校验逻辑放在动态库 SO 中，那么同样只要修改返回结果或者修改签名校验时的跳转逻辑，就可达到绕过签名校验的目的。参考示例代码如下：

```java
XposedBridge.hookMethod("com.demo.repacakge",
"checkSignature", Context.class, new XC_MethodHook() {
    @Override
    protected void afterHookedMethod(MethodHookParam param){
        param.setResult(true);
    }
});
```

2）动态代理，即通过反射机制在运行时为其他对象提供控制访问的方法，以实现对系统 API 的 Hook 操作。当客户端调用系统 API 获取签名信息时，会将篡改后的签名信息替换为官方签名信息。其实现原理是通过 PackageManagerService（PMS）服务获取应用签名信息，并通过反射结合动态代理的方式控制 PMS 返回值，从而达到替换签名的目的。

具体操作上，创建一个和目标应用的包名相同的新应用，并在其中通过动态代理的方式实现对应用内获取的 PackageManager 的替换，在调用 getPackageInfo 函数获取签名信息时，使用目标应用的官方签名信息进行替换，流程如图 4-3 所示。

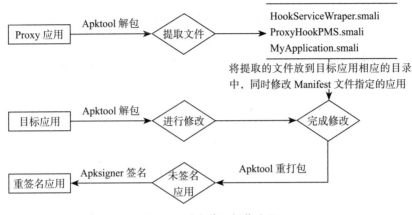

图 4-3　动态代理操作流程

HookServiceWraper.smali 中代码的主要功能是替换 PackageManager，核心代码片段如下：

```java
public static void proxyPMS(Context context, String signData, String packageName){
    try{
        Class<?> activityThreadClass = Class.forName("android.app.ActivityThread");
        Method currentActivityThreadMethod = activityThreadClass.
                getDeclaredMethod("currentActivityThread");
        Object currentActivityThread = currentActivityThreadMethod.invoke(null);
        Field sPackageManagerField =
        activityThreadClass.getDeclaredField("sPackageManager");
        sPackageManagerField.setAccessible(true);
        Object sPackageManager = sPackageManagerField.get(currentActivityThread);
        Class<?> iPackageManager = Class.forName("android.content.pm.IPackageManager");
        Object proxy = Proxy.newProxyInstance(iPackageManager.getClassLoader(),
                new Class<?>[] { iPackageManager },
                new ProxyHookPMS(sPackageManager, signData, packageName, 0));
        sPackageManagerField.set(currentActivityThread, proxy);
        PackageManager pm = context.getPackageManager();
        Field mPmField = pm.getClass().getDeclaredField("mPM");
        mPmField.setAccessible(true);
        mPmField.set(pm, proxy);
    }catch (Exception e){
        e.printStackTrace();
    }
}
```

ProxyHookPMS.smali 中代码的主要功能是使用官方签名信息替换伪造的签名信息，核心代码片段如下：

```java
public class ProxyHookPMS implements InvocationHandler{
```

```
......
@Override
public Object invoke(Object proxy, Method method, Object[] args) throws
    Throwable {
    if("getPackageInfo".equals(method.getName())){
        String pkgName = (String)args[0];
        Integer flag = (Integer)args[1];
        if(flag == PackageManager.GET_SIGNATURES && appPkgName.equals(pkgName)){
            Signature sign = new Signature(SIGN);
            PackageInfo info = (PackageInfo) method.invoke(base, args);
            info.signatures[0] = sign;
            return info;
        }
    }
    return method.invoke(base, args);
}
}
```

重打包后通过 getPackageInfo 接口获取函数签名时，该签名已被替换为合法的官方签名信息，这样即可绕过签名的合法性校验。

4.1.2 iOS 应用重签名

iOS App 在打包过程中会对代码进行签名，只有使用苹果颁发的证书签名，代码才能够被执行，否则 App 在安装或者运行时会因为无法通过系统的签名校验而失败。重签名攻击即攻击者使用自己的证书重新对他人开发的应用进行签名，从而达到非法利用应用的目的。其实现方式就是对目标应用进行砸壳以后进行信息篡改，然后攻击者使用自己的证书对篡改后的应用进行重新签名。

通过 App Store 下载安装的应用都是经过苹果签名加密的，无法直接对其进行重新签名，需要在越狱的设备上使用砸壳工具对其进行砸壳后才可进行重新签名。

砸壳后的应用解压目录如下：

```
# 解压砸壳后的目标应用
$ unzip repackage.ipa
# 解压后删除砸壳应用中之前的签名文件
$rm -rf /Payload/repackage.app/_CodeSignature
```

解压砸壳后的目标应用，效果如图 4-4 所示。

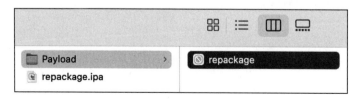

图 4-4 解压砸壳后的目标应用

进行重签名操作前，需要保证当前系统中有可用的签名证书。查看系统中已有证书的命令如下：

```
$security find-identity -v -p codesigning
```

执行命令后会列出当前系统中可以使用的证书清单，如图 4-5 所示。

```
[$ security find-identity -v -p codesigning
  1) 04D76AF8AD3C9ABD2E21B1499DCED3C6E770E0B0 "Apple Development:▇▇▇▇▇▇▇▇
  2) 36BB80F3146AF66F28AE5918F3A0C399C863C359 "Apple Development: A n (8F6N8TS7SZ)"
  3) 67F64504F3BCAE8BCA01FB9D965269BBF7E8AE38 "Apple Development: A n (8F6N8TS7SZ)"
  4) DDC31112CFE6AE0428D1757AE8F3C671A69D2134 "Apple Distribution:▇▇▇▇▇▇▇▇▇
     4 valid identities found
```

图 4-5　当前可以使用的证书清单

攻击者为了实现应用多开通常会更改 bundleId，以便和官方正版应用进行区分，达到在同一设备中共存多个应用的目的。进入 repackage.app 中，编辑 Info.plist 文件中的 Bundle identifier 属性，即可变更 bundleId，如图 4-6 所示。

> CFBundleSupportedPlatforms	⬍	Array	(1 item)
Bundle OS Type code	⬍	String	APPL
Bundle version string (short)	⬍	String	1.0
InfoDictionary version	⬍	String	6.0
Executable file	⬍	String	repackagedemo
DTCompiler	⬍	String	com.apple.compilers.llvm.clang.1_0
> Required device capabilities	⬍	Array	(1 item)
MinimumOSVersion	⬍	String	14.1
Bundle identifier	⬍	String	com.test.repackage
> UIDeviceFamily	⬍⊕⊖	Array	(2 items)
DTPlatformVersion	⬍	String	14.5
DTXcodeBuild	⬍	String	12E507
Application requires iPhone environment	⬍	Boolean	YES
> Application Scene Manifest	⬍	Dictionary	(2 items)

图 4-6　变更 bundleId

为保证重签名以后的应用能顺利通过苹果的校验，需要替换砸壳后 repackage.app 中的 embedded.mobileprovision 文件。使用 Xcode 创建新的工程，选择重签名时要使用的证书并将其打包编译成 IPA 包，然后解包并复制其中的 embedded.mobileprovision 文件，用以替换掉砸壳应用 repackage.app 中的原 embedded.mobileprovision 文件。有的应用砸壳后可能没有 embedded.mobileprovision 文件，这种情况下直接将新生成的 embedded.mobileprovision 放入 repackage.app 文件中即可。具体文件格式如图 4-7 所示。

生成授权文件 entitlements.plist，并将生成的授权文件移动到 repackage.app 目录中，具体命令如下：

```
# 使用 embedded.mobileprovision 文件生成 .plist 文件
security cms -D -i embedded.mobileprovision > embedded.plist
# 通过 embedded.plist 文件生成授权文件 entitlements.plist
$/usr/libexec/PlistBuddy -x -c 'Print:Entitlements' embedded.plist > entitlements.
    plist
# 将生成的授权文件移动到 repackage.app 目录中
$mv entitlements.plist repackage.app
```

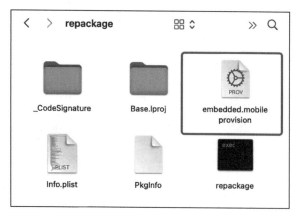

图 4-7　砸壳后的文件清单

对砸壳后应用的 repackage.app 中的可执行文件进行重签名操作，具体签名代码如下：

```
$codesign -fs "选择的证书串" repackage.app/repackage
```

砸壳后应用中如包含动态库，还需要对动态库进行重签名，具体代码如下：

```
$codesign -fs "选择的证书串" repackage.app/Framework/xxx.framework
```

如果遇到无法进行重签名的插件或者其他文件，则可以尝试将其直接删除。完成以上所有操作后，需要对砸壳后应用的 repackage.app 整体进行重签名，签名之前需要将生成的授权文件 entitlements.plist 复制一份到 Payload 目录中，然后使用以下代码进行重签名：

```
$codesign -fs "选择的证书串" --no-strict --
entitlements=entitlements.plist repackage.app
```

将重签名后的 repackage.app 文件重新打包成 IPA 安装包，具体命令如下：

```
zip -ry new_repackage.ipa Payload
```

重签名后的 IPA 包可通过 Xcode 或者爱思助手等工具安装到设备上，如果应用运行时发生崩溃现象，则大概率是遇到了重打包校验。常用的校验方法有两种：检测应用的 bundleId 是否发生了改变；检测证书的 teamId（Team identifer）是否发生了改变。针对 bundleId 变更校验，将 bundleId 更改为官方值即可；如果要校验 teamId，就要分析代码，定位到校验部分的具体位置，并对其返回结果进行修改。

4.2　动态注入与 Hook 操作

动态注入和 Hook 操作都属于运行时代码插入技术。动态注入是通过在运行时把代码插入到程序中来添加新功能或修复错误的。Hook 操作则是在运行时拦截和修改程序的已有函数，从而改变其行为。两种技术都可以用于调试、测试，能提高应用程序的灵活性和可扩展性。

4.2.1 Android 动态注入

Android 通过用户隔离来保障每个应用的安全，要想突破系统的隔离保护来实现进程注入，就需要先对目标设备进行 Root 操作，获取管理员权限。LD_PRELOAD 是 Linux 系统中用于动态库加载的环境变量，进程启动时可通过该变量将指定的动态库注入进程中。Android 系统继承了 Linux 内核，同时继承了 LD_PRELOAD 环境变量。但是，Android 通过 LD_PRELOAD 进行注入会受到限制，仅适用于注入可执行文件而不适用于 App。具体命令如下：

```
LD_PRELOAD=./libinject.so    ./test
```

注入效果如图 4-8 所示。

```
angler:/ # ps -e | grep test
root          3414 15870    33400     1508 0              0 R test
angler:/ # cat /proc/3414/maps | grep inject
70f0326000-70f0327000 r-xp 00000000 08:0d 2023461   /data/local/tmp/libinject.so
70f0336000-70f0337000 r--p 00000000 08:0d 2023461   /data/local/tmp/libinject.so
70f0337000-70f0338000 rw-p 00001000 08:0d 2023461   /data/local/tmp/libinject.so
```

图 4-8　LD_PRELOAD 注入效果

Android 系统中早期针对 App 的动态注入框架主要有 adbi、Xposed 和 Cydia Substrate，但 Android 系统的版本不断升级，而且 SEAndroid 权限无法关闭，导致这 3 个框架无法适配高版本的系统，逐渐退出了历史舞台，现在常用的注入框架是 EdXposed 和 Frida。

EdXposed 注入依赖于 Riru 模块。该模块需要使用 Magisk 安装，完成安装后 Riru 将注入 zygote 进程中。在 Android 系统中 App 进程都是由 Zygote 进程通过 fork 操作创建的，因此所有新创建的应用进程中都会被注入 Riru 模块，以配合 EdXposed 框架完成 Hook 操作。注入进程中的 Riru 模块如图 4-9 所示。

```
angler:/ # cat /proc/9999/maps | grep edxp
e9fd6000-ea052000 r-xp 00000000 fd:00 1114293    /system/lib/libriru_edxp.so
ea052000-ea057000 r--p 0007b000 fd:00 1114293    /system/lib/libriru_edxp.so
ea057000-ea058000 rw-p 00080000 fd:00 1114293    /system/lib/libriru_edxp.so
ed3db000-ed3dc000 r--s 00011000 fd:00 1114291    /system/framework/edxp.jar
```

图 4-9　注入进程中的 Riru 模块

基于 EdXposed 框架的 Hook 操作本质上也是将功能模块注入目标进程中，具体注入效果如图 4-10 所示。包名 com.hook.xposed 的作用是编写 EdXposed 的 Hook 模块，该效果是将该模块注入进程 ID 为 6799 的目标进程中。

```
angler:/ # cat /proc/6799/maps | grep xposed
d3ccc000-d4117000 r--s 00000000 fd:00 1851875    /data/app/com.hook.xposed/oat/arm/base.vdex
df64f000-df65f000 r--p 00000000 fd:00 1851925    /data/app/com.hook.xposed/oat/arm/base.odex
df669000-df66a000 r--p 00010000 fd:00 1851925    /data/app/com.hook.xposed/oat/arm/base.odex
df66a000-df66b000 rw-p 00011000 fd:00 1851925    /data/app/com.hook.xposed/oat/arm/base.odex
```

图 4-10　Hook 模块注入目标进程中

Frida 框架有两种模式：attach 模式和 spawn 模式。attach 模式是利用 ptrace 方式附加到已经存在的进程中，如果目标进程处于调试状态，则 attach 模式会执行失败。spawn 模式则是启动一个新的进程并挂起，同时注入 Frida 代码，适用于在进程启动前执行一些 Hook 操作，注入完成后调用 resume 恢复进程。这两种模式都会向目标进程中注入 frida-agent.so 模块，注入效果如图 4-11 所示。

```
angler:/ # cat /proc/19709/maps | grep frida
70c485b000-70c4ee3000 r--p 00000000 fc:01 2023452 /data/local/tmp/re.frida.server/frida-agent.so
70c4ee4000-70c5ce2000 r-xp 00688000 fc:01 2023452 /data/local/tmp/re.frida.server/frida-agent.so
70c5ce2000-70c5d7c000 r--p 01485000 fc:01 2023452 /data/local/tmp/re.frida.server/frida-agent.so
70c5d7c000-70c5d92000 rw-p 0151e000 fc:01 2023452 /data/local/tmp/re.frida.server/frida-agent.so
```

图 4-11　注入进程中的 frida-agent.so 模块

frida-agent.so 模块主要用于 Frida 框架和 frida-server 通信，在将该模块注入目标进程后便可正常开展后续的 Hook 操作。

4.2.2　iOS 动态注入

攻击者为达到攻击的目的，常会将自己构造的攻击代码注入目标应用进程中。如果要注入的代码量比较少则可以采用源代码的方式直接注入，如果代码量比较多则可以编译成动态库，然后将动态库注入目标进程中。

源代码注入需要利用开发者 saurik 编写的 Cycript 工具。该工具需要通过 Cydia 安装。这也就意味着要想使用 Cycript，设备必须要进行越狱。完成安装以后通过 SSH 连接到目标设备，便可以通过命令行的方式使用 Cycript。以注入 SpringBoard 进程中为例。要想注入目标应用进程中，就需要获得目标进程的 PID 或者完整的进程名。具体注入过程的示例代码如下：

```
iPhone:~ root# cycript -p SpringBoard  或 cycript -p <pid>
cy# inject = [[UIAlertView alloc] initWithTitle:@"Inject" message:@"You have be
    injected!" delegate:nil cancelButtonTitle:@"OK" otherButtonTitles:nil];
cy# [inject show];
```

上述代码是在 SpringBoard 代码中插入一段表示弹窗的代码，然后调用该代码，执行效果如图 4-12 所示。

常用的动态库注入有 cynject 注入、DYLD_INSERT_LIBRARIES 注入、DynamicLibraries 注入和 LoadCommand 注入 4 种方式。

1）cynject 是 Cydia Substrate（或叫作 Mobile Substrate）提供的动态库注入工具，只要设备经过越狱，就可通过命令行使用它。通过该工具，我们很容易手动将动态库注入目标应用中，具体命令格式如下：

```
iPhone:~ root# cynject <pid> <dylib_path>
```

图 4-12　注入后的弹窗效果

2）DYLD_INSERT_LIBRARIES 是苹果的动态链接器（dyld）的一个环境变量。通过此变量可以指定需要加载的动态库路径。dyld 中通过 DYLD_INSERT_LIBRARIES 环境变量插入动态库的代码如下：

```
// 加载动态库
if ( sEnv.DYLD_INSERT_LIBRARIES != NULL ) {
    for (const char* const* lib = sEnv.DYLD_INSERT_LIBRARIES; *lib != NULL;
        ++lib)
        loadInsertedDylib(*lib);
}
```

应用启动时通过设置 DYLD_INSERT_LIBRARIES 变量指定需要注入的动态库，即可将其注入目标应用的进程中，具体注入命令如下：

```
DYLD_INSERT_LIBRARIES=Test.dylib
/Applications/MobilePhone.app/MobilePhone
```

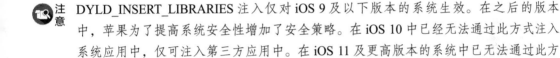 DYLD_INSERT_LIBRARIES 注入仅对 iOS 9 及以下版本的系统生效。在之后的版本中，苹果为了提高系统安全性增加了安全策略。在 iOS 10 中已经无法通过此方式注入系统应用中，仅可注入第三方应用中。在 iOS 11 及更高版本的系统中已无法通过此方式注入动态库。而 iOS 13 版本的系统彻底使用 dyld 3 替换 dyld 2 来加载应用，dyld 3 中已去掉通过 DYLD_INSERT_LIBRARIES 环境变量加载动态库的功能。

3）DynamicLibraries 是利用 Cydia Substrate 框架中的 MobileLoader 模块加载动态库的。CydiaSubstrate 框架会通过 MobileLoader 将 DYLD_INSERT_LIBRARIES 环境变量加载到运行的应用中，然后遍历 /Library/MobileSubstrate/DynamicLibraries/ 目录查找需要加载的动态库。该目录中的动态库都有和其名字相同的 .plist 文件，.plist 文件中标识了动态库被加载的目标进程。利用 Cydia Substrate 框架的机制，只需要将构造的动态库复制到 /Library/MobileSubstrate/DynamicLibraries/ 目录，并在创建的 .plist 文件中写入需要注入目标应用的 bundleId，应用启动时就会将动态库加载到目标进程。.plist 文件内容如下：

```
<?xml version="1.0" encoding="UTF-8"?>
<!DOCTYPE plist PUBLIC "-//Apple//DTD PLIST 1.0//EN" "http://www.apple.com/DTDs/
    PropertyList-1.0.dtd">
<plist version="1.0">
<dict>
    <key>Filter</key>
    <dict>
        <key>Bundles</key>
        <array>
            <string>com.apple.springboard</string>
        </array>
    </dict>
</dict>
</plist>
```

4）LoadCommand 注入是通过篡改目标应用并添加动态库的方式实现的。应用编译打包时会将依赖的动态库信息写入可执行文件的 Load Commands 模块中，应用启动时 dyld 根据可执行文件的 Load Commands 模块中声明的动态库信息加载所需的动态库。攻击者通过修改可执行文件的 Load Commands 模块，向其中添加动态库信息后重新打包签名就可完成注入，不需要越狱环境。利用 MachOView 工具分析 iOS 应用中的可执行文件，可以看到 Load Commands 模块的 LC_LOAD_DYLIB 中动态库的信息，具体如图 4-13 所示。

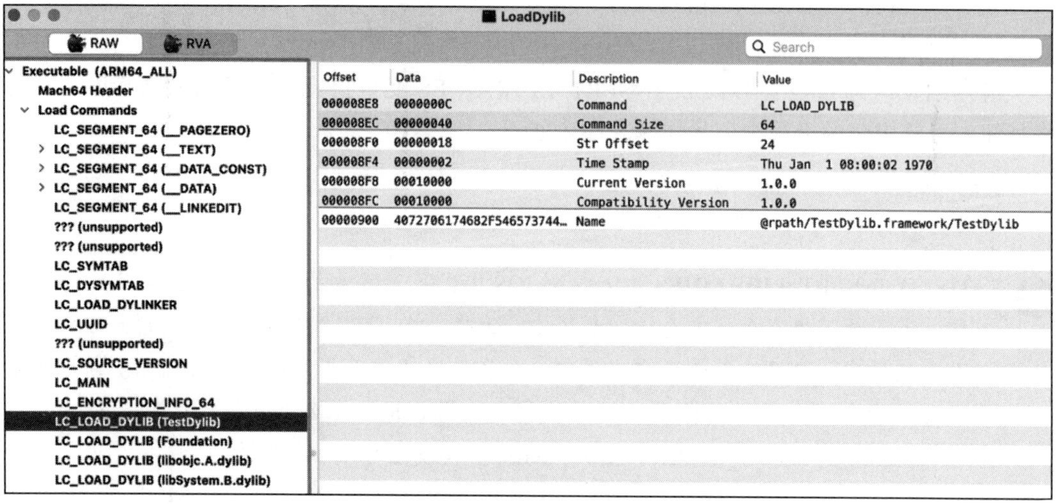

图 4-13 LC_LOAD_DYLIB 中动态库的信息

手动注入比较复杂还容易出错，网上有不少开源的自动化注入工具。例如，可利用 optool 工具进行注入，具体命令如下：

```
optool install -c load -p
"@executable_path/Frameworks/test.framework" -t target.app/target
```

完成注入操作后，目标应用的可执行程序中将增加注入的动态库记录，如图 4-14 所示。

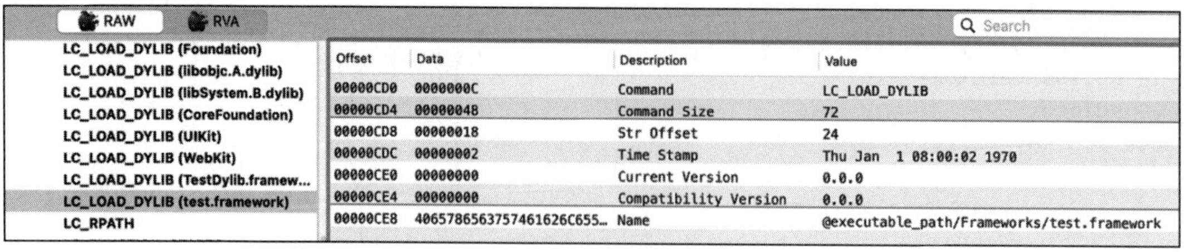

图 4-14 增加动态库记录

将注入的动态库复制到应用内的 Frameworks 文件夹中，然后对应用进行重签名。将签名后的应用打包成 IPA 包安装到手机上。

可通过 LLDB 工具的 image list 命令查看目标进程的内存加载模块，通过已加载的动态库判断动态库是否注入成功，如图 4-15 所示。

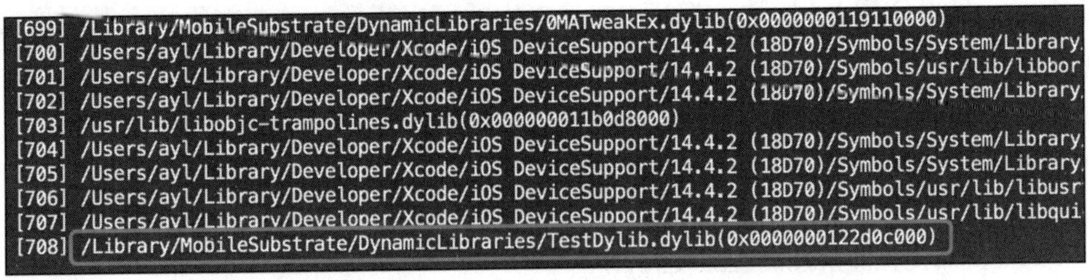

```
[699] /Library/MobileSubstrate/DynamicLibraries/0MATweakEx.dylib(0x0000000119110000)
[700] /Users/ayl/Library/Developer/Xcode/iOS DeviceSupport/14.4.2 (18D70)/Symbols/System/Library
[701] /Users/ayl/Library/Developer/Xcode/iOS DeviceSupport/14.4.2 (18D70)/Symbols/usr/lib/libbor
[702] /Users/ayl/Library/Developer/Xcode/iOS DeviceSupport/14.4.2 (18D70)/Symbols/System/Library
[703] /usr/lib/libobjc-trampolines.dylib(0x000000011b0d8000)
[704] /Users/ayl/Library/Developer/Xcode/iOS DeviceSupport/14.4.2 (18D70)/Symbols/System/Library
[705] /Users/ayl/Library/Developer/Xcode/iOS DeviceSupport/14.4.2 (18D70)/Symbols/System/Library
[706] /Users/ayl/Library/Developer/Xcode/iOS DeviceSupport/14.4.2 (18D70)/Symbols/usr/lib/libusr
[707] /Users/ayl/Library/Developer/Xcode/iOS DeviceSupport/14.4.2 (18D70)/Symbols/usr/lib/libqui
[708] /Library/MobileSubstrate/DynamicLibraries/TestDylib.dylib(0x0000000122d0c000)
```

图 4-15 通过已加载的动态库判断动态库是否注入成功

4.2.3 Android Hook 攻击

Hook 攻击是攻击者分析应用的一种非常有效的手段。Android Hook 攻击方式根据注入的目标不同可以分为两类：Java 层 Hook 攻击和 Native 层 Hook 攻击。Java 层 Hook 攻击是指对通过 Java/Kotlin 开发的代码进行 Hook 操作。Native 层 Hook 攻击是指对通过 C/C++ 开发的动态库进行 Hook 操作。

Java 层 Hook 攻击可以通过目前两款比较主流的 Hook 框架实现：EdXposed 和 Frida。前面已经着重介绍了这两款框架和具体利用这两款框架进行 Java 层 Hook 攻击的方法，这里就不重复介绍了。

对于 Native 层 Hook 攻击，通用性比较强的技术方案是 GOT/PLT Hook 和 Inline Hook，如表 4-1 所示。

表 4-1 Native 层 Hook 攻击常用技术方案

主要技术依赖	应用范围	技术原理
GOT/PLT Hook	仅限于绑定表函数	修改 PLT（Procedure Linkage Table）中存储的函数跳转指令
Inline Hook	适用于绝大部分函数，但函数太短，不稳定	在目标函数的开头插入一条跳转指令，将控制权交给 Hook 函数

基于这两个方案发展起来的成熟 Native 层 Hook 攻击框架有 xhook、bhook、ShadowHook 和 Frida，如表 4-2 所示。xhook、bhook 和 ShadowHook 这 3 个框架和 Frida 框架的最大区别是，它们只能用于对自己进程内的代码进行 Hook 操作，无法直接注入第三方进程中，因此不做过多介绍。使用 Frida 进行 Native 层 Hook 攻击可以帮助安全人员更好地了解应用程序的行为并发现潜在的漏洞。

表 4-2 主要的 Native 层 Hook 攻击框架

框架名	主要技术依赖	技术原理
xhook	PLT Hook	修改 PLT 中存储的函数跳转指令
bhook	PLT Hook	修改 PLT 中存储的函数跳转指令
ShadowHook	Inline Hook	在目标函数的开头插入一条跳转指令，将控制权交给 Hook 函数
Frida	Inline Hook 和 GOT Hook	GOT（Global Offset Table）中存储了程序中所有函数的地址

之前已经介绍过 Frida 的基本用法，此处重点介绍如何利用 Frida 框架进行 Native 层 Hook 攻击。对动态库函数进行 Hook 操作首先要找到切入点，SO 动态库的导出函数就是主要的切入点，可以使用 Frida 快速遍历 SO 动态库的导出函数，并获取导出函数的名称和内存地址。遍历导出函数的示例代码如下：

```python
import frida
jsCode = """Java.perform(function(){
    var nativeLib = Process.findModuleByName("libdebug.so");
    var exports = nativeLib.enumerateExports();
    exports.forEach(function(exp){
        if(exp.name.indexOf('Java') != -1){
            console.log(exp.name + ":" + exp.address);
        }
    });
});"""
device = frida.get_usb_device()
pid = device.spawn(["com.dynamic.debug"])
device.resume(pid)
session = device.attach(pid)
script= session.create_script(jsCode)
script.load()
```

上述代码中使用 Process.findModuleByName 方法来获取目标动态库对象。然后，通过 findExportByName 方法来获取目标动态库的导出函数信息。最后，通过字符串匹配的方式将感兴趣的导出函数信息输出。

通过上一步的操作确定切入点后，就可以使用 Frida 来对目标函数进行 Hook 操作。利用 Frida 提供的 Interceptor.attach 方法来附加目标函数，可以通过修改函数执行结束后返回的结果值改变程序的原有执行流程。Interceptor.attach 中的 onEnter 回调函数会在目标函数被调用时执行，onLeave 回调函数会在目标函数返回时执行。如果要修改函数的返回结果，则需要利用 onLeave 回调函数中的 replace 方法。JavaScript 的示例代码如下：

```javascript
function(){
    var nativeLib = Process.findModuleByName("libdebug.so");
    var addr = nativeLib.findExportByName("Java_com_dynamic_debug_MainActivity_
        checkInput");
    Interceptor.attach(addr, {
        onEnter: function(args) {
            var result = Java.vm.getEnv().getStringUtfChars(args[2], null).
                readCString()
            console.log("Call func with arg:", result);
        },
        onLeave: function(retval) {
            console.log("Func return: ", retval);
            retval.replace(0x1);
        }
    });
}
```

前面都是以 SO 动态库中的导出函数为切入点进行 Hook 操作。但有时 Hook 操作的目标函数是非导出的，此时上述的 Hook 方案就不适用了。针对此情况，Frida 提供了针对函数地址进行 Hook 操作的功能。首先，利用 IDA 反编译工具静态反编译 SO 动态库，获取目标函数的文件偏移地址，如图 4-16 所示。

```
.text:000000000001F17C ; =============== S U B R O U T I N E ====================
.text:000000000001F17C
.text:000000000001F17C
.text:000000000001F17C sub_1F17C                           ; CODE XREF: Java com dynamic debug
.text:000000000001F17C
.text:000000000001F17C var_8           = -8
.text:000000000001F17C var_4           = -4
.text:000000000001F17C
.text:000000000001F17C ; __unwind {
.text:000000000001F17C                 SUB     SP, SP, #0x10
.text:000000000001F180                 STR     W0, [SP,#0x10+var_4]
.text:000000000001F184                 STR     W1, [SP,#0x10+var_8]
.text:000000000001F188                 LDR     W8, [SP,#0x10+var_4]
.text:000000000001F18C                 LDR     W9, [SP,#0x10+var_8]
.text:000000000001F190                 ADD     W0, W8, W9
.text:000000000001F194                 ADD     SP, SP, #0x10
.text:000000000001F198                 RET
.text:000000000001F198 ; } // starts at 1F17C
.text:000000000001F198 ; End of function sub_1F17C
```

图 4-16　定位反编译后的目标函数

成功获取目标函数后，利用 Frida 的 Module.findBaseAddress 函数获取动态库加载到内存中的基地址。"动态库基地址 + 函数偏移地址"即函数在内存中的真实地址，然后就可以利用 Frida 对目标函数地址进行 Hook 操作。具体的 JavaScript 代码如下：

```javascript
var base_address = Module.findBaseAddress("libdebug.so")
if (base_address) {
    // 目标函数在 SO 中的偏移地址
    var func_offset = 0x1F17C;
    // 内存中的函数地址 = SO 基地址 + 函数偏移地址
    var addr_func = base_address.add(func_offset)
    var pfunc = new NativePointer(addr_func);
    Interceptor.attach(pfunc, {
        onEnter: function (args) {
            console.log("Call func with args: " + args[0], args[1])
        },
        onLeave: function (retval) {
            console.log("func return:", retval)
        }
    })
}
```

 注意 Frida 启动应用时注入可能会因为 SO 动态库未加载而导致获取基地址失败，可在应用进程启动后延迟几秒再注入。

我们还可以利用 Frida 的 Interceptor.replace 方法对指定的函数进行替换，从而在不修改程序源码的情况下对程序的运行逻辑进行更改。可以利用函数替换的方式对抗应用的防调试程序。以前面非导出的函数为例进行替换，具体的 JavaScript 代码如下：

```
var base_address = Module.findBaseAddress("libdebug.so")
if (base_address) {
    var func_offset = 0x1F17C;
    var orgin_func = base_address.add(func_offset)
    // 自定义函数回调
    var fake_func = new NativeCallback(function(a,b){
        console.log("Called with arguments: ", a, b);
        return a + b+ 100;
    }, 'bool', ['int', 'int']);
    Interceptor.replace(orgin_func, fake_func);
}
```

Frida 提供了 RPC（Remote Procedure Call，远程过程调用）服务。通过 Frida Hook 拦截函数后可以创建一个 RPC 服务提供给其他进程进行远程调用。只要能拿到目标函数的地址就可以将其封装，并对外提供调用服务。RPC 服务可以使攻击者直接调用受害应用中的功能而不需要对应用进行逆向还原，例如，将应用程序的加密算法或签名算法封装后直接使用。此处还以上述未导出函数为例进行讲解。获取函数地址后通过 NativeFunction 将其封装为可调用的函数，然后通过 RPC 服务的 rpc.exports 注册一个对外提供服务的函数，并使其和之前封装的函数绑定。具体示例代码如下：

```
import frida,time,sys
jsRpcCode = """
function sum(args){
    var base_address = Module.findBaseAddress("libdebug.so");
    if (base_address) {
        var func_offset = 0x1F17C;
        var func_addr = base_address.add(func_offset);
        // 将函数地址转换为可调用的函数
        return new NativeFunction(func_addr, "int", ["int", "int"]);
    }
}
// 将函数注册暴露
rpc.exports.callrpcfunction=sum
"""
device = frida.get_usb_device()
pid = device.spawn(["com.dynamic.debug"])
device.resume(pid)
session = device.attach(pid)
time.sleep(3)
script= session.create_script(jsRpcCode)
script.load()
// 调用 RPC 函数
script.exports.callrpcfunction([1,2])
```

4.2.4 iOS Hook 攻击

iOS Hook 攻击是一种在 iOS 系统上进行程序分析和修改的技术，通过对程序中的函数执行 Hook 操作来拦截和修改程序的运行流程，从而实现对程序的修改和扩展。iOS 平台上常用的 Hook 方式有 3 种：Method Swizzle、Fishhook 和 Cydia Substrate。

1. Method Swizzle

Method Swizzle 是苹果官方提供的一种可在程序运行期间替换或修改 Objective-C 对象的方法。Objective-C 中的方法（Method）由 SEL 和 IMP 两部分组成，分别表示方法的名称和方法的实现。利用 Method Swizzle，可以将方法中原本的 SEL 和 IMP 映射断开，并令原方法的 SEL 和伪造的 IMP 建立新映射关系，以实现对目标方法的 Hook 操作，其实现原理如图 4-17 所示。

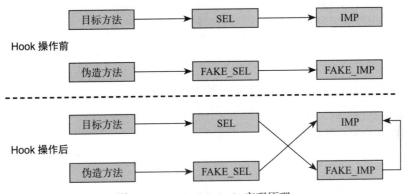

图 4-17　Method Swizzle 实现原理

Objective-C 语言中类的方法是通过类的方法列表（Method List）来维护的。Method List 是一个结构体数组，每个结构体代表一个方法，结构体中包含了方法名、参数类型和返回值类型等信息。程序运行期间 Method Swizzle 通过遍历目标方法所在类的 Method List 来找到目标方法，然后使用伪造的函数地址替换目标函数地址，在伪造函数执行结束以后调用原有方法并执行。因此，利用 Method Swizzle 进行 Hook 操作前需要确定目标方法所在的类。可以通过前面介绍的 class-dum 工具确定目标方法和目标类。要想使用 Method Swizzle 的方式实现对第三方应用的 Hook 操作，则需要用到之前介绍的动态注入技术。将 Hook 相关代码封装到动态库中，然后注入目标程序中实现 Hook 功能。Hook 示例代码如下：

```
#import "Swizzle.h"
#include <objc/runtime.h>
#import <UIKit/UIKit.h>
@implementation Swizzle
static IMP originalImp  = nil;
- (void) showAlert{
    UIAlertController *alertVC = [UIAlertController alertControllerWithTitle:@"Im
        the fake function!!!" message:nil preferredStyle:UIAlertControllerStyleA
        lert];
    [alertVC addAction:[UIAlertAction actionWithTitle:@" 确定 " style:UIAlertActionStyleCancel
        handler:nil]];
```

```
        [[[UIApplication sharedApplication] keyWindow].rootViewController presentViewController:
            alertVC animated:true completion:nil];
        // 伪造方法执行结束以后调用原方法
        ((void(*)(id, SEL))originalImp)(self, @selector(showAlert));
}
+ (void)load {
        // 原方法
        Method origMethod = class_getInstanceMethod(objc_getClass("ViewController"),
            @selector(testSwizzle));
        // 伪造的方法
        Method newMethod = class_getInstanceMethod(self, @selector(showAlert));
        // 交换两个方法的 IMP
        method_exchangeImplementations(origMethod, newMethod);
        originalImp = method_getImplementation(newMethod);
        NSLog(@"This func has been hooked by Swizzle!!!");
}
@end
```

目标应用中进行 Hook 操作的函数代码如下：

```
@implementation ViewController
- (void)testSwizzle{
    NSLog(@"Hello Swizzle");
}
- (IBAction)testHook:(UIButton *)sender {
    [self  testSwizzle];
}
@end
```

Objective-C 语言中类被加载时会调用 load 方法，因此需要在代码中重写 load 方法，以使函数交换逻辑在此方法中实现，保证动态库注入目标程序时就会触发对目标函数的 Hook 操作。代码中使用自定义的 showAlert 函数替换目标应用中 ViewController 类的 showLog 函数。showAlert 函数执行结束后会重新调用原函数，保证程序执行流程不变。调用原函数时需要注意，因为之前已经完成函数交换，所以此处调用的 showAlert 函数就是原函数。将代码编译成动态库后注入目标进程中，注入命令如下：

```
cynject [PID] /Library/Swizzle.dylib
```

注入后目标应用的执行效果如图 4-18 所示。

```
2022-12-19 22:45:09.930728+0800 Demo[2564:607103] This func has been hooked by Swizzle!!!
2022-12-19 22:45:17.336975+0800 Demo[2564:606072] Im the fake function!!!
2022-12-19 22:45:17.337078+0800 Demo[2564:606072] Hello Swizzle
```

图 4-18　注入后目标应用的执行效果

2. Fishhook

Fishhook 是 Meta 开源的一款基于符号绑定机制的 Hook 工具，其实现原理类似于 GOT Hook。Fishhook 利用 Mach-O 文件的 Lazy Symbol 和 Non-Lazy Symbol 查找目标函数地址并利用伪造的函数地址对其进行替换，以实现对目标函数的 Hook 操作。正因如此，Fishhook只能对系统函数进行 Hook 操作，而无法对自定义函数进行 Hook 操作。

正常情况下，要使用 Fishhook 就需要在项目中集成该框架，但要想对第三方应用进行 Hook 操作，需要对目标应用进行修改并重打包，Hook 操作的成本很高。对此，我们可以将 Hook 代码编译成动态库，然后利用动态注入的方式将其注入目标进程中实现 Hook 操作。动态库示例代码如下：

```objc
#import <dlfcn.h>
#import <UIKit/UIKit.h>
#import "LoadFishHook.h"
#import "fishhook.h"
@implementation LoadFishHook
static int (*orig_open)(const char *, int, ...);
int my_open(const char *path, int oflag, ...) {
    va_list ap = {0};
    mode_t mode = 0;
    if ((oflag & O_CREAT) != 0) {
        va_start(ap, oflag);
        mode = va_arg(ap, int);
        va_end(ap);
        NSLog(@"Calling real open('%s', %d, %d)\n", path, oflag, mode);
        return orig_open(path, oflag, mode);
    }else {
        NSLog(@"Calling real open('%s', %d)\n", path, oflag);
        return orig_open(path, oflag, mode);
    }
}
+ (void)load {
    // 实现函数替换
    rebind_symbols((struct rebinding[1]){ {"open", my_open, (void *)&orig_
        open}}, 1);
    NSLog(@"This func has been hooked by fishhook!!!");
}
@end
```

上述代码中利用 Fishhook 提供的 rebind_symbols 函数将符号表中的 open 函数地址替换为自定义的 my_open 函数，这样当调用执行时将输出打开的文件路径。目标应用中调用 open 函数的代码如下：

```objc
@implementation ViewController
- (void)testFishHook{
    int fd = open("/Library/Swizzle.dylib", O_RDONLY);
    uint32_t magic_number = 0;
    read(fd, &magic_number, 4);
    NSLog(@"Mach-O Magic Number: %x \n", magic_number);
    close(fd);
}
- (IBAction)testHook:(UIButton *)sender {
```

```
    [self testFishHook];
}
@end
```

将动态库注入目标进程后，执行效果如图 4-19 所示。

```
2022-12-20 13:49:30.161481+0800 Demo[2772:807737] Calling real open('/Library/Swizzle.dylib', 0)
2022-12-20 13:49:30.161960+0800 Demo[2772:807737] Mach-O Magic Number: feedfacf
```

图 4-19　动态库注入目标进程后的执行效果

3. Cydia Substrate

Cydia Substrate 是基于 Inline Hook 技术实现的 Hook 框架。Cydia Substrate 会在目标程序运行时注入一些由开发者编写的代码模块，也可以在程序运行时替换掉目标函数开头的一段代码，从而实现对程序执行流程的修改。

前面介绍的 Tweak 工具就是依赖 Cydia Substrate 框架实现 Hook 操作的，此处我们使用 Tweak 进行演示。正式编写 Tweak 代码前需要确定 Hook 操作的目标方法和其所在的类。如果针对第三方应用，就需要先对目标应用进行砸壳处理，然后使用 Class-dump 工具获取目标应用的头文件，从而得到目标方法和目标类的信息。这里我们使用自己的 Demo 进行演示，可以直接得到目标方法和目标类的信息，具体代码如下：

```
@implementation ViewController
- (void)testCydiaSubstrate{
    NSLog(@"Hello Cydia Substrate");
}
- (IBAction)testHook:(UIButton *)sender {
    [self testCydiaSubstrate];
}
@end
```

下面对目标类 ViewController 中的 testCydiaSubstrate 方法进行 Hook 操作，利用配置好的 Theos 环境创建 Tweak 工程，然后在工程的源代码文件中使用 Logos 语法进行开发。具体代码如下：

```
%hook ViewController                    // Hook 操作的目标类
- (void)testCydiaSubstrate {            // Hook 操作的目标方法
    NSLog(@"This func has been hooked by Cydia Substrate!");
    %orig;                              // 执行结束后调用原函数
}
%end
```

Tweak 插件编译安装成功的效果如图 4-20 所示。

```
2022-12-21 00:09:10.485902+0800 Demo[2951:881081] This func has been hooked by Cydia Substrate!
2022-12-21 00:09:10.486052+0800 Demo[2951:881081] Hello Cydia Substrate
```

图 4-20　Tweak 插件编译安装成功的效果

4.3 动态调试

4.3.1 Android 动态调试

Android 应用动态调试可以分为两个部分: Java/Kotlin 无源代码调试和 SO 动态库调试。无论哪种调试都需要确保目标应用中的 debuggable 属性值为 true,然而应用为保证自身安全通常在打包发布时将该属性值设置为 false。为了达到调试第三方的应用的目的,需要将目标程序的 debuggable 属性值修改为 true。

修改 debuggable 属性值的方案有两种: 修改目标应用的 debuggable 属性值和修改系统的 debuggable 属性值。修改目标应用的 debuggable 属性值就是将目标应用反编译后在其配置文件 AndroidManifest.xml 中增加 debuggable 属性,完成修改后重新签名打包。具体改动如下:

```
<application
    android:debuggable="true"
    ...... >
```

修改系统的 debuggable 属性即修改系统的 ro.debuggable 属性值。这是一个全局属性,可将系统已安装的所有应用设置为可调试状态。修改系统的属性值有多种方法,此处我们利用前面介绍的工具 Magisk 进行对 ro.debuggable 属性值的修改。具体设置命令如下:

```
adb shell #adb 进入命令行模式
su # 切换为超级用户
# 此种设置方式不是永久性的,系统重启后需要重新设置
magisk resetprop ro.debuggable 1
```

1. Java/Kotlin 无源代码调试

Java/Kotlin 无源代码调试其实是对目标应用反编译后的 Smali 代码进行动态调试。可以利用 Android Studio 工具的 Profile or Debug APK 功能来加载反编译目标应用,如图 4-21 所示。

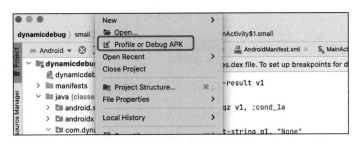

图 4-21 Profile or Debug APK 功能

Android Studio 自带的 Smali Support 插件不支持对 Smali 代码设置断点,需要手动安装 Smalidea 插件,具体安装路径如图 4-22 所示。

图 4-22　Smalidea 插件安装路径

开始调试前需要将第三方应用安装至已经过 Root 操作的设备或者模拟器中，然后以调试模式启动目标应用。有时需要在应用启动时设置断点，正常模式下启动应用通常来不及设置断点，在调试模式下启动就可以解决此问题。调试模式下启动应用的命令如下：

```
# 调试模式下启动目标应用
adb shell am start -D -n com.dynamic.debug/.MainActivity
```

应用以调试模式启动后，需要设置 Android Studio 远程调试的选项。通过 Edit Configurations 选项进入调试配置功能界面，具体操作如图 4-23 所示。

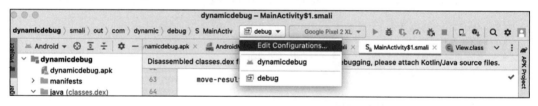

图 4-23　Edit Configurations 选项

如果调试选项中没有 Remote JVM Debug 选项，则可单击"＋"号进行创建。具体设置如图 4-24 所示。

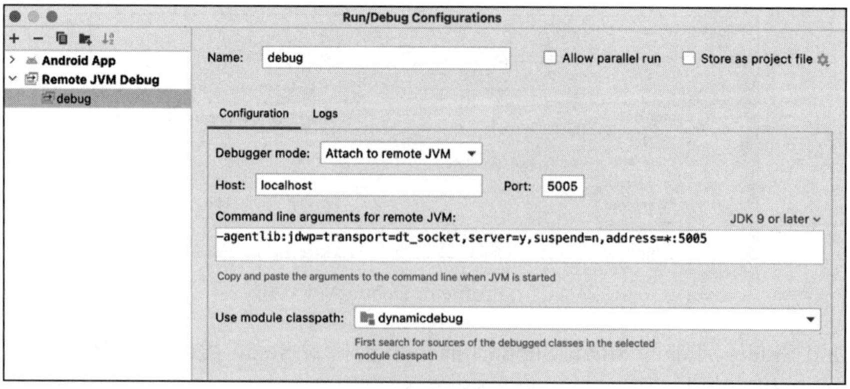

图 4-24　Remote JVM Debug 选项

完成 Remote JVM Debug 选项设置后，便可以通过 attach 方式调试目标应用，如图 4-25 所示。

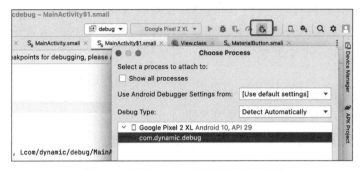

图 4-25　通过 attach 方式调试目标应用

通常使用 Android Studio 进行调试时不需要手动进行端口转发便可正常实现附加操作，但有可能在一些特殊情况下需要进行手动处理。手动进行端口转发的具体操作命令如下：

```
# 查看目标应用启动后的进程 ID，用于后续进行端口转发
adb shell ps -e | grep com.dynamic.debug
# 端口转发，adb forward tcp:[ 调试端口号 ] jdwp:[ 目标进程 ID]
adb forward tcp:5005 jdwp:5810
```

Attach 目标进程成功后，就可以设置断点开始调试了，具体如图 4-26 所示。

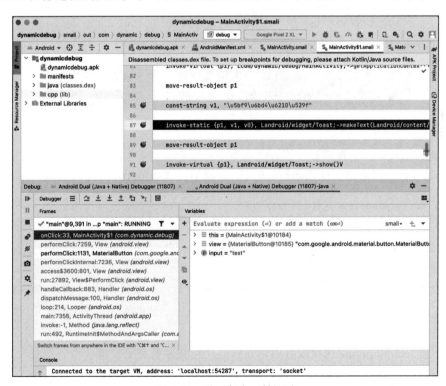

图 4-26　设置断点开始调试

2. SO 动态库调试

SO 动态库调试是指对应用程序中的依赖的 SO 动态库进行调试。开发人员为了提高代码的执行效率和安全性会用 C/C++ 语言进行程序开发，使用 C/C++ 语言开发的程序会被编译成二进制的 SO 库。针对 SO 动态库调试，需要用到反编译工具 IDA，该工具支持 ARM 架构的动态调试。

调试需要使用经过 Root 操作的真机或者模拟器，否则 IDA 调试器将没有权限附加到目标应用。首先将手机端和 IDA 通信所需的 debugserver 文件复制到手机中并开启，IDA 的 server 文件在安装目录的 dbgsrv 文件中，其中包含有不同平台的 server 文件。相关命令如下：

```
# 测试机 CPU 为 ARM64，选择 android_server64 文件
adb push android_server64 /data/local/tmp
# 进入设备，赋予 server 文件执行权限
taimen:/data/local/tmp # chmod 777 android_server64
# 开启服务端
taimen:/data/local/tmp # ./android_server64
```

服务端开启后会默认监听 23946 端口进行通信，开发者可能会通过监听的端口来判断应用是否被调试。我们可以在启动时指定端口来绕过调试检测，具体命令如下：

```
# 开启服务端，指定端口 12345
taimen:/data/local/tmp # ./android_server64 -p12345
```

启动后的效果如图 4-27 所示。

```
taimen:/data/local/tmp # ./android_server64 -p12345
IDA Android 64-bit remote debug server(ST) v1.22. Hex-Rays (c) 2004-2017
Listening on 0.0.0.0:12345...
```

图 4-27   指定端口后的启动效果

android_server 64 启动后就一直在监听 Android 设备的 12345 端口。为了保证服务端和 IDA 的正常通信，需要将手机的端口转发到 PC 端 IDA 监听的端口上，命令如下：

```
# adb forward tcp:[PC 端口 ] tcp:[ 手机端口 ]
adb forward tcp:23946 tcp:12345
```

下面配置 IDA 调试环境。通过 Remote ARMLinux/Android debugger 选项进行调试参数设置。具体入口如图 4-28 所示。

参数设置中的端口就是 IDA 监听的本地端口，此端口需要和上一步中端口转发设置的端口一致。IDA 用于监听本地端口，所以 Hostname 处填写 127.0.0.1 即可，如图 4-29 所示。

可通过 Debug options 选项设置附加目标应用后程序暂停的位置。由于是对动态库进行动调试，此处可以选择在加载或卸载动态库时暂停，如图 4-30 所示。

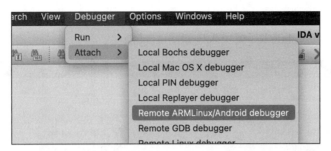

图 4-28　通过 Remote ARMLinux/Android debugger 选项进行调试参数设置

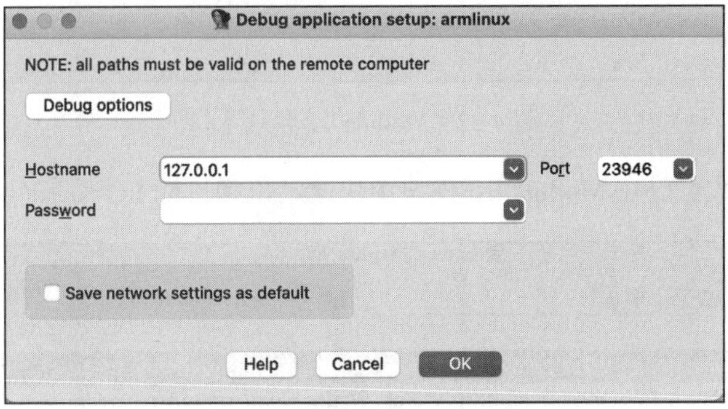

图 4-29　设置调试地址和端口

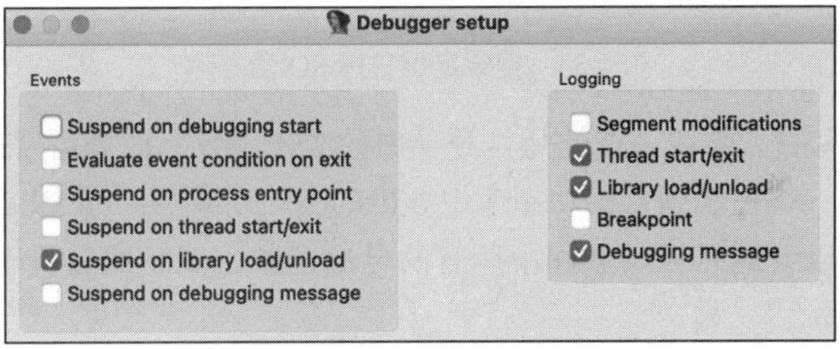

图 4-30　设置调试参数

　　调试参数设置完毕，单击"确定"以后就进入进程 attach 选项页面。切记 android_server64 需要使用 Root 权限运行，否在此处将无法获取手机中应用进程信息。可以通过搜索的方式快速定位到目标进程，如图 4-31 所示。

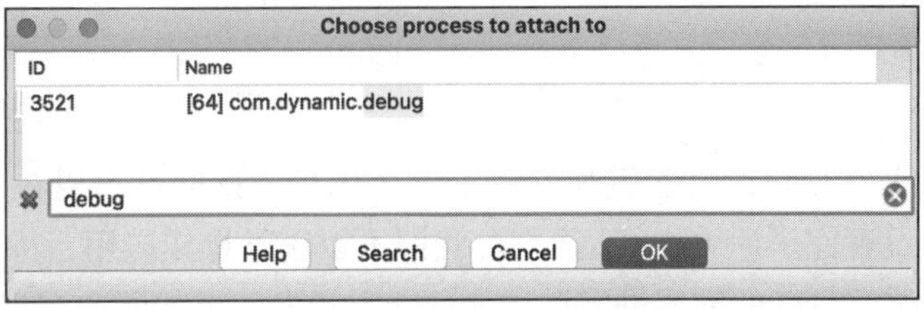

图 4-31　搜索定位目标进程

附加目标进程后，可以通过 Debugger windows 中的 Module list 模块快速定位到内存中加载的 SO 动态库。Module list 模块入口如图 4-32 所示。

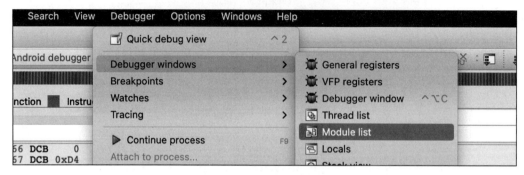

图 4-32　Module list 模块入口

通过搜索的方式可以在 Module list 模块中快速定位到目标 SO 动态库，如图 4-33 所示。

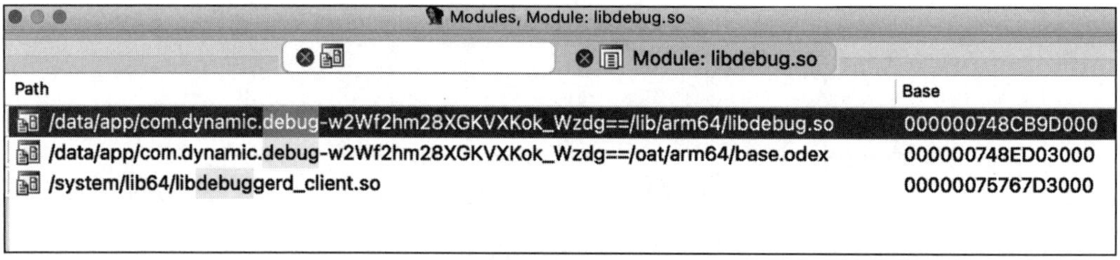

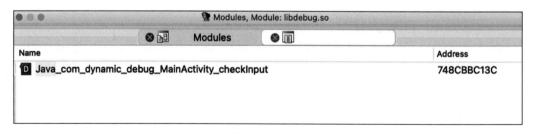

图 4-33　搜索定位目标 SO 动态库

调试 SO 动态库的主要切入点就是自身导出的 JNI 函数。此处需要逆向分析 Java 层中定义的 Native 函数，快速找到目标动态库中导出的 JNI 函数名。在 Module list 模块中双击目标动态库，就可以看到目标动态库中所有的导出函数，然后通过搜索快速定位目标 JNI 函数，如图 4-34 所示。

图 4-34　搜索定位目标 JNI 函数

双击目标函数名字便可跳转至其所在的汇编代码处。此时就可以在感兴趣的代码位置设置断点了，断点设置完毕后单击"运行"。我们可以正常操作应用，待代码执行到断点处时将挂起，就可以按照自己的需要进行调试了。断点触发效果如图 4-35 所示。

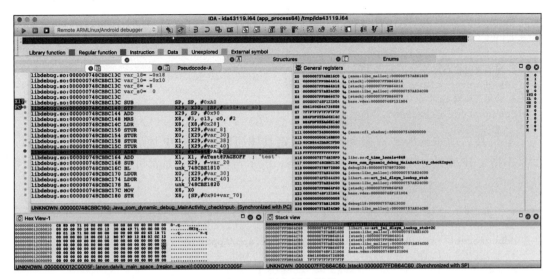

图 4-35　断点触发效果

4.3.2　iOS 动态调试

苹果提供的开发工具 Xcode 可以进行动态调试，但它只能调试通过 Xcode 安装的应用，无法动态调试第三方应用。如果想要在无源码的情况下动态调试第三方应用，就需要用 Xcode 自带的两个命令行工具：LLDB 和 debugserver。

动态调试第三方应用需要在手机端安装启动 debugserver 服务，PC 端启动 LLDB 工具与手机端的 debugserver 服务进行通信，如图 4-36 所示。

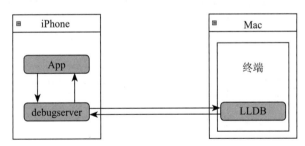

图 4-36　iOS 动态调试原理

手机端安装 debugserver 有两种方式：一种方式比较简单，直接在 Cydia 中搜索安装 debugserver 即可；另一种是直接使用 Xcode 工具中的 debugserver 进行安装，但由于 Xcode 工具中的 debugserver 缺少 get-task-allow 和 task_for_pid-allow 两个权限而无法调试第三方应用，所以需要添加缺少的权限后对 debugserver 进行重签名。将签名后的 debugserver 安装到手机端，命令如下：

```
scp debugserver root@[手机端 IP]:/usr/bin
```

debugserver 有两种启动模式：附加进程模式和启动进程模式。启动 debugserver 服务的命令如下：

```
# 附加进程模式
debugserver <IP>:PORT -a "ProcessName"
# 启动进程模式
debugserver <IP>:PORT 应用安装路径
```

手机端启动 debugserver 服务时可以指定具体通信的主机 IP 地址和监听的通信端口。如果不指定 IP 地址，则可以使用 "*" 代替，表示与任意 IP 地址都可以连接。具体的示例代码如下：

```
# 不指定连接的主机 IP 地址
debugserver *:8080 -a AppStore
debugserver *:8080 /Applications/AppStore.app/AppStore
# 指定连接的主机 IP 地址
debugserver 192.168.0.160:8080 -a AppStore
debugserver 192.168.0.160:8080 /Applications/AppStore.app/AppStore
```

在 PC 端运行 LLDB 工具并连接手机端后便可以开始对目标进行调试了，前提是需要确保 PC 端和手机端处于同一局域网内，否则两端将无法连接。具体连接命令如下：

```
# LLDB 连接目标进程命令格式
process connect connect://[手机端 IP]:[debugserver 监听端口号]
# LLDB 连接目标进程命令具体的命令执行
$ lldb
(lldb) process connect connect://192.168.0.165:8080
```

上述代码是通过 Wi-Fi 进行连接的，如果网络信号不好可能会导致连接失败，这时可以通过数据线将手机端和 PC 端进行连接。相关命令如下：

```
# 使用数据线连接时，手机端启动 debugserver 命令
debugserver localhost:8080 -a AppStore
debugserver localhost:8080 /Applications/AppStore.app/AppStore
# PC 端使用 iproxy 工具进行端口转发
iproxy 8080 8080
# PC 端使用 LLDB 工具连接目标进程
$ lldb
(lldb) process connect connect:localhost//:8080
```

连接成功后目标进程就会中断，具体如下：

```
(lldb) process connect connect://192.168.0.160:8080
Process 1016 stopped
* thread #1, stop reason = signal SIGSTOP
    frame #0: 0x0000000104749000 cy-ZjUff6.dylib`_dyld_start
cy-ZjUff6.dylib`:
->  0x104749000 <+0>:  mov    x28, sp
    0x104749004 <+4>:  and    sp, x28, #0xfffffffffffffff0
```

```
0x104749008 <+8>:  mov    x0, #0x0
0x10474900c <+12>: mov    x1, #0x0
Target 0: (AppStore) stopped.
(lldb)
```

连接成功后便可以对目标程序进行调试，经常用到的调试命令如表 4-3 所示。

表 4-3　常用的调试命令

命令	命令缩写	命令含义
step	s	单步执行，遇到函数会进入其内部
next	n	单步执行，遇到函数不会进入其内部
finish	f	单步执行，进入函数内部后，可通过此命令跳出函数
breakpoint	br	设置断点，程序运行到断点将会暂停执行
continue	c	表示继续运行，遇到断点后此命令让程序继续执行
disassemble	dis	查看反汇编代码

在 LLDB 的命令终端输入 step 命令执行，如下：

```
(lldb) next
Process 1064 stopped
* thread #1, stop reason = instruction step over
    frame #0: 0x0000000100d5d024 cy-ZjUff6.dylib`_dyld_start + 36
cy-ZjUff6.dylib`:
-> 0x100d5d024 <+36>: add    x2, x28, #0x10
   0x100d5d028 <+40>: adrp   x3, -1
   0x100d5d02c <+44>: add    x3, x3, #0x0
   0x100d5d030 <+48>: mov    x4, sp
Target 0: (AppStore) stopped.
```

通过 disassemble 命令查看汇编代码，具体如下：

```
(lldb) disassemble
cy-ZjUff6.dylib`:
   0x100d5d000 <+0>:  mov    x28, sp
   0x100d5d004 <+4>:  and    sp, x28, #0xfffffffffffffff0
   0x100d5d008 <+8>:  mov    x0, #0x0
   0x100d5d00c <+12>: mov    x1, #0x0
   0x100d5d010 <+16>: stp    x1, x0, [sp, #-0x10]!
   0x100d5d014 <+20>: mov    x29, sp
   0x100d5d018 <+24>: sub    sp, sp, #0x10
   0x100d5d01c <+28>: ldr    x0, [x28]
   0x100d5d020 <+32>: ldr    x1, [x28, #0x8]
-> 0x100d5d024 <+36>: add    x2, x28, #0x10
   0x100d5d028 <+40>: adrp   x3, -1
   0x100d5d02c <+44>: add    x3, x3, #0x0
   0x100d5d030 <+48>: mov    x4, sp
   ......
```

利用 breakpoint 命令根据反汇编代码中的地址设置断点，具体命令如下：

```
# 在程序的指定地址设置断点
(lldb) breakpoint set -a 0x100d5d030
Breakpoint 1: where = cy-ZjUff6.dylib`_dyld_start + 48, address = 0x0000000100d5d030
(lldb) breakpoint set -a 0x100d5d010
Breakpoint 2: where = cy-ZjUff6.dylib`_dyld_start + 16, address = 0x0000000100d5d010
# 查看设置的断点
(lldb) breakpoint list
Current breakpoints:
1: address = cy-ZjUff6.dylib[0x0000000000001030], locations = 1, resolved = 1, hit
    count = 0
    1.1: where = cy-ZjUff6.dylib`_dyld_start + 48, address = 0x0000000100d5d030, resolved,
        hit count = 0
2: address = cy-ZjUff6.dylib[0x0000000000001010], locations = 1, resolved = 1, hit
    count = 0
    2.1: where = cy-ZjUff6.dylib`_dyld_start + 16, address = 0x0000000100d5d010,
        resolved, hit count = 0
# 根据断点编号设置断点
(lldb) breakpoint delete  2
1 breakpoints deleted; 0 breakpoint locations disabled.
(lldb) breakpoint list
Current breakpoints:
1: address = cy-ZjUff6.dylib[0x0000000000001030], locations = 1, resolved = 1, hit
    count = 0
    1.1: where = cy-ZjUff6.dylib`_dyld_start + 48, address = 0x0000000100d5d030,
        resolved, hit count = 0
```

通过 continue 命令可以让程序执行到断点处停止，具体如下：

```
(lldb) continue
Process 1064 resuming
Process 1064 stopped
* thread #1, stop reason = breakpoint 1.1
    frame #0: 0x0000000100d5d030 cy-ZjUff6.dylib`_dyld_start + 48
cy-ZjUff6.dylib`:
-> 0x100d5d030 <+48>: mov    x4, sp
   0x100d5d034 <+52>: bl       0x100d5d07c; dyldbootstrap::start(dyld3::MachOLoaded
       const*, int, char const**, dyld3::MachOLoaded const*, unsigned long*)
   0x100d5d038 <+56>: mov    x16, x0
   0x100d5d03c <+60>: ldr    x1, [sp]
Target 0: (AppStore) stopped.
```

如果想中断调试，则可以在终端输入 q 命令退出 LLDB 程序，具体命令如下：

```
(lldb) q
Quitting LLDB will kill one or more processes. Do you really want to proceed: [Y/n] y
```

4.4 Scheme 攻击

URL Scheme 是系统提供的一种跳转机制，用于不同应用程序进行交互。URL Scheme 使用前需要在应用程序中声明 Scheme 协议，然后通过浏览器或者其他应用访问经过声明的

URL Scheme，便可以打开目标应用，甚至直接跳转到应用内具体的功能页面。攻击者通过 URL Scheme 机制可以向目标应用传入恶意构造的参数，当参数或者客户端的解析逻辑不合理时就会发起安全问题。

可以将 URL Scheme 理解为一种特殊的 URL，具体格式如下：

```
[scheme]://[host]:[port]/[path]?[query]
```

参数说明如表 4-4 所示。

表 4-4　URL Scheme 参数说明

名称	含义	示例
scheme	声明的 Scheme 协议名称	test（自定义）
host	Scheme 协议作用域	com.test.scheme（自定义）
port	Scheme 协议指定的端口	8080（此项为可选项）
path	Scheme 协议指定的路径	/add（自定义）
query	Scheme 协议传入的参数	?arg1=123&arg2=456（自定义）

完整的 URL Scheme 示例代码如下：

```
test://com.test.scheme/add?arg1=123&arg2=456
```

Android 应用需要在工程中的 Manifest 配置文件中进行声明，在需要解析 URL Scheme 协议的组件中增加 intent-filter 属性，具体如下：

```
<activity
    android:name=".SchemeActivity"
    android:exported="true">
    <intent-filter>
        <data android:scheme="test"
            android:host="com.test.scheme"
            android:port="8080"
            android:path="/add"
            />
    </intent-filter>
</activity>
```

iOS 应用需要在工程中的 info.plist 文件中添加对应的 URL Schemes 和 URL identifier 的值，如图 4-37 所示。

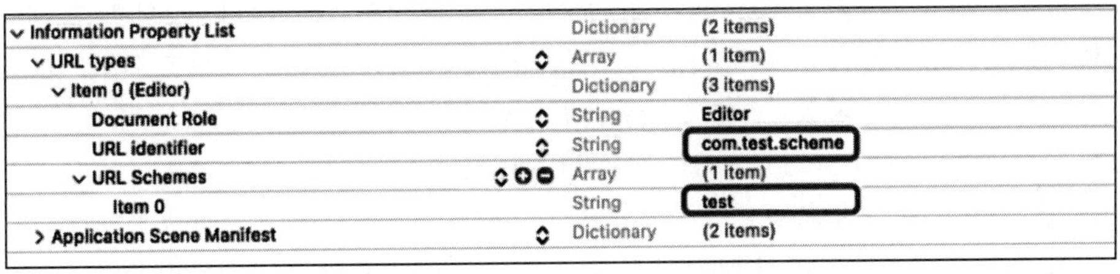

图 4-37　在 info.plist 文件中添加对应的 URL Schemes 和 URL identifier 的值

攻击者通过逆向分析目标应用的 Manifest 或者 info.plist 配置文件，即可得到其声明的 URL Scheme 格式。攻击者便可按照目标应用中声明的 URL Scheme 唤起目标应用，并将构造的参数传递至目标应用。目标应用在接收到传入的参数后会立即进行解析，而攻击者通过应用配置文件中 URL Scheme 的声明信息和相关逻辑调用接口很容易定位到参数解析代码。如果参数解析代码存在缺陷便可轻松实现远程任意文件读取、存储型 XSS、敏感代码执行和远程获取用户 Cookie 等。

攻击者为提高攻击成功率，通常会将伪造的 URL Scheme 隐藏在一个网络链接中。当受害者点击该链接时就会调用目标应用，并将恶意构造的参数传送至目标应用。此处我们演示通过浏览器访问恶意链接唤起目标应用的过程，网页中的 URL Scheme 测试代码如下：

```
<a
href="test://com.test.scheme:8080/add?arg1=123&arg2=456">Scheme 跳转测试 </a>
```

除此之外，攻击者还可以通过恶意 App 打开构造的 URL Scheme 链接唤起目标应用。不过因为此种利用方式需要先在目标设备中安装恶意应用，所以攻击成本比较高。代码如下：

```
//iOS 应用使用 URL Scheme 传递数据
- (void)test{
    NSURL *url = [NSURL URLWithString:@"test://com.test.scheme:8080/add?arg1=
        123&arg2=456"];
    // 打开 url
    [[UIApplication sharedApplication] openURL:url];
}
//Android 应用使用 URL Scheme 传递数据
val intent = Intent(Intent.ACTION_VIEW,Uri.parse("test://com.test.scheme:8080/
    add?arg1=123&arg2=456"))
startActivity(intent)
```

4.5　WebView 攻击

WebView 是移动操作系统进行网页渲染的一个组件，提供了运行 JavaScript 程序的环境。开发者为了实现应用跨平台且节约开发成本，会使用 H5 开发应用内部很多功能，在 Native 层（Java/Objective-C）代码中使用 WebView 解析相关的 HTML/CSS/JavaScript 代码，即可实现 H5 页面的显示。

应用程序为保证 H5 页面和其他功能的交互，需要和 Native 层进行通信，本质上就是 Native 代码通过 WebView 与 JavaScript 代码的通信。Native 层为了实现与 H5 之间的通信，需要注册与 H5 端交互的函数。同样，H5 页面中也需要注册接口函数以与 Native 层进行交互。如图 4-38 所示，JSBridge 就是 H5 页面与 Native 层之间通信的桥梁。

JSBridge 为开发人员带来便利的同时也带来了安全风险。为保证 Native 代码和 JavaScript 代码的正常通信，两者都需要注册对外开放的接口，在此基础上只要满足调用条件便可交互调用。这种机制为程序开发提供了便利，但同时为攻击者提供了攻击入口。攻击者可以逆向分析出应用中注册的 Native 接口，然后按照应用程序中约定的规则构造相关 JavaScript 代码进行虚假调用。

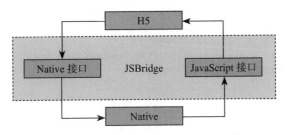

图 4-38　H5 页面与 Native 层进行通信

Android 系统规定的 Native 层注册 JSBridge 的方法很简单，只需要将要暴露给 JavaScript 调用的函数加上 @JavascriptInterface 注解即可，具体形式如下：

```
webSettings.setJavaScriptEnabled(true);
mWebView.addJavascriptInterface(new JSInterface(), "jsObj");
......
@JavascriptInterface
public void showToast(String data) {
    Toast.makeText(context, data, Toast.LENGTH_SHORT).show();
}
```

iOS 系统没有提供与之类似的方法，但是 Android 和 iOS 系统都可以通过自定义协议触发调用 Native 函数。协议格式类似 URL Scheme 协议，参考示例如下：

```
jsbridge://js.call.native/toast?arg=testjsbridge
```

WebView 中拦截获取加载的 URL，然后通过解析 URL 中的参数并执行相应的 Native 函数。过程中通过自定义协议触发调用 Native 函数的流程，如图 4-39 所示。

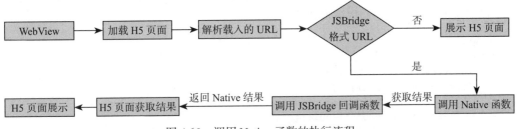

图 4-39　调用 Native 函数的执行流程

Android 系统中通常利用 WebView 中的 shouldOverrideUrlLoading 函数拦截并解析加载的 URL，代码如下：

```
@Override
public boolean shouldOverrideUrlLoading(WebView view,
WebResourceRequest request) {
```

```
    Uri uri = request.getUrl();
    if (uri.toString().startsWith("jsbridge://")) {
        // 解析链接的参数
        String methodName = uri.getPath();
        // 根据协议中定义的路径，执行对应的 Native 函数
        if (methodName.equals("/toast")) {
            String data = uri.getQueryParameter("arg");
            JSInterface.jsToast(data);
        }
    }
    return false;
}
```

iOS 系统中通常利用 WKWebView 中的 decidePolicyForNavigationAction 函数拦截解析加载的 URL，如下：

```
#pragma mark - WKNavigationDelegate
- (void)webView:(WKWebView *)webView decidePolicyForNavigationAction:(WKNavigationAction *)
    navigationAction decisionHandler:(void (^)(WKNavigationActionPolicy))decisionHandler{
    NSURL *URL = navigationAction.request.URL;
    NSString *scheme = [URL scheme];
    if ([scheme isEqualToString:@"jsbridge"]) {
        NSString *method = [URL path];
        if([method isEqualToString:@"/alert"]){
            [self showAlert];
        }
    }
    decisionHandler(WKNavigationActionPolicyAllow);
}
```

攻击者可以通过逆向工程获取客户端注册的 Native 接口函数或者定义的 URL 格式，然后进行伪造及调用。如果 Android 系统中是通过 @addJavascriptInterface 注解声名接口函数的，攻击者就可以直接在伪造的 H5 页面中进行调用，然后让被攻击者在应用中打开伪造的 H5 页面链接即可。具体的调用逻辑如下：

```
<html>
<head>
<script type="text/javascript">
    function testToast()  {
        var data ="BridgeToastTest";
        if(window.jsObj != null){
            jsObj.showToast(data);
        } else {
            alert("Bridge toast 不存在！！！");
        }
    }
</script>
</head>
<body>
```

```
<center><button onclick="testToast()">Toast</button></center>
</body>
</html>
```

针对自定义协议 JSBridge，攻击者只需逆向分析客户端获得其 URL 格式便可进行伪造。无论是通过注解的方式声明接口还是自定义协议，要实现攻击目的，最重要的就是让被攻击应用的用户接受并打开攻击链接。如果明目张胆地发送攻击链接就很容易被发现，因此攻击者通常利用前面介绍的 Scheme 协议进行攻击。攻击者利用被攻击应用定义 Scheme 协议，将攻击 URL 作为一个参数传入，这样便可以做到受害者只要点击一个链接就会唤起应用并解析攻击 URL。

以 Android 系统中的 Scheme 协议为例，只需按照 Scheme 协议的格式进行伪造即可完成攻击。Scheme 示例代码如下：

```
<activity
    android:name=".SchemeActivity"
    android:exported="true">
    <intent-filter>
        <data android:scheme="test"
            android:host="com.test.scheme"
            android:path="/loadurl"
            />
    </intent-filter>
</activity>
```

构造的 WebView 攻击链接将作为 Scheme 协议的参数传入，具体示例代码如下：

```
<a
href="test://com.test.scheme/loadurl?url=jsbridge://js.call.native/toast?arg=
    testjsbridge">WebView 攻击测试 </a>
```

至此已经完成攻击构造，攻击者只需要诱导受害者点击构造的链接，便可发起攻击。

Chapter 3 第 5 章

客户端安全加固

5.1　Java/Kotlin 代码保护

Android 应用受限于其开发语言的固有特性，很容易通过逆向工程被反编译，导致其代码暴露给攻击者。针对 Java/Kotlin 的代码保护，市面上有两种常见方式：整体应用加壳和源代码混淆。应用加壳技术常见于商业安全加固产品中，其核心就是通过各种技术手段隐藏原始代码，本章不对其做过多介绍，主要介绍开源的代码混淆。代码混淆是指将代码转换成功能上等效但是难以被阅读和理解的形式，从而使攻击者难以获取应用的内部实现逻辑，进而提高其分析和破解的难度。

进行源代码混淆，通常使用开源的代码混淆工具 ProGuard。目前 Google 已经将该工具集成到 Android Studio 中。该工具不仅支持 Java 代码的混淆优化，还对 Kotlin 语言也有很好的支持。

Android Studio 创建的工程中 ProGuard 是默认不开启的，需要在工程的 build.gradle 文件中进行配置才能开启，配置代码如下：

```
buildTypes {
    release {
        minifyEnabled true
        proguardFiles getDefaultProguardFile('proguard-optimize.txt'), 'proguard-
            rules.pro'
    }
}
```

minifyEnabled 字段用于标识是否开启混淆，默认情况下其值为 false。proguard-rules.pro 文件是用于填写混淆配置的。利用 ProGuard 代码进行混淆时常用参数如表 5-1 所示。

表 5-1 ProGuard 代码混淆的常用参数

混淆参数	参数含义
-keep	不对指定类或类成员进行混淆或删除
-keepnames	不对指定类的名称进行混淆
-keepclassmembers	不对指定类中的成员进行混淆或删除
-keepclasseswithmembers	不对指定类中的特定成员进行混淆或删除
-keepclasseswithmembernames	不对指定类中的特定成员名称进行混淆
-optimizationpasses	指定代码优化压缩级别,值的范围是 0 ~ 7
-dontusemixedcaseclassnames	混淆时不使用大小写混合的类名
-obfuscationdictionary	指定自定义的混淆字典
-classobfuscationdictionary	指定自定义的类名混淆字典
-packageobfuscationdictionary	指定自定义的包名混淆字典
-keepattributes	不对指定注解进行混淆

利用 ProGuard 进行代码混淆的规则示例如下:

```
# 不对指定的类进行混淆
-keep public class com.demo.test { *; }
# 不对指定包名下的类进行混淆
-keep public class com.demo.** { *; }
# 继承自 com.demo.test 的类以及类中的成员进行混淆
-keep public class * extends com.demo.test { *; }
# 不对代码中的注解进行混淆
-keepattributes *Annotation*
# 指定字段和方法的模糊混淆字典
-obfuscationdictionary    proguard-rules.txt
```

如果在进行混淆时要使用自定义的混淆字典,则需要将字典文件放到与 build.gradle 平级的目录中。混淆的效果如图 5-1 所示。

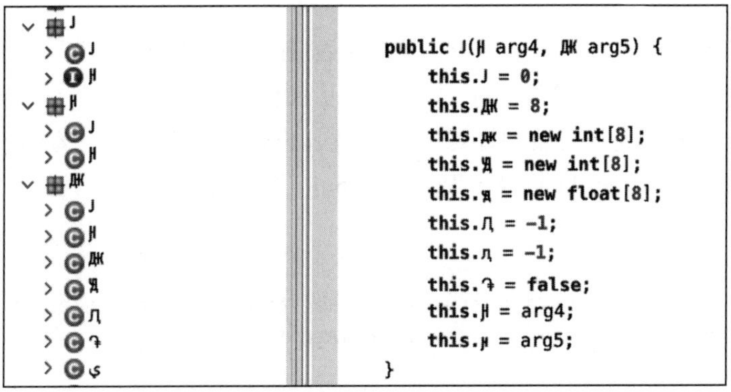

图 5-1 自定义混淆字典的效果

温馨提示:整体应用加壳和源代码混淆两种方法都旨在提高应用的安全门槛,无法百分百保证应用是安全的,应用的安全性是一个动态平衡的过程。

5.2　C/C++ 代码保护

C/C++ 是一种高效的编程语言，可直接访问硬件进行底层控制。并且，它在编译时已经转换为机器码，执行效率高，因此在移动应用开发中经常使用。但是，尽管 C/C++ 语言在编译后生成的是二进制文件，攻击者仍然可以使用反编译工具将其反编译为汇编代码或可读性更高的类 C 代码，从而很容易地分析出程序的核心业务处理逻辑和算法。为了保护 C/C++ 代码，目前常用的方法是源代码混淆和二进制文件加壳。通过这些保护措施，增加程序的逆向分析难度，使攻击者无法继续操作。在本章中，我们将介绍如何使用开源的代码混淆方案和程序加壳方案来保护 C/C++ 代码。

5.2.1　代码混淆保护

源代码混淆，编译过程中通过对常量字符串加密、控制流扁平化、基本块拆分、等价指令替换、伪控制流、控制流间接化等手段，实现对编译后的二进制文件的混淆，以提高攻击者通过反编译二进制文件篡改或窃取核心算法的门槛。

瑞士西北应用科技大学安全实验室开源的 Obfuscator-LLVM 是基于 LLVM 编译器实现的经典的 C/C++ 代码混淆工具。Obfuscator-LLVM 通过对代码编译过程中生成的中间代码 LLVM IR 进行修改实现代码混淆功能，具体流程如图 5-2 所示。

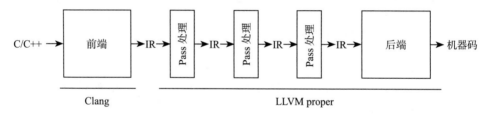

图 5-2　Obfuscator-LLVM 混淆流程

Obfuscator-LLVM 项目已不再更新，无法适配新版 LLVM 编译器。很多开发者基于该项目研发出适配新版 LLVM 的混淆工具，其中以 HikariObfuscator 的表现最为稳定。对于该项目，既可以直接下载并安装编译好的工具链，也可下载源代码手动编译。编译前需在 Hikari 的同级目录下新建 build 目录，而后进入 build 目录编译安装，具体命令如下：

```
$mkdir build
$cd build
$cmake -G " Ninja " -DCMAKE_BUILD_TYPE=MinSizeRel -DLLVM_APPEND_VC_REV=on -DLLVM_
    CREATE_XCODE_TOOLCHAIN=on -DCMAKE_INSTALL_PREFIX=~/Library/Developer/ ../Hikari
$ninja
$ninja install-xcode-toolchain   // 安装 Xcode 工具链
$rsync -a --ignore-existing /Applications/Xcode.app/Contents/Developer/
    Toolchains/XcodeDefault.xctoolchain/ ~/Library/Developer/Toolchains/Hikari.
    xctoolchain/
$rm ~/Library/Developer/Toolchains/Hikari.xctoolchain/ToolchainInfo.plist
```

安装完成后，Xcode 的 ToolChains 中就会增加 Hikari 工具链，如图 5-3 所示。工程编译时使用 Hikari 工具链便可进行代码混淆。

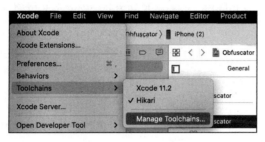

图 5-3　Hikari 工具链

开始编译前还需要对目标项的编译配置项进行设置，具体配置项位于工程的 Build Settings 中。需要设置的配置项信息如表 5-2 所示。

表 5-2　编译配置项

配置项名称	设置值
Enable index-while-Building Functionality	No
Eanble BitCode	No
Optimization Level	None[-o0]

Hikari 默认编译时不会进行代码混淆，需要在编译时添加指定的编译参数开启混淆功能，具体参数信息如下：

```
-enable-bcfobf    # 启用伪控制流
-enable-cffobf    # 启用控制流扁平化
-enable-splitobf  # 启用基本块拆分
-enable-subobf    # 启用等价指令替换
-enable-acdobf    # 启用反 Class-dump
-enable-indibran  # 启用基于寄存器的相对跳转，可以对抗 IDA 的 F5
-enable-strcry    # 启用字符串加密
-enable-funcwra   # 启用函数封装
-enable-allobf    # 启用上述所有混淆策略
-bcf_prob         # 指定代码混淆率，默认随机混淆 30%
```

iOS 工程中需要在 Xcode 的编译配置项的 Other C++ Flags 中指定需要使用的混淆参数信息来开启混淆功能。之后正常使用 Xcode 编译目标源码即可完成混淆。混淆参数信息设置示例如图 5-4 所示。

∨ Apple Clang - Custom Compiler Flags		
Setting	🅰 Obfuscator	
Other C Flags		
∨ Other C++ Flags	-mllvm -enable-bcfobf -mllvm -enable-strcry -mllvm -bcf_prob=5	
Debug	-mllvm -enable-bcfobf -mllvm -enable-strcry -mllvm -bcf_prob=5	
Release	-mllvm -enable-bcfobf -mllvm -enable-strcry -mllvm -bcf_prob=5	
Other Warning Flags		

图 5-4　Other C++ Flags 混淆参数信息设置示例

Android 工程中使用时需要用编译生成的 clang、clang++ 和 clang-format 文件替换 Android NDK 目录 toolchains/llvm/prebuilt/darwin-x86_64/bin/ 中的原文件，以及将 __stddef_max_align_t.h、stddef.h、stdbool.h、stdarg.h 和 float. 这 5 个头文件添加到 Android NDK 的头文件目录 /sysroot/usr/include 中。如果工程以 ndk-build 的方式进行编译，则需要在配置文件 Android.mk 中指定混淆参数开启混淆功能，具体配置信息如下：

```
LOCAL_PATH := $(call my-dir)
cmd-strip = $(TOOLCHAIN_PREFIX)strip --strip-debug -x $1
# 需要进行代码混淆的文件
LOCAL_OBFUSCATE_SRC_FILES := $(wildcard $(LOCAL_PATH)/*.cpp)
include $(CLEAR_VARS)
LOCAL_MODULE     := test
LOCAL_SRC_FILES := $(LOCAL_OBFUSCATE_SRC_FILES)
LOCAL_CFLAGS := -mllvm -enable-bcfobf -mllvm -enable-cffobf include $(BUILD_
    SHARED_LIBRARY)
```

如果工程使用 cmake 的方式进行编译，则需要在工程的 build.gradle 文件中指定混淆参数来开启混淆功能，具体配置信息如下：

```
externalNativeBuild {
    cmake {
        cppFlags "-mllvm -enable-bcfobf -mllvm -enable-cffobf"
    }
}
```

代码混淆时将会填充虚假分支和垃圾代码，使编译生成的二进制文件在被反编译之后得到的是混乱的代码，具体效果如图 5-5 所示。

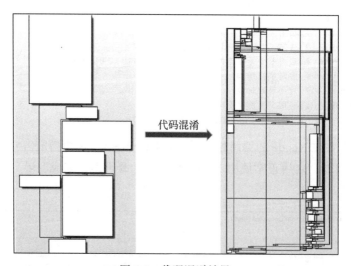

图 5-5　代码混淆效果

Obfuscator-LLVM 和 HikariObfuscator 工程的混淆逻辑的核心代码都在其源代码目录的

lib/Transforms/Obfuscation 文件夹中。如想要在其基础上进行优化、修改，或者将其移植到高版本的 LLVM，则仅需要对该目录中的文件进行改动。

5.2.2 文件加壳保护

文件加壳，即对编译生成的二进制文件进行压缩和加密处理，防止被攻击者反编译或破解，保护可执行文件的知识产权。因为加壳后的可执行文件会将一些数据和代码压缩在一起，减小了文件的大小，可以提高可执行文件的加载速度。加壳通常只对静态反编译有不错的防护效果，而无法很好地防御动态分析。

UPX 是目前发展比较成熟的跨平台开源加壳方案，不少安全厂商的加壳产品都是在其基础上进行修改的。开发者可以直接在 UPX 官网下载编译后的 UPX 程序进行加壳，具体操作命令如下：

```
# PC 端加壳命令
$./upx libtest.so -o libtest_upx.so
# Android 加壳命令
$./upx --android-shlib libtest.so -o libtest_upx.so
# 砸壳命令
$./upx -d libtest_upx.so -o unpack.so
```

UPX 加壳会使用 LZMA 和 Blowfish 算法对目标文件进行压缩加密处理，并在可执行文件入口点（Entry Point）逐步向后扫描，压缩其中的代码和数据，添加解压程序。加壳砸壳的流程示意图如图 5-6 所示。

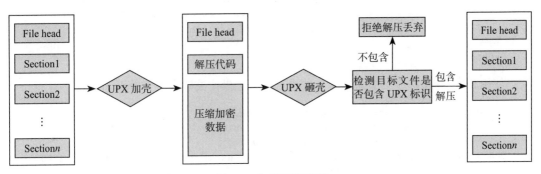

图 5-6　加壳砸壳流程

使用官方的 UPX 程序进行加壳后会在目标文件中保留明显的 UPX 标识，导致攻击者很容易利用 UPX 程序进行砸壳处理。加壳后在目标文件中的 UPX 标识信息如图 5-7 所示。

```
0B60h: 0A 00 00 00 80 B8 1B 00 90 B8 1B 00 FF FF FF FF  ....€.......ÿÿÿÿ
0B70h: 00 00 00 00 00 00 00 00 55 50 58 21 0D 17 09 07  ........UPX!....
0B80h: ED BF 49 63 16 DE FA 17 D8 06 00 00 85 03 00 00  í¿Ic.Þú.Ø.......
0B90h: 50 22 20 00 50 00 00 F7 AC 87 04 00              P" .P..÷¬‡..
```

图 5-7　加壳后在目标文件中的 UPX 标识信息

利用 UPX 程序砸壳时会先对目标文件进行识别，检测文件中是否包含 UPX 加壳时插入的特征标识，确认标识信息无误后才会进行解压。UPX 源代码中相关的标识信息示例如下：

```
// linux.h
#define UPX_MAGIC_LE32   0x21585055            // "UPX!"
#if 1
// patch constants for our loader (le32 format)
//#define UPX1            0x31585055            // "UPX1"
#define UPX2             0x32585055            // "UPX2"
#define UPX3             0x33585055            // "UPX3"
#define UPX4             0x34585055            // "UPX4"
......
#endif
```

既然 UPX 是通过目标文件中的标识信息进行判断识别的，那就有一个很简单的防脱方案。只要将 UPX 源码中的相关标识进行抹除替换，让官方的 UPX 程序无法识别，就能达到防脱的目的。全局搜索 UPX 源代码中的"585055"，这串数字是十六进制的 ACSII 码，其值对应的正好是字符串。将其替换后重新编译 UPX，并使用该 UPX 对目标程序进行加壳，那么官方 UPX 程序将无法对此进行解压。抹除标识后的 UPX 加壳操作如下：

```
$ ./hide_upx.out --android-shlib libtest.so -o libtest_upx.so
                 UPX modified by AYL
    Modified based on UPX 3.96 and used only for program testing
The real authors of UPX are Markus Oberhumer, Laszlo Molnar & John Reiser Jan


        File size         Ratio       Format          Name
   --------------------   ------   -----------   -----------
    2105936 ->   1444764   68.60%    linux/arm     libtest_upx.so

Packed 1 file.
```

使用官方 UPX 程序对加固后的文件进行砸壳，操作失败。脱壳效果如下：

```
$ ./ori_upx.out -d libtest_upx.so -o unpack.so
                 Ultimate Packer for eXecutables
                 Copyright (C) 1996-2020
UPX 3.96           Markus Oberhumer, Laszlo Molnar & John Reiser Jan 23rd 2020
        File size         Ratio       Format          Name
   --------------------   ------   -----------   -----------
ori_upx.out: libtest_upx.so: NotPackedException: not packed by UPX

Unpacked 0 files.
```

5.3 签名校验

5.3.1 Android 签名校验

Android 应用程序打包时都会使用证书对应用进行签名，用于确保应用程序的代码及其更新来自同一位置，并可在相同开发者的应用程序之间建立信任关系。Android 应用经常能够遇到恶意破解重打包签名的情况，签名校验可以保证应用程序不会被未授权修改，以及检测到未授权的恶意修改。

通常开发者会使用 PMS 获取应用的签名信息，然而攻击者可通过 Hook 的方式控制 PMS 返回值，将获取的签名信息替换为原官方签名信息来绕过签名校验。本章将从签名文件本身出发，讨论如何在 PMS 返回值被替换的情况下依然保证应用签名的合法性。

既然通过 PMS 获取的签名信息已经不可靠了，那我们就可以绕过系统的 API 直接读取 data/app/packagename/base.apk 文件中的签名文件获取原始的签名信息。

要获取应用的证书文件，就要先获取应用安装后的 base.apk 文件的具体路径，获取文件路径的参考代码如下：

```
String path =
getPackageManager().getApplicationInfo(getPackageName(),
0).publicSourceDir
```

获取 base.apk 文件路径后，使用系统 PackageParser 服务对 APK 文件进行解析并获取证书文件信息。PackageParser 服务不对外暴露，所以只能通过反射的方法调用该服务，核心代码如下：

```
public static byte[] getSignatures(String apkPath) throws Exception
{
    String fullPackageParserPath ="android.content.pm.PackageParser";
    Class packageParserClass =Class.forName(fullPackageParserPath);
    Constructor pkgParserConstructor =packageParserClass.getConstructor();
    Object pkgParserIns = pkgParserConstructor.newInstance();
    Class[] args = {File.class, Integer.TYPE};
    Method parsePackageMethod =packageParserClass.getDeclaredMethod("parsePacka
        ge", args);
    Object[] valueArgs = new Object[2];
    valueArgs[0] = new File(apkPath);
    valueArgs[1] = PackageManager.GET_SIGNATURES;
    Object parserPackage = parsePackageMethod.invoke(pkgParserIns,valueArgs);
    if (Build.VERSION.SDK_INT >= 28) {
        Class[] typeArgs = {parserPackage.getClass(), Boolean.TYPE};
        Method collectCertificatesMethod =packageParserClass.getDeclaredMethod("
            collectCertificates",typeArgs);
        Object[] valueArgs2 = {parserPackage,Build.VERSION.SDK_INT > 28};
        collectCertificatesMethod.invoke(pkgParserIns, valueArgs2);

        Field mSignatures =parserPackage.getClass().getDeclaredField("mSignatures");
        mSignatures.setAccessible(true);
        Object mSigningDetails = mSignatures.get(parserPackage);
        Field infoField =mSigningDetails.getClass().getDeclaredField("signatures");
        infoField.setAccessible(true);
        Signature[] info = (Signature[])infoField.get(mSigningDetails);
        return info[0].toByteArray();
```

```
    }
    return new byte[0];
}
```

将通过 PackageParser 服务获取的签名信息与通过 PMS 获取的签名信息进行对比，如果两者不一致则说明应用被篡改并重打包了。

上面的方法是通过校验签名信息来识别应用是否被重新打包签名。还有另一个思路：如果应用已经被重新签名，那么新生成的签名文件的 CRC 值和原签名文件的 CRC 值必然不一致。所以，可读取 data/app/packagename/base.apk 文件中的签名文件 CRC 值，并将其与官方签名文件的 CRC 值进行对比校验。核心代码如下：

```
ZipFile zf = new ZipFile(apkPath);
ZipEntry ze = zf.getEntry("META-INF/MANIFEST.MF");
String crcValue = String.valueOf(ze.getCrc());
```

但该方案无法将预埋在应用本地的官方证书文件 CRC 和实时获取的证书文件 CRC 值进行对比。因为任何修改应用内容的行为都将影响最后生成的签名文件的 CRC 值。可在应用正式上线发布时将获取的证书 CRC 值存储在服务端，在服务端使用该值和应用上传的证书 CRC 值进行对比，如果两者不一致则说明应用已经被恶意篡改并重打包签名。

5.3.2　iOS 签名校验

iOS App 在正式上线发布时需要使用开发者证书对应用的代码进行签名，并生成签名文件。签名的主要目的是确保开发者的应用代码是经过苹果授权且没有被修改过的。攻击者为达到指定目的通常会对目标应用进行砸壳修改，而利用原有的签名信息无法使修改后的文件通过苹果的签名校验。为通过苹果官方的签名校验，攻击者会使用自己的签名证书重新对应用进行签名打包。

苹果颁发的每个证书都会对应唯一的 teamID，应用在进行签名时就会和该证书的 teamID 绑定。如果应用被重新签名，那和它绑定的 teamID 也会随之改变，可以利用该特性校验应用是否被重新签名。获取 teamID 的核心代码如下：

```
NSDictionary *query = [NSDictionary dictionaryWithObjectsAndKeys:
                kSecClassGenericPassword, kSecClass,
                @"bundleSeedID", kSecAttrAccount,
                @"", kSecAttrService,
                (id)kCFBooleanTrue, kSecReturnAttributes,
                nil];
CFDictionaryRef result = nil;
OSStatus status = SecItemCopyMatching((CFDictionaryRef)query,(CFTypeRef *)&result);
if (status == errSecItemNotFound){
    status = SecItemAdd((CFDictionaryRef)query, (CFTypeRef *)&result);
}
NSString *accessGroup = [(__bridge NSDictionary *)result objectForKey:kSecAttrAc
    cessGroup];
```

```
NSArray *components = [accessGroup componentsSeparatedByString:@"."];
NSString *teamID = [[components objectEnumerator] nextObject];
```

如果通过该方法获取的 teamID 和应用的开发者自己证书的 teamID 不一致，则说明该应用已经被重打包签名，存在安全隐患。

上面的方案是从签名证书的角度考虑的，如果签名应用的证书更改，那么应用中相关的证书信息也会随之更改，由此可以识别应用是否被重签名。从另一个角度考虑，既然签名证书变更后证书信息会发生变化，那签名后生成的 CodeResources 文件必然也会变动。只要预存官方应用的 CodeResources 文件的 Hash 值，将实时采集到的文件 Hash 值与之进行对比即可，如不一致即说明应用签名校验失败，应用被重新签名。获取文件 Hash 值的核心代码如下：

```
NSString *newPath = [[NSBundle mainBundle] resourcePath];
NSString *path = [newPath stringByAppendingString:@"/_CodeSignature/CodeResources"];
NSFileManager *fileManager = [NSFileManager defaultManager];
if([fileManager fileExistsAtPath:path isDirectory:nil]){
    NSData *data = [NSData dataWithContentsOfFile:path];
    unsigned char digest[CC_MD5_DIGEST_LENGTH];
    CC_MD5(data.bytes, (CC_LONG)data.length, digest );
    NSMutableString *md5 = [NSMutableString stringWithCapacity:CC_MD5_DIGEST_LENGTH*2];
    for( int i = 0; i < CC_MD5_DIGEST_LENGTH; i++ ){
        [md5 appendFormat:@"%02x", digest[i]];
    }
}
```

但是使用此方案时不能将官方应用的 CodeResources 文件的 Hash 值预存在应用本地，因为未签名前的改动都会影响签名后的 CodeResources 文件的 Hash 值。可将该值存储到服务端，将获取到的 Hash 值上传到服务端进行对比。

5.4　SO 文件保护

Android 应用主要是基于 Java/Kotlin 语言开发，由于语言本身的特性，攻击者很容易通过逆向工程的方法将编译后的程序进行逆向还原。开发者为了保护程序核心的算法和数据，通常会使用 C/C++ 语言开发核心算法的代码，并将其编译成二进制动态链接库，即后缀为 .so 的库文件。SO 文件虽然在一定程度上提高了攻击门槛，但是在没有保护措施的情况下依然容易受到攻击，本章将介绍通用的 SO 文件防护方案，进一步提高防护门槛。

为实现动态库与 Java 语言的交互，需要使用 Java 的本地接口 JNI（Java Native Interface），可以将 JNI 理解为联通 Java 和 C/C++ 的桥梁。在 Java 代码中定义 Native 方法，在动态库中对 Java 代码定义的 Native 方法进行注册。当 Java 代码调用 Native 方法时，JNI 就会寻找在动态库中注册的相应 Native 方法并执行。可以将动态库中注册的 Native 方法理解为向 Java 暴露的接口，攻击者可以通过暴露的接口对动态库进行分析。JNI 提供了静态注册和动态注册两种不同的 Native 方法注册方式，不同的注册方式展示的接口格式也不一样，安全防护水平也不同。

静态注册需要在暴露的函数名中明确指出该函数在 Java 代码中的具体包名路径，具体如下：

```
JNIEXPORT jstring JNICALL Java_com_test_jni_Test_say(
        JNIEnv* env,
        jobject obj) {
    char* hello = "Hello World!";
    return (*env)->NewStringUTF(env,hello);
}
```

采用静态注册的方式会将 Native 方法的完成整包名路径在动态库展示出来，很容易暴露 Native 函数在 Java 代码中的位置，因此不建议开发动态库时使用该方式注册 Native 方法。暴露的 Native 方法如图 5-8 所示。

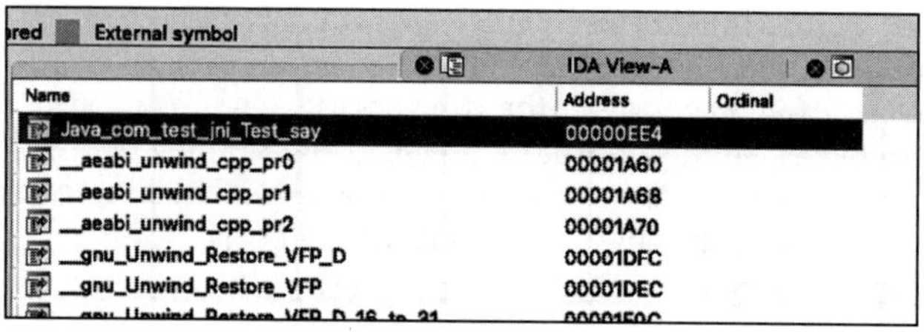

图 5-8　暴露的 Native 方法

动态注册是在动态库中存储一张 JNI 层 Native 函数与 Java 层 Native 函数的映射表，JVM 通过映射表寻找 JNI 函数，以避免通过函数名的规则去定位 JNI 层的 Native 函数，也就避免了暴露 Native 方法在 Java 代码中的位置的风险，结合宏定义处理 Native 方法名能更好地隐藏 Native 方法。动态注册的核心代码片段如下：

```
#define JNIREG_CLASS "com/test/jni/Test"
// Java 层 Native 函数
#define NATIVE_METHOD_SAY  "say"
#define METHOD_SAY_SIGN "()Ljava/lang/String;"
// 导出函数名进行宏定义
#define EXPORT_SAY_FROM_NDK  export_test
// Java 和 JNI 函数的绑定表
static JNINativeMethod method_table[] =
{// 绑定
    {NATIVE_METHOD_SAY  , METHOD_SAY_SIGN,reinterpret_cast<void*>(EXPORT_SAY_
        FROM_NDK)},
};
int register_ndk_load(JNIEnv *env)
{
    return registerNativeMethods(env, JNIREG_CLASS, method_table,sizeof(method_table)/
        sizeof(JNINativeMethod));
}
```

采用动态注册同时结合宏定义替换 Native 方法名，编译出的动态库中的导出方法已经不会暴露 Java 层 Native 函数的方法名了。动态库中暴露的导出方法如图 5-9 所示。

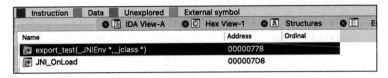

图 5-9　动态库中暴露的导出方法

除了隐藏导出函数以外，还可以在编译动态库时设置隐藏。通过给函数增加不可见属性 visibility ("hidden") 将不想对外暴露函数函数进行隐藏，代码如下：

```
__attribute__ ((visibility ("hidden"))) int test(int a, int b)
{
    return a + b;
}
```

上述方法都是通过在代码层的操作达到隐藏函数和符号的目的。除此之外，还可以对编译后的动态库进行加壳，达到隐藏函数和符号的目的。通常是使用开源的 UPX 壳，可对其源码进行修改以对抗通用砸壳工具。具体加壳命令如下：

```
$./upx --android-shlib libjni.so -o libjni_upx.so
```

攻击者在发现分析 SO 文件的导出函数不能提供有价值的线索时，可能会通过编写加载壳应用非法调用动态库的方式获取有价值的信息。针对此类非法调用攻击，可在应用调用 Native 函数时验证应用的身份信息是否合法，只有合法应用才可以正常使用。具体实现逻辑是在 SO 文件中绑定应用的签名和包名，每次触发 Native 函数调用时都进行签名和包名验证。核心代码片段如下：

```
char* real_pkg = "com.demo.test";
char* real_sign = "xxxxxx";
char* pkg = get_package_name(env);
if (pkg != NULL)
{
    if(strncasecmp(pkg, real_pkg, strlen(real_pkg)) != 0)
    {
        exit(0);
    }
}
char* sign = get_signature(env);
if (sign != NULL)
{
    if(strncasecmp(sign, real_sign, strlen(real_sign)) != 0)
    {
        exit(0);
    }
}
```

5.5　应用防调试

对应用的分析方法可分为静态分析和动态分析。静态分析就是通过分析工具直接分析目标应用的安装包本身。动态分析，顾名思义，就是将目标应用运行起来进行分析。攻击者为了达到动态分析目标应用的目的，会使用调试工具附加到目标应用进程中。

5.5.1　Android 应用防调试

调试工具附加到目标进程时需要执行 ptrace 系统调用操作，以建立其与目标程序的跟踪关系。正常情况下每个进程同一时间只能被附加一次，攻击者在动态调试的时候都会附加到目标应用的进程。如果在应用程序启动后创建（fork）一个子进程抢先一步附加到自身进程，那么调试器将无法正常附加，从而达到防调试的目的。核心代码片段如下：

```
void anti_debug_by_ptrace() {
    int pid = fork();
    if (pid == 0) {
        int ppid = getppid();
        ptrace(PTRACE_TRACEME, 0, NULL, NULL);
        if (ptrace(PTRACE_ATTACH, ppid, NULL, NULL) == 0) {
            waitpid(ppid, NULL, 0);
            ptrace(PTRACE_CONT, NULL, NULL, 0);
        }
    }
}
```

除此之外，还可以利用 ptrace 提供的 PTRACE_TRACEME 参数，在进程启动时主动请求被监控跟踪。这样同样可以导致调试器无法正常附加，从而达到防调试的目的。核心代码片段如下：

```
void anti_debug_by_ptrace() {
    ptrace(PTRACE_TRACEME, 0, NULL, NULL);
}
```

攻击者使用调试器进行动态分析时，通常需要设置断点将应用挂起。调试器在设置断点时会发出 SIGTRAP 信号，我们可以在应用中主动添加 SIGTRAP 信号的监听代码，并监听到 SIGTRAP 信号后跳转到自定义的信号处理函数进行防调试处理。核心代码片段如下：

```
void signal_handle(int sig){
    // 自定义信号处理函数
    exit(0);
}
void check_debug_by_signal(){
    // 设置 SIGTRAP 信号的处理函数为 signal_handle
    long ret = (long)signal(SIGTRAP, signal_handle);
    raise(SIGTRAP);  // 主动发送 SIGTRAP 信号
}
```

当进程被附加后会有一些属性值发生改变，通过检测这些特征值是否异常可以判断是否被调试，从而起到防调试的作用。常用于调试检测的特征文件如表 5-3 所示。

表 5-3　常用于调试检测的特征文件

特征文件名	特征值
/proc/pid/status	当进程 status 值中的 TracerPid 值非 0 时，表明该进程处于调试状态
/proc/pid/task/pid/status	
/proc/pid/stat	当进程的 stat 值中括号后跟随的第一个字母为 t 时，表明该进程处于调试状态
/proc/pid/task/pid/stat	
/proc/pid/wchan	当进程的 wchan 状态值为 ptrace_stop 时，表明该进程处于调试状态
/proc/pid/task/pid/wchan	

检测进程特征值时基本都是通过读取文件的方式获取特征值进行比对，在此将以 /proc/pid/status 中的特征值读取为例进行演示，核心代码片段如下：

```c
void check_debug_by_tracerpid() {
    char debug_file[56]={0};
    int state = 0;
    int pid = getpid();
    sprintf(debug_file, "/proc/%d/status", pid);
    FILE* fp = fopen(debug_file, "r");
    char line[1024]={0};
    while(fgets(line, 1024, fp)){
        if (strncmp(line, "TracerPid", 9) == 0){
            state = atoi(&line[10]);
            if (state != 0){
                fclose(fp);
                exit(0);
            }
            break;
        }
        memset(line, 0, 1024);
    }
    fclose(fp);
}
```

应用程序正常运行时代码的执行速度很快，不会出现卡顿耗时的情况。攻击者在调试分析目标进程时，通常会使用单步调试的方式分析目标进程，而单步调试必然会影响程序的执行时间，所以我们可以通过检测代码的执行时间来判断应用有没有处于调试状态。单步调试检测的核心示例代码片段如下：

```c
void check_debug_by_time() {
    time(&start_time);
    // 添加需要监控的核心代码
    time(&end_time);
    // 时间差会根据实际情况变动
    if(end_time - start_time > 10){
```

```
        exit(0);
    }
}
```

进行调试时，为方便设备与调试器通信，通常需要开启并监听指定的端口。我们可以利用这个机制检测设备是否开启了调试器通信使用的默认端口，如果检测到设备开启这些端口则说明该设备正在和调试器通信，则可认为它正处于调试状态。核心检测代码片段如下：

```
/*
 * IDA 调试的默认端口为 23946，对应的十六进制值为 5D8A
 * Frida 默认占用的两个端口为 27402、27403，对应的十六进制值为 6B0A、6B0B
 */
void check_debug_by_port(){
    char buff[BUFF_LEN];
    char line[BUFF_LEN];
    const char* dir = "/proc/net/tcp";
    FILE *fp = fopen(dir, "r");
    while (fgets(buff, BUFF_LEN, fp) != NULL){
        if (strstr(buff, "5D8A") != NULL ||
            strstr(buff, "6B0A") != NULL ||
            strstr(buff, "6B0B") != NULL){
            fclose(fp);
            exit(0);
        }
    }
    fclose(fp);
    FILE *fd = popen("netstat -apn", "r");
    while (fgets(line, sizeof(line), fd) != NULL){

        if (strstr(line, "23946") != NULL ||
            strstr(line, "27402") != NULL ||
            strstr(line, "27403") != NULL){
            fclose(fd);
            exit(0);
        }
    }
    pclose(fd);
}
```

5.5.2 iOS 应用防调试

iOS 系统中同样可以利用 ptrace 函数进行调试检测。苹果官方在其系统中为 ptrace 函数新增了 PT_DENY_ATTACH 配置项，该配置项就是用于防止调试附加的。然而 iOS 系统中 ptrace 函数是未导出的，无法直接被调用，但可通过其他技术手段强行调用。

首先可通过 dlsym 函数获得 ptrace 函数地址，然后直接通过该地址调用 ptrace 函数达到防调试的目的，核心代码片段如下：

```
#ifndef PT_DENY_ATTACH
#define PT_DENY_ATTACH 31
#endif
typedef int (*ptrace_ptr)(int _request, pid_t _pid, caddr_t _addr, int _data);
-(void) anti_debug_by_ptrace{
    void* handle = dlopen(0, RTLD_GLOBAL | RTLD_NOW);
    ptrace_ptr ptrace = dlsym(handle, "ptrace");
    ptrace(PT_DENY_ATTACH, 0, 0, 0);
    dlclose(handle);
}
```

系统中每个函数都有唯一的系统调用号，函数调用是通过 syscall 函数将对应的系统调用号传入系统内核中执行的。可以利用 syscall 函数直接调用 ptrace 函数对应的系统调用号，实现防调试的目的，核心代码片段如下：

```
-(void) anti_debug_by_syscall{
    // SYS_ptrace 26
    syscall(26,PT_DENY_ATTACH,0,0);
}
```

函数调用时系统会触发软中断，然后根据接收到的系统调用号进行函数调用。所以，可以通过汇编语言主动触发软中断，传入 ptrace 函数的系统调用号进行调用，实现防调试的目的，核心代码片段如下：

```
// 等同于 ptrace(PT_DENY_ATTACH, 0, 0, 0)
-(void) anti_debug_by_svc{
#ifdef __arm64__
    __asm__("mov X0, #31\n"
        "mov X1, #0\n"
        "mov X2, #0\n"
        "mov X3, #0\n"
        "mov w16, #26\n"   // 26 是 ptrace 的系统调用号
        "svc #0x80");
#endif
}
```

同样可以使用汇编语言主动触发软中断的方式调用 syscall 函数，再利用它调用 ptrace 函数，核心代码片段如下：

```
// 等同于 syscall(SYS_ptrace, PT_DENY_ATTACH, 0, 0, 0)
-(void) anti_debug_by_svc_syscall{
#ifdef __arm64__
    __asm__("mov X0, #26\n"
        "mov X1, #31\n"
        "mov X2, #0\n"
        "mov X3, #0\n"
        "mov X4, #0\n"
        "mov w16, #0\n"
        "svc #0x80");
```

```
#endif
}
```

当进程被调试时，进程标识位 p_flag 的值会发生改变。可以利用 sysctl 函数检测当前进程信息中的 p_flag 值是否发生改变，实现防调试的目的，核心代码示例片段如下：

```
-(void) check_debug_by_sysctl{
    // 需要检测进程信息的字段数组
    int proc[4];
    proc[0] = CTL_KERN;
    proc[1] = KERN_PROC;
    proc[2] = KERN_PROC_PID;
    proc[3] = getpid();
    // 查询进程信息的结构体
    struct kinfo_proc info;
    size_t info_size = sizeof(info);
    info.kp_proc.p_flag = 0;
    int ret = sysctl(proc, sizeof(proc)/sizeof(*proc), &info,&info_size, NULL, 0);
    if (ret == -1) {
        return;
    }
    // 根据标记位检测调试状态
    if((info.kp_proc.p_flag & P_TRACED) != 0){
        exit(1);
    }
}
```

正常情况下，应用的输入 / 输出是通过文件或管道进行读写的而不是直接与终端设备进行交互。当调试器附加到应用时，通常会打开程序的标准输出（stdout）和标准错误输出（stderr），使其通过终端设备进行读写，以便与应用交互。利用这个特性，可以通过 isatty 函数检测标准输出或标准错误输出是否与终端设备相连，若连接则说明应用正在被调试。具体检测示例代码如下：

```
-(void) check_debug_by_isatty{
    if (isatty(STDOUT_FILENO)){
        exit(1);
    }
}
```

通过 ioctl 函数配合控制命令 TIOCGWINSZ 可以获取终端窗口信息。可通过 ioctl 函数查看标准输出和标准错误输出对应的终端，如果对应的不是一个实际终端，而是一个调试器，那么控制命令就会执行失败，并返回一个错误码。我们可以利用这一点来检测是否有调试器正在运行。需要注意的是，使用 ioctl 函数进行反调试可能会触发苹果的安全机制导致应用被禁，所以使用 ioctl 函数时需要小心谨慎。具体检测示例代码如下：

```
-(void) check_debug_by_ioctl{
    if (!ioctl(STDOUT_FILENO, TIOCGWINSZ)){
```

```
        exit(1);
    }
}
```

> **注意**　利用 isatty 函数和 ioctl 函数进行反调试检测有一定误差，并不是百分之百可靠的。因此，在实际应用中，需要结合其他方法一起使用，才能更准确地检测出调试器的存在。

5.6　完整性校验

　　无论是 Android 还是 iOS 的应用，在正式打包发布前都会使用开发者的签名证书对应用进行签名。签名的主要作用就是保证应用的完整性，防止应用被攻击者恶意篡改。随着针对签名校验的攻击手段的不断更新，签名校验逻辑难保不被攻破。因此，本节将脱离证书校验的思路，从应用本身出发提供完整性校验方案。

5.6.1　Android 应用完整性校验

　　无论是 .apk 格式还是 .aab 格式 Android 应用安装包，本质上就是压缩包，应用安装包中除了可执行文件还包含应用程序运行时所需的各种资源文件和依赖文件。如果攻击者要对应用安装包进行篡改，那么必然会修改可执行文件或者资源文件，而只要文件被改动，其 Hash 值必然会发生变化。

　　签名校验是利用系统的安全机制被动地进行应用完整性校验。我们也可以主动对应用程序中的文件进行校验，确保应用程序中的文件没有被篡改。通过读取应用安装包中的文件，并计算其 CRC 值，将得到的 CRC 值与文件原始的 CRC 值进行对比，判断是否被修改过。核心代码片段如下：

```
String[] fileArray = {"META-INF/MANIFEST.MF","classes.dex","resources.arsc",
    "AndroidManifest.xml"};
String path=context.getPackageManager().getApplicationInfo(
context.getPackageName(), 0).publicSourceDir;
ZipFile zf = new ZipFile(path);
ZipEntry ze;
for(String item:fileArray){
    ze = zf.getEntry(item);
    if (ze != null){
        String crcValue = String.valueOf(ze.getCrc());
        Log.i(item+ " CRC ======>",crcValue);
    }
}
```

　　代码中的文件列表只是用于参考，真实运用时可以根据情况进行添加。另外，获取的文件 CRC 值不应被存储到本地，因为代码或者配置文件中的改动都会影响该文件的 CRC

值。应该将正式版本获取的文件 CRC 直接存储到服务端，每次检测时将获取的文件 CRC 值和服务端预埋的 CRC 值进行对比，只要出现不一致的情况就说明客户端已经被篡改。

5.6.2　iOS 应用完整性校验

iOS 应用安装包和 Android 应用安装包一样，本质上就是压缩包，其中包含了可执行文件及应用程序运行时所需的各种资源文件和依赖文件。iOS 应用的完整性校验是利用系统的签名校验功能被动地检测安装包中的文件是否发生篡改，如果被篡改就无法通过苹果的安全校验。但攻击者的手段层出不穷，可能会有绕过系统的方案，为此我们可以主动对应用程序中的文件进行校验，确保应用程序中的文件没有被篡改。通过遍历应用安装包中的文件，并计算其 Hash 值，将得到的 Hash 值与文件原始的 Hash 值进行对比，判断是否被修改过。核心代码片段如下：

```
NSString *currentPath = [[NSBundle mainBundle] resourcePath];
NSFileManager *fileManager = [NSFileManager defaultManager];
NSDirectoryEnumerator *dirEnum =[fileManager enumeratorAtPath:currentPath];
NSString *tempPath;
while((tempPath=[dirEnum nextObject])!= nil){
    NSString *temp= [NSString stringWithFormat:@"%@%@",@"/",tempPath];
    NSString *path = [currentPath stringByAppendingString:temp];
    BOOL isDir;
    if([fileManager fileExistsAtPath:path isDirectory:&isDir]&& !isDir){
        NSData *data = [NSData dataWithContentsOfFile:path];
        unsigned char digest[CC_SHA1_DIGEST_LENGTH];
        CC_SHA1(data.bytes, (CC_LONG)data.length, digest );
        NSMutableString *result = [NSMutableString
stringWithCapacity:CC_SHA1_DIGEST_LENGTH*2];
        for( int i = 0; i < CC_SHA1_DIGEST_LENGTH; i++ ){
            [result appendFormat:@"%02x", digest[i]];
        }
        NSLog(@"Hash file name:%@ =====> %@",  tempPath,result);
    }
}
```

通过正式版本获取的文件 Hash 值被存储到服务端。每次检测时将获取的文件 Hash 值上报到服务端并与服务端预埋的 Hash 值进行对比，只要出现不一致的情况就说明客户端已经被篡改。

5.7　防动态注入与防 Hook

动态注入指的是在应用运行时将代码或数据注入其内存中的过程。而 Hook 操作是在应用运行时通过修改内存中的代码来实现的。Hook 操作通常依赖注入操作将代码或文件加载到目标应用的内存中，并通过注入的代码或文件获得读写内存数据的权限，然后修改内存中的代码。因此，只要应用不被注入，就能确保证应用不会被执行 Hook 操作。

5.7.1 Android 应用防动态注入与防 Hook

Android 系统中需要使用 ptrace 函数的功能将 SO 动态库或代码动态注入目标应用中，然后在目标应用中加载并执行注入的 SO 动态库或代码实现 Hook 操作，具体流程示例如图 5-10 所示。

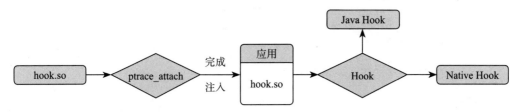

图 5-10　Android 应用动态注入流程示例

完成注入和 Hook 操作的关键是利用 ptrace 函数附加到目标应用，因此只要保证应用无法被附加，就能达到防护的目标。可以参考之前讲到的防调试方案，在应用程序启动后创建一个子进程附加到父进程，同时让父进程附加到子进程。每个进程只能被附加一次，这样就可以确保其他进程无法实现附加，从而达到防动态注入与防 Hook 的目的，核心代码片段如下：

```
void anti_attach() {
    int pid = fork();
    if (pid == 0) {
        int ppid = getppid();
        if (ptrace(PTRACE_ATTACH, ppid, NULL, NULL) == 0) {
            waitpid(ppid, NULL, 0);
            ptrace(PTRACE_CONT, NULL, NULL);
        }
    }
    if (ptrace(PTRACE_ATTACH, pid, NULL, NULL) == 0) {
        waitpid(pid, NULL, 0);
        ptrace(PTRACE_CONT, NULL, NULL);
    }
}
```

除此之外，还可以建立动态库黑名单机制，将动态库来源路径中的非系统目录或其他不可信的路径收集整理为黑名单。通过检测应用内存中已加载的动态库是否在黑名单中，判断应用是否已经被注入，示例代码如下：

```
void check_inject(){
    char pFilePath[32];
    char pLibInfo[256];
    char *pLibPath = NULL;
    char *savePtr = NULL;
```

```
int pid = getpid();
sprintf(pFilePath, "/proc/%d/maps", pid);
FILE *fp = fopen(pFilePath, "r");
while (fgets(pLibInfo, sizeof(pLibInfo), fp) != NULL) {
    strtok_r(pLibInfo, " \t", &savePtr);        // 地址信息
    strtok_r(NULL, " \t", &savePtr);            // 权限信息
    strtok_r(NULL, " \t", &savePtr);            // 偏移信息
    strtok_r(NULL, " \t", &savePtr);            // 设备信息
    strtok_r(NULL, " \t", &savePtr);            // 节点信息
    pLibPath = strtok_r(NULL, " \t", &savePtr); // 路径信息
    if (check_block_list(pLibPath) == 1){
        exit(0);
    }
    memset(pLibInfo, 0, 256);
}
fclose(fp);
}
```

对于黑名单机制中用到的不可信路径，不要直接硬编码在客户端，而应通过服务端下发到客户端。这样可以随时更新黑名单，既可以及时添加新特征到黑名单，也可以在有误拦截时及时解除操作。具体更新逻辑可参考图 5-11。

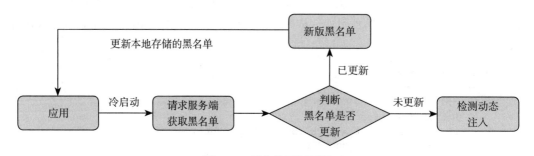

图 5-11   黑名单更新逻辑

应用发布时在本地预埋一份黑名单，应用在触发冷启动时请求服务端获取最新的黑名单。如果服务端的黑名单已更新，则将最新版黑名单下发到客户端更新存储。应用启动时通过检测加载的动态库中是否在黑名单中来判断是否发生注入。

5.7.2 iOS 应用防动态注入与防 Hook

根据设备情况可将 iOS 动态注入分为越狱注入和非越狱注入。越狱注入，是指通过第三方越狱工具或修改 iOS 系统的 DYLD_INSERT_LIBRARIES 环境变量的值，向目标应用插入动态库并执行。非越狱注入，是指修改目标应用，将要注入的动态库添加到应用，并在应用可执行文件的 LoadCommands 字段增加动态库路径，并重新对应用打包重签名。非越狱注入可通过前面介绍的签名校验方案进行检测，本节将重点介绍越狱注入的防护方案。

（1）通过 __restrict 字段防注入

iOS 9 中引入 __restrict 编译指令，编译时将程序的关键部分标记为 __restrict。若应用运行时通过 DYLD 检测到 Mach-O 文件中存在 __restrict 字段，就会忽略 DYLD_INSERT_LIBRARIES 环境变量中指定的动态库，能有效防止应用程序被动态注入。具体配置信息如图 5-12 所示。

图 5-12　iOS 应用防动态注入的配置信息

> **注意** 在 iOS 10 及更高的系统版本中，苹果已不再针对 __restrict 字段进行检测，因此该方案将不再生效。

（2）通过 DYLD_INSERT_LIBRARIES 环境变量防注入

通过此种方式防注入需要在应用启动时设置该环境变量。应用正常启动时该环境变量的值应该为空，因此在应用启动时只需判断该变量中是否有值，即可判断它是否被注入，具体检测代码示例如下：

```
-(void) check_inject_by_env{
    char *env = getenv("DYLD_INSERT_LIBRARIES");
    if(env != NULL){
        exit(0);
    }
}
```

> **注意** 通过 DYLD_INSERT_LIBRARIES 防注入的方式仅适用于 iOS 10 及之前版本的系统。苹果在之后版本中加入安全策略，已不支持通过此种方式防护动态库注入。

（3）建立动态库黑名单机制防注入

读取应用内存中已加载的动态库时可获取动态库完整的存储路径。将其中非系统目录或其他不可信的路径收集整理为黑名单。通过检测应用内存中已加载的动态库是否在黑名单中，判断应用是否已经被注入，示例代码如下：

```
-(void) check_inject_by_block_list{
    int count = _dyld_image_count();
    for (int i = 0; i < count; i++) {
        const char * libPath = _dyld_get_image_name(i);
```

```
    //  判断加载的动态库是否在黑名单中
    if(check_block_list(libPath)){
        exit(0);
    }
  }
}
```

> 📷 注
> 意　iOS 系统的黑名单机制同样不建议预埋到客户端，建议使用黑名单服务端下发的
> 方案。

5.8　Scheme 防护

我们已经知道 Scheme 是系统提供的一种特殊的 URL 跳转协议。Android 和 iOS 系统都支持 Scheme 协议，开发者可通过 Scheme 协议实现不同应用程序之间的交互。协议中各字段的含义如表 4-4 所示，整个 Scheme 协议中只有传入的参数字段会被应用解析使用，其余字段只是用于唤起目标应用的标识。只要确保通过 Scheme 协议传入的参数是安全可信的，就能保证接收参数的应用是安全。也就是说，只要保证 Scheme 协议传输过程中参数不被攻击者篡改，就能保证其安全。

通常确保参数安全的方式有两种：参数整体加密和参数整体签名。经过加密或签名的参数在传输过程中可以有效防止被攻击者篡改。对于加密算法，不能选择对称加密而需要采用非对称的加密算法，否则攻击者很容易通过逆向分析获取接收参数的应用使用的加密算法和加密密钥。同理，签名算法也需要采用专门的非对称签名算法，此处推荐使用 ECDSA 算法。攻击者既可以通过分析接收参数的应用来获取算法或密钥，也可以攻击发送参数的应用获取相关信息。因此，签名或加密行为不能在客户端中实现，而要在服务端实现。具体系统架构如图 5-13 所示。

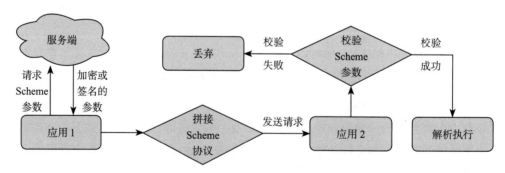

图 5-13　Scheme 参数签名和加密的系统架构

使用 Scheme 协议时发送方请求服务端获取加密或者签名后的参数信息，接收方通过预埋的公钥对接收的参数进行解密或验签，整体形成闭环以保证传输参数的安全。

5.9 WebView 防护

WebView 组件提供了运行 JavaScript 程序的环境。开发者通过 WebView 结合 JSBridge 协议可以实现 JavaScript 和 Native 代码交互。为保证正常通信，Native 和 JavaScript 都需要注册对外开放的接口，正是这些接口为攻击者提供了攻击入口。攻击者可以逆向分析出应用中注册的 Native 接口，然后就可以按应用程序中约定的规则构造相关 JavaScript 代码进行虚假调用，具体调用流程如图 5-14 所示。

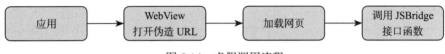

图 5-14 虚假调用流程

整个交互流程中的薄弱点是对外开放的接口，但为实现 Native 和 JavaScript 的通信，这些接口又必须对外开放。既然不能限制接口，那我们就可以转变思路，改为限制加载 JavaScript 代码。WebView 解析的 JavaScript 代码是通过加载网页获取的，因此只要确保应用的 WebView 加载的 URL 是可信的即可，具体检测流程如图 5-15 所示。

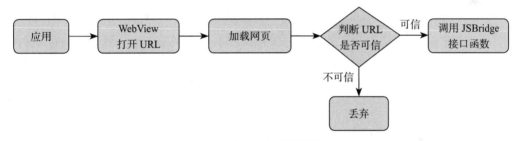

图 5-15 URL 检测流程

整理一份可信 URL 的白名单，调用 JSBridge 接口函数前先判断一下当前加载的 URL 是否在白名单中，如果 URL 属于白名单则应用可正常调用相关接口函数，否则系统直接拒绝调用。

Android 应用中可通过 WebView 中的 shouldOverrideUrlLoading 函数获取当前加载的 URL 进行白名单判断，具体示例代码如下：

```java
public class WebViewDemo extends WebViewClient {
    @Override
    public boolean shouldOverrideUrlLoading(WebView view, String url) {
        if(checkTrusUrl(url)){
            //to do something
        }
        ......
    }
}
```

iOS 应用中可以使用 WKWebView 中的 decidePolicyForNavigationAction 函数拦截并解析加载的 URL 进行白名单判断，具体示例代码如下：

```
- (void)webView:(WKWebView *)webView decidePolicyForNavigationAction:(WKNavigatio
  nAction *)navigationAction decisionHandler:(void (^)(WKNavigationActionPolicy))
  decisionHandler {
  NSString* hostUrl = navigationAction.request.URL.absoluteString;
  if([self checkTrusUrl:hostUrl])
  {
      // to do something
  }
  ......
}
```

第 6 章 *Chapter 6*

网络通信安全

移动端网络通信的安全性通常是通过端到端保护来实现的，具体方法是在数据的源位置进行加密，并且只有在到达最终目标位置后才进行解密和验证。这一举措确保了整个通信过程的数据安全。

6.1 通信防抓包

逆向分析应用程序时，它和服务端的通信数据是一个很好的切入点。如果能拿到通信数据中的关键标识，就很容易定位到代码中的位置。攻击者通常会利用中间人的方式发起攻击，即在移动设备上设置代理，应用程序和服务端的通信数据会通过这个中间代理，而攻击者就可以分析通信数据。在设备上安装伪造的证书后就可以获取 HTTPS 的通信数据。

6.1.1 代理检测

既然攻击者是通过代理的方式实现中间人攻击（MITM 攻击）的，那就可以在应用程序运行时检测当前的设备是否开启了代理，如开启了代理，则需要限制应用的功能使用。

Android 系统中检测设备是否开启代理，核心代码如下：

```
final boolean IS_LATER = Build.VERSION.SDK_INT >= Build.VERSION_CODES.ICE_CREAM_
    SANDWICH;
String proxyAddress;
int proxyPort;
if (IS_LATER) {
    proxyAddress = System.getProperty("http.proxyHost");
    String portStr = System.getProperty("http.proxyPort");
    proxyPort = Integer.parseInt((portStr != null ? portStr : "-1"));
```

```
    } else {
        proxyAddress = android.net.Proxy.getHost(context);
        proxyPort = android.net.Proxy.getPort(context);
    }
```

iOS 系统中检测设备是否开启代理，核心代码如下：

```
NSDictionary *proxySettings = (__bridge NSDictionary *)(CFNetworkCopySystemProxy
    Settings());
NSArray *proxies = (__bridge NSArray *)(CFNetworkCopyProxiesForURL((__bridge
    CFURLRef _Nonnull)([NSURL URLWithString:@"http://www.baidu.com"]), (__bridge
    CFDictionaryRef _Nonnull)(proxySettings)));
NSDictionary *settings = [proxies objectAtIndex:0];
if ([[settings objectForKey:(NSString *)kCFProxyTypeKey] isEqualToString:@"kCFPr
    oxyTypeNone"]){
    return NO; // 已设置代理
}else{
    return YES; // 未设置代理
}
```

6.1.2 代理对抗

抓包是指攻击者通过设置代理来让应用程序和服务端的通信数据在经过代理服务时被抓取。那要防抓包，我们只要保证网络通信不用系统代理即可。在 Android 工程中，可以通过 Java 原生代码或流行的开源网络框架 OkHttp 进行相应设置以实现无代理模式。Java 原生代码中设置无代理模式的代码示例如下：

```
URL url = new URL(urlAddress);
HttpsURLConnection httpcon = (HttpsURLConnection) url.openConnection(Proxy.NO_
    PROXY);
```

开源网络框架 OkHttp 中设置无代理模式的核心代码片段如下：

```
OkHttpClient.Builder()
            .retryOnConnectionFailure(true)
            .proxy(Proxy.NO_PROXY)
             .build()
```

iOS 工程中使用 NSURLSession 设置无代理模式的核心代码如下：

```
NSURLSessionConfiguration *config = [NSURLSessionConfiguration ephemeralSessionConfiguration];
configuration.connectionProxyDictionary = @{}; // 置空，不用系统代理
NSURLSession *urlSession = [NSURLSession sessionWithConfiguration:config];
```

6.1.3 证书校验

既然抓包是通过中间人的方式实现的，那只要让中间人攻击失败即可达到防抓包的目的。中间人攻击成功是由于服务端和应用端通信时未对证书进行校验，导致攻击者可利用伪造的证书欺骗应用程序和服务端。可利用 SSL Pinning 策略防止中间人攻击，应用程序在

通信时会校验服务端的证书是否被替换以阻止中间人攻击，进而防抓包。

SSL Pinning 作为一种安全策略，会将服务端的证书预埋到应用程序中，应用程序和服务端通信时会校验本地预埋的服务端证书和服务端返回的证书是否一致。抓包工具伪造的证书无法通过校验，将会触发 SSL Pinning 机制，导致连接中断。

接下来将通过代码案例介绍 SSL Pinning 机制的实现方法，这些案例能帮助我们更好地理解和应用 SSL Pinning 机制，提升应用程序通信的安全性。

1）Android 系统中可以通过 HttpsURLConnection 类实现 SSL Pinning，相关核心代码如下：

```
// 设置 TrustManager
TrustManager[] trustAllCerts = new TrustManager[] {
    new X509TrustManager() {
        public X509Certificate[] getAcceptedIssuers() {
            return null;
        }

        public void checkClientTrusted(X509Certificate[] certs, String authType) {
        }

        public void checkServerTrusted(X509Certificate[] certs, String authType) {
            // 检查服务端证书是否被替换
            // 验证证书的公钥或证书哈希
            String expectedPublicKey = "xxx"; // 例如：RSA 公钥的 BASE64 编码
            if (!certs[0].getPublicKey().equals(expectedPublicKey)) {
                throw new RuntimeException(" 证书验证失败 ");
            }
        }
    }
};

// 初始化 SSL 上下文
SSLContext sslContext = SSLContext.getInstance("TLS");
sslContext.init(null, trustAllCerts, null);

// 打开链接
URL url = new URL("https://test.com");
HttpsURLConnection connection = (HttpsURLConnection) url.openConnection();
connection.setSSLSocketFactory(sslContext.getSocketFactory());
```

2）Android 系统中也可以通过 OkHttp 框架实现 SSL Pinning，相关核心代码如下：

```
Certificate cert = null;
try {
    CertificateFactory cf = CertificateFactory.getInstance("X.509");
    InputStream input = mContext.getAssets().open("test.cer");
    cert = cf.generateCertificate(input);
    input.close();
} catch (Exception e) {
```

```
        e.printStackTrace();
    }

    String pinning = "";
    if (cert != null) {
        pinning = CertificatePinner.pin(cert);
    }

    CertificatePinner certificatePinner = new CertificatePinner.Builder()
            .add("www.test.com", pinning)
            .build();

    OkHttpClient client = new OkHttpClient.Builder()
            .certificatePinner(certificatePinner)
            .build();

    Request request = new Request.Builder()
            .url("https://www.test.com")
            .build();


    Response response = client.newCall(request).execute();
```

3）iOS 系统中可以使用 URLSession 接口开启 SSL Pinning，核心代码片段如下：

```
- (void)startRequest {
    // 创建 NSURLSession 对象，并设置代理为当前类
    NSURLSession *session = [NSURLSession sessionWithConfiguration:[NSURLSessionCon
        figuration defaultSessionConfiguration] delegate:self delegateQueue:nil];

    // 创建 URL 对象
    NSURL *url = [NSURL URLWithString:@"https://test.com"];

    // 创建 NSURLSessionDataTask
    NSURLSessionDataTask *task = [session dataTaskWithURL:url completionHandler:
        ^(NSData * _Nullable data, NSURLResponse * _Nullable response, NSError *
        _Nullable error) {
        if (error) {
            NSLog(@"Error: %@", error);
        } else {
            NSLog(@"Response: %@", [[NSString alloc] initWithData:data encoding:
                NSUTF8StringEncoding]);
        }
    }];
    // 开始请求
    [task resume];
}
// 实现 NSURLSessionDelegate 的方法，用于应对身份验证挑战
- (void)URLSession:(NSURLSession *)session didReceiveChallenge:(NSURLAuthenticat
    ionChallenge *)challenge completionHandler:(void (^)(NSURLSessionAuthChallen
    geDisposition, NSURLCredential * _Nullable))completionHandler {
    // 解析获取本地存储的证书信息和服务端证书信息
```

```
SecTrustRef serverTrust = challenge.protectionSpace.serverTrust;
SecCertificateRef serverCertificate = SecTrustGetCertificateAtIndex(serverTr
    ust, 0);
NSData *serverCertData = (__bridge_transfer NSData *)SecCertificateCopyData(
    serverCertificate);
NSString *pathToCert = [[NSBundle mainBundle] pathForResource:@"test"
    ofType:@"cer"];
NSData *localCertData = [NSData dataWithContentsOfFile:pathToCert];
// 证书校验
if ([serverCertData isEqualToData:localCertData]) {
    NSURLCredential *credential = [NSURLCredential credentialForTrust:server
        Trust];
    completionHandler(NSURLSessionAuthChallengeUseCredential, credential);
} else {
    completionHandler(NSURLSessionAuthChallengeCancelAuthenticationChallen
        ge, nil);
}
}
```

4）iOS 系统中也可以使用 AFNetworking 网络通信库开启 SSL Pinning，核心代码片段
如下：

```
// 获取客户端本地存储的证书
NSString *cerPath = [[NSBundle mainBundle] pathForResource:@"test" ofType:@"cer"];
NSData *certData = [NSData dataWithContentsOfFile:cerPath];
NSSet *pinnedCert = [[NSSet alloc] initWithObjects:certData, nil];

// 创建 AFHTTPSessionManager 对象
AFHTTPSessionManager *manager = [AFHTTPSessionManager manager];

/**
安全模式
AFSSLPinningModeNone:         完全信任服务器证书
AFSSLPinningModePublicKey:    若服务器证书和本地证书的 PublicKey 一致，则信任服务器证书
AFSSLPinningModeCertificate:  若服务器证书和本地证书中的内容一致，则信任服务器证书
*/
AFSecurityPolicy *secPolicy = [AFSecurityPolicy policyWithPinningMode:AFSSLPinni
    ngModePublicKey withPinnedCertificates:pinnedCert];
secPolicy.allowInvalidCertificates = YES; // 是否允许证书无效，默认为 NO
manager.securityPolicy = secPolicy;

// 发起网络请求
[manager GET:@"https://example.com/api/resource"
    parameters:nil
        progress:nil
            success:^(NSURLSessionDataTask * _Nonnull task, id _Nullable responseObject) {
                // 请求成功处理
                NSLog(@"Response: %@", responseObject);
        }
    failure:^(NSURLSessionDataTask * _Nullable task, NSError * _Nonnull error) {
                // 请求失败处理
```

```
        NSLog(@"Error: %@", error);
    }];
```

使用上述任何一种方案都能达到防抓包的目的，但为降低被攻击者绕过的风险，建议将以上方案结合使用。

6.2 数据防篡改

移动应用和服务端的数据通信都是通过公网实现的，也就是说，这些通信数据是暴露在公网中的。攻击者可以通过中间人攻击的方式对通信数据进行拦截和篡改，最常见的两种攻击模式是请求参数篡改和请求数据重放。

6.2.1 请求参数防篡改

攻击者通常使用篡改通信数据的方式达到欺骗客户端或服务端获取非法收益的目的。应对数据篡改的最好方案是对通信内容进行签名，接收方对收到的数据进行签名校验。如果签名信息一致，则该请求为合法请求，否则说明参数被篡改，该请求为非法请求。签名校验流程如图 6-1 所示。

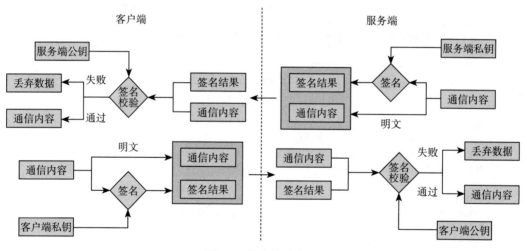

图 6-1 签名校验流程

如果使用签名的方式来防止通信数据被篡改，那么最好采用非对称的签名算法。这样即使攻击者通过逆向分析客户端的方式获取了签名算法的密钥，也无法完全伪造客户端和服务端的双向签名。推荐使用非对称的 ECDSA 算法生成签名，参考示例代码如下：

```
char* generate_sign(unsigned char *msg)
{
    unsigned char ecdsa_prikey[225] = "xxxx";
        EC_KEY *ec_key = d2i_ECPrivateKey(NULL, (const unsigned char **)&ecdsa_
```

```
            prikey, strlen(ecdsa_prikey));
    if(ec_key == NULL)
    {
        return NULL;
    }
    ECDSA_SIG *ecdsa_sig = ECDSA_do_sign(msg, strlen((const char *)msg), ec_
        key);
    int sign_len = i2d_ECDSA_SIG(ecdsa_sig, NULL);
    unsigned char *sign = calloc(sign_len + 1, sizeof(char));
    if(sign_len <0)
    {
        free(sign);
        EC_KEY_free(ec_key);
        return NULL;
    }
    sign_len = i2d_ECDSA_SIG(ecdsa_sig, &sign);
    if(sign_len < 0)
    {
        EC_KEY_free(ec_key);
        ECDSA_SIG_free(ecdsa_sig);
        free(sign);
        return NULL;
    }
    EC_KEY_free(ec_key);
    ECDSA_SIG_free(ecdsa_sig);
    return sign;
}
```

6.2.2　请求数据防重放

　　请求重放攻击就是把窃取到的网络数据重新发送给接收方。网络传输的数据是经过签名或加密的，攻击者无法对窃取的网络数进行修改，但如果知道这些通信数据的作用，就可以通过重复发送这些网络数据达到欺骗接收方的目的。虚假支付就是典型的重放攻击，其攻击原理就是抓取下单支付成功的请求，然后重新下单触发支付环节，并在支付时直接向服务端发送抓取的成功支付请求包。这时如果服务端没有完善的校验逻辑就可能被攻击者利用，导致实际支付一次却购买了多份商品。

　　目前常用的防重放策略主要有：过期时间防重放，随机因子防重放，流水号防重放。

　　过期时间防重放是参考视频防盗链的方案进行设计的。给网络请求设定一个有效期，只要接收方收到请求的时间超过设定的有效期，就认为该请求是无效请求。该方案所需参数如表 6-1 所示。

表 6-1　参数说明

参数名	取值示例	参数含义
key	85FPQmH4V9u8D4TpJ	生成防篡改签名时使用的密钥
args	data=123456	请求中包含的参数和参数值
time	6296dff2	设置过期时间戳的十六进制表示

计算签名如下：

sign = ECDSA(args+time) = "XX4d8477faeb37d52d6bf63b63c1b171c8XXX"

请求示例如下：

```
// Get 类型请求示例
http://demo.com/test?time=6296dff2&sign=4d8477faeb37d52d6bf63b63c 1b171c8&data=123456
```

该方案中的签名使用上面提到的 ECDSA 算法，服务端接收到请求以后先校验签名，通过以后再根据接收到的时间戳判断是否超期。

随机因子防重放和流水号防重放的方案都没有有效时间限制。随机因子就是指使用指定的算法随机生成一串数字或字符串，接收方需要记录该随机因子，通过判断随机因子是否重复来识别重放攻击。流水号防重放是指在每次请求时都生成一个流水号，该流水号的生成是递增的，接收方只需要将接收的流水号和上次请求的流水号进行对比便可识别重放攻击。

随机因子防重放和流水号防重放这两种方案同样需要进行签名。随机因子防重放的重要环节是保证生成的随机因子不重复，对比可以采用 UUID 结合时间戳的方式生成随机数。流水号防重放的重要环节是保证算法生成流水号是递增的，如果没有好的生成算法，则可直接使用时间戳。

6.3 通信数据加密

移动互联网主流的网络通信方式面临诸多风险，攻击者利用算法破解、协议破解、中间人攻击等多种攻击方式，不断对移动应用发起攻击。移动应用在未做有效保护措施的情况下，如果加密密钥、通信协议、核心算法等被破解，就会导致核心业务逻辑和重要接口暴露，轻则影响正常使用体验，重则导致数据泄漏或财产损失等。通信加密是一套保障移动应用通信数据机密性的专业解决方案。

通信加密是对网络传输的消息整体进行加密，移动客户端对要发送至服务端的消息整体进行加密，服务端接收到消息后进行解密。同理，服务端发送至移动客户端的消息也需要进行整体加密，移动客户端再对接收的消息进行解密。通信加密示例流程如图 6-2 所示。

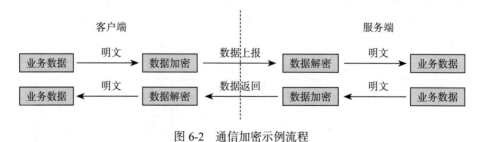

图 6-2 通信加密示例流程

通过对客户端和服务端通信消息进行整体加密，可防止客户端与服务端的通信内容被篡改和伪造，也在一定程度上防止了中间人攻击。

通信加密最核心的是选用哪种类型的加密算法。目前常用的加密算法可以分为对称加密和非对称加密，不过，对称加密算法相比于非对称加密算法来说，加解密的效率要高得多。客户端与服务端通信对效率要求比较高，所以需要选用对称加密作为加密算法。

为了保证加密算法的安全，使用 ECDH 密钥协商算法生成密钥，避免将密钥预埋到客户端或通过网络传输而产生潜在的安全风险。ECDH 密钥协商算法虽然解决了密钥存储和传输的安全问题，但是该算法本身是无法抵抗中间人攻击的。如果密钥协商过程中遭到中间人攻击，就可能导致生成的密钥不可信。为了解决该问题，便有了升级版的密钥协商算法 ECDHE。它可在密钥协商时使用非对称 ECDSA 签名算法对服务端的公钥进行签名，客户端通过验签操作可有效防止中间人攻击。HTTPS（TLS/1.3 版）的握手过程就是使用的 ECDHE 算法，客户端与服务端的密钥协商流程如图 6-3 所示。

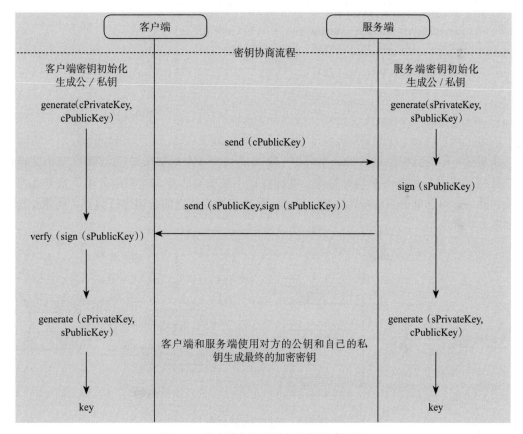

图 6-3　客户端与服务端的密钥协商流程

ECDHE 是基于椭圆曲线的密钥协商算法，本章中我们利用 OpenSSL 库中封装的椭圆曲线加密算法实现自定义的密钥协商过程。密钥协商过程中有一个重要的环节是生成用于

协商的公 / 私钥对，生成公 / 私钥的参考示例代码如下：

```
int generate_key(unsigned char **prikey, unsigned char **pubkey){
    EC_KEY *ec_key;
    int ret;
    int prikey_len;
    int pubkey_len;
    ret = init_key(&ec_key);
    prikey_len = i2d_ECPrivateKey(ec_key, NULL);
    if(0 != prikey_len){
        *prikey = calloc(prikey_len + 1, sizeof(char));
        int ret = i2d_ECPrivateKey(ec_key, prikey);
        if(0 == ret){
            EC_KEY_free(ec_key);
            return ret;
        }
    }
    pubkey_len = i2o_ECPublicKey(ec_key, NULL);
    if(0 != pubkey_len){
        *pubkey = calloc(pubkey_len + 1, sizeof(char));
        ret = i2o_ECPublicKey(ec_key, pubkey);
        if(0 == ret){
            EC_KEY_free(ec_key);
            return ret;
        }
    }
}
```

生成公 / 私钥后就要进入另一个环节——密钥协商（密钥交换），只要确保密钥交换过程中任何一方的公钥都不被劫持替换，就能保证不被中间人攻击。对服务端下发到客户端的公钥使用非对称的 ECDSA 算法进行签名，客户端使用预埋的公钥进行验签，具体校验流程如图 6-4 所示。

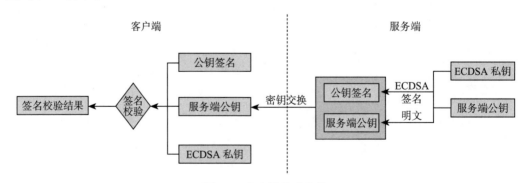

图 6-4　客户端校验流程

密钥交换过程中客户端校验签名的示例代码如下：

```
int ecdsa_verify(unsigned char *server_pubkey, unsigned char *server_pubkey_
```

```
    sign, EC_KEY *ecdsa_pubkey) {
    ECDSA_SIG* ecdsa_sign = d2i_ECDSA_SIG(NULL, (const unsigned char **)&server_
        pubkey_sign, strlen(server_pubkey_sign));
    if(ecdsa_sign == NULL){
        return -1;
    }
    ret = ECDSA_do_verify(server_pubkey, strlen((const char *)server_pubkey),
        ecdsa_sign, ecdsa_pubkey);
    if(1 != ret) {
        ECDSA_SIG_free(ecdsa_sign);
        return -1;
    }
    ECDSA_SIG_free(ecdsa_sign);
    return 1;
}
```

　　密钥协商过程中最重要的环节就是客户端和服务端各自用自己的私钥和接收到的对方的公钥计算出通信加密时所用的密钥，核心示例代码如下：

```
unsigned char* generate_secret_key(unsigned char *server_pubkey, unsigned char
    *client_prikey){
    EC_KEY* ec_prikey = d2i_ECPrivateKey(NULL, (const unsigned char **)&client_
        prikey, strlen(client_prikey));
    if(ec_key_pri == NULL){
        return NULL;
    }
    EC_KEY* ec_pubkey = o2i_ECPublicKey(ec_pubkey, (const unsigned char **)
        &server_pubkey, strlen(server_pubkey));
    if(ec_pubkey == NULL){
        return NULL;
    }
    EC_POINT* ec_point = (EC_POINT *)EC_KEY_get0_public_key(ec_pubkey);
    if(ec_point == NULL){
        return NULL;
    }
    unsigned char *secret_key = OPENSSL_malloc(48);
    int ret = ECDH_compute_key(secret_key, 48, ec_point, ec_prikey, NULL);
    if(ret < 0) {
        free(secret_key);
        EC_KEY_free(ec_pubkey);
        EC_KEY_free(ec_prikey);
        return NULL;
    }
    EC_KEY_free(ec_pubkey);
    EC_KEY_free(ec_prikey);
    return secret_key;
}
```

　　使用的密钥协商算法生成密钥后，就面临一个新问题：生成的密钥要怎么存储。对此，可在密钥生成后对它进行简单的移位变形处理并存储在应用的数据目录中。各用户通过密钥协商方式生成的密钥是独立的。每个用户都拥有自己唯一的密钥，即使泄露也不会影响其他用户，这相对于所有用户使用同一密钥的方案来说安全性更高。

通信加密使用的加密算法为 AES，加密模式为 CBC。选用该模式是因为其破解难度高，同时符合 SSL/TLS、IPSec 安全协议的标准。协商得到的密钥可以通过一系列的字符串变换转换为 AES 加密算法可直接使用的密钥（key）和初始化向量（iv），此处就不做过多介绍。AES 算法使用 OpenSSL 库封装即可，示例代码如下：

```c
char* aes_encrypt(unsigned char *plaintext,   unsigned char*key, unsigned char
    *iv) {
    EVP_CIPHER_CTX *ctx = EVP_CIPHER_CTX_new();
    char* ciphertext = calloc(strlen(plaintext) + 1,sizeof(char));
    int len;

    if(1 != EVP_EncryptInit_ex(ctx, EVP_aes_256_cbc(), NULL,key, iv)) {
        return NULL;
    }

    if(1 != EVP_EncryptUpdate(ctx, ciphertext, &len,plaintext, strlen(plaintext))) {
        return NULL;
    }
    if(1 != EVP_EncryptFinal_ex(ctx, ciphertext + len, &len)){
        return NULL;
    }
    EVP_CIPHER_CTX_free(ctx);
    return ciphertext;
}

char* aes_decrypt(unsigned char *ciphertext, unsigned char *key, unsigned char
    *iv) {
    EVP_CIPHER_CTX *ctx = EVP_CIPHER_CTX_new();
    char* plaintext = calloc(strlen(ciphertext) + 1,sizeof(char));
    int len;
    if(1 != EVP_DecryptInit_ex(ctx, EVP_aes_256_cbc(), NULL,key, iv)) {
        return NULL;
    }

    if(1 != EVP_DecryptUpdate(ctx, plaintext, &len,ciphertext, strlen(ciphertext))) {
        return NULL;
    }

    if(1 != EVP_DecryptFinal_ex(ctx, plaintext + len, &len))
{
        return NULL;
    }

    EVP_CIPHER_CTX_free(ctx);
    return plaintext;
}
```

　　密钥协商成功后客户端与服务端的通信数据全为密文数据，加密后的通信数据示例如图 6-5 所示。

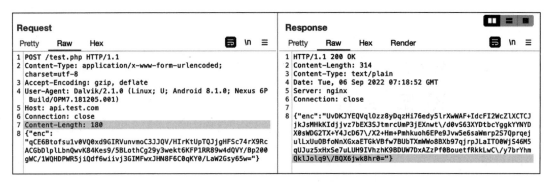

图 6-5　加密后的通信数据示例

　　通信数据全部为密文，即使攻击者成功绕过了客户端的防抓包策略，抓取到客户端与服务端的通信数据，也无法对其正常进行分析。这样攻击者就无法通过通信数据中的关键字段快速定位到客户端中相应的功能代码，在一定程度上提高了客户端的安全防护水平。

设备指纹

设备指纹是指可以用于唯一识别出该设备的设备特征或者标识。设备指纹作为对端设备风险识别的重要因素，也逐步从简单的设备 ID 发展为结合设备 ID、风险环境检测及设备行为分析等多个维度的信息来识别当前设备 ID 的真实性。对于企业来说，保证设备指纹的稳定性是风控系统能力建设中的重要一环。设备指纹由设备固有的、难以篡改的、唯一的设备参数生成。设备指纹通常使用设备的 IMEI、设备序列号、MAC 地址、广告追踪标识等设备硬软件信息，结合服务端算法计算设备唯一 ID，保证在用户重装应用、升级系统等情况下依旧具有唯一性。

7.1 设备指纹系统

如图 7-1 所示，设备指纹并不仅要在客户端采集设备数据后生成一条设备标识字符串，还需要依靠一整套的设备指纹系统保证其唯一性和稳定性。

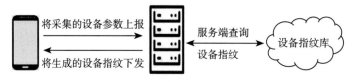

图 7-1 设备指纹系统

设备指纹系统分为两个重要模块：客户端和服务端。客户端负责采集设备的特征属性，将采集的原始设备数据隐藏到设备本地一份，同时上传到服务端一份。服务端接收客户端上传的原始设备数据，使用设备参数查询设备库。如果设备指纹库中已有该设备的设备指纹则直接将其下发到客户端，如果设备库中未查询到该设备指纹，则通过设备指纹算法生成唯一标识设备的设备指纹，并将其下发到客户端。

7.2 设备数据采集

稳定性和唯一性是设备指纹所必需的特性，因此生成设备指纹所选择的设备参数也需要具有这两个特性。Android 设备中比较稳定的设备参数如表 7-1 所示。

表 7-1　Android 设备中比较稳定的设备参数

字段名称	字段含义	特性
imei/meid	国际移动设备识别码	相同厂商的同型号设备存在小概率发生号码碰撞问题
model	设备型号	对于相同厂商的同型号设备，该参数值相同
screen	屏幕真实分辨率	对于相同厂商的同型号设备，该参数值相同
memory	手机内存大小	对于相同厂商的同型号设备，该参数值相同
serialno	设备序列号	从 Android 11 开始，需要申请相应权限，同型号设备存在小概率发生号码碰撞问题
drmuid	数字版权相关串号	不需要申请相应权限，高版本系统存在同一个设备中每个应用获取的值不相同的情况
oaid	移动联盟设备唯一标识	仅能获取加入移动联盟厂商的设备的 oaid
cid	SD 卡的序列号	不需要申请相应权限，存在获取失败的情况
android_id	设备的唯一识别码	不需要申请相应权限，同型号设备存在小概率发生号码碰撞问题
mac	设备网卡的 MAC 地址	需要申请相应权限，高版本系统可能随机返回虚假 MAC 地址

iOS 设备中比较稳定的设备参数如表 7-2 所示。

表 7-2　iOS 设备中比较稳定的设备参数

字段名称	字段含义	特性
idfa	广告标识符	如果用户还原位置与隐私，那该广告标识符就会重新生成
idfv	供应商标识符	如果供应商相同，则返回同一字符串；如果供应商不同，则返回不同的字符串
screen	屏幕真实分辨率	不需要申请权限，对于同型号设备，该参数值相同
memory	手机内存大小	不需要申请权限，对于同型号设备，该参数值相同
uuid	通用唯一识别码	基于当前时间、计数器（counter）和硬件标识等数据计算生成
openudid	开源设备标识	
simulateidfa	开源设备标识	

获取设备序列号 serialno 时不直接调用系统的接口，而采用反射的方式，这能解决某些系统不提供调用接口的问题。参考代码如下：

```
// 方法一
public static String getSerialno(){
    StringBuilder serial = new StringBuilder();
    try {
        if (Build.VERSION.SDK_INT > Build.VERSION_CODES.N){
            serial.append(Build.SERIAL);
        }else {
            Class<?> c = Class.forName("android.os.SystemProperties");
            Method get = c.getMethod("get", String.class);
            serial.append((String) get.invoke(c, "ro.serialno"));
        }
    } catch (Exception e) {
        serial.append(padding);
    }
    return serial.toString();
}
// 方法二
void getSerialno(char** serialno)
{
    FILE *fp;
    *serialno = (char *)calloc(128, sizeof(char));
    fp = popen("cat /sys/devices/soc0/serial_number", "r");
    fgets(*serialno, 128, fp);
    pclose(fp);
}
```

采集数字版权相关串号 drmuid 的参考代码如下：

```
public static String getDrmUid() {
    StringBuilder deviceUniqueId = new StringBuilder();
    try {
        if(Build.VERSION.SDK_INT >= 18){
            MediaDrm mediaDrm = new MediaDrm(new UUID(-1301668207276963122L,
                -6645017420763422227L));
            if (mediaDrm != null){
                @SuppressLint("WrongConstant")
                byte[]  ret = mediaDrm.getPropertyByteArray("deviceUniqueId");
                if(ret != null) {
                    deviceUniqueId.append(MBase64.encode(ret));
                }
                mediaDrm.release();
            }
        }
    } catch (Exception e) {
        deviceUniqueId.append(exceptError);
    }
    return deviceUniqueId.toString();
}
```

获取 SD 卡的序列号 cid 的参考代码如下：

```java
public static String getSDcardCid(Context context) {
    StringBuilder cid = new StringBuilder();
    String path1 = "/sys/block/mmcblk0/source.device/type";
    try {
        String path_cid = null;
        File mFile = new File(path1);
        FileReader mFileReader = new FileReader(path1);
        BufferedReader mBufferedReader = new BufferedReader( mFileReader);
        if (mBufferedReader.readLine().toLowerCase().contentEquals("mmc")) {
            path_cid = "/sys/block/mmcblk0/source.device/";
            FileReader mFileReader2 = new FileReader(path_cid + "cid"); // NAND ID
            BufferedReader mBufferedReader2 = new BufferedReader(mFileReader2);
            cid.append(mBufferedReader2.readLine());
            mFileReader2.close();
            mBufferedReader2.close();
            return cid.toString();
        }
        mFileReader.close();
        mBufferedReader.close();
    } catch (Exception e) {
        e.printStackTrace();
    }
    return cid.toString();
}
```

获取网卡地址 mac 的方式比较多，此处介绍两个常用方式。参考代码如下：

```java
// 参考代码一
String getMACAddress(Context context) {
    String macaddr;
    Enumeration<NetworkInterface> interfaces = NetworkInterface.getNetworkInterfaces();
    while (interfaces.hasMoreElements()) {
        NetworkInterface net = interfaces.nextElement();
        byte[] addr = net.getHardwareAddress();
        if (addr == null || addr.length == 0) {
            continue;
        }
        StringBuilder buf = new StringBuilder();
        for (byte b : addr) {
            buf.append(String.format("%02x:", b));
        }
        if (buf.length() > 0) {
            buf.deleteCharAt(buf.length() - 1);
        }
        if (net.getName().equals("wlan0")) {
            macaddr = buf.toString();
            break;
        }
    }
    return macaddr;
}
```

```
// 参考代码二
String getMacAddress() {
    String macAddr;
    InetAddress ip = getLocalInetAddress();
    byte[] b = NetworkInterface.getByInetAddress(ip).getHardwareAddress();
    StringBuffer buffer = new StringBuffer();
    int count = 0;
    for (int i = 0; i < b.length; i++) {
        if (i != 0) {
            buffer.append(':');
            count++;
        }
        String str = Integer.toHexString(b[i] & 0xFF);
        buffer.append(str.length() == 1 ? 0 + str : str);
    }
    if (count != 0) {
        macAddr = buffer.toString().toUpperCase();
    }

    return macAddr;
}
```

> 注意 还可通过 Netlink 的方式获取 MAC 地址，但过程烦琐，不单独对该方式进行讲解。

获取开源设备标识 OpenUDID 和 SimulateIDFA 需要引入开源的代码，参考代码如下：

```
// 获取 OpenUDID
#import "OpenUDID.h"
NSString *openUDID = [OpenUDID value];

// 获取 SimulateIDFA
#import "SimulateIDFA.h"
NSString *simulateIDFA = [SimulateIDFA createSimulateIDFA];
```

客户端采集的设备数据直接决定了生成的设备指纹是否稳定和唯一有效，所以必须保证数据上报到服务端过程的安全性。为防止受到中间人攻击或数据被替换，需要使用一整套加密和校验逻辑保证数据传输的安全。图 7-2 是一套完整的数据传输校验逻辑。

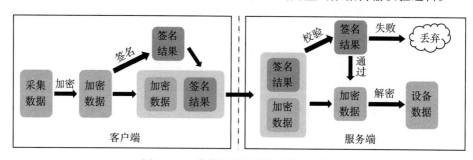

图 7-2　一套完整的数据传输校验逻辑

客户端部分主要有 3 个处理流程：首先，使用 AES 加密算法将采集的设备数据进行整体加密；然后，结合当前用户的 SESSIONID 计算一个签名；最后，将加密后的设备数据和计算出的校验值进行拼接（两部分数据可以用 "." 号分割），整体使用 BASE 64 编码上传至服务端，具体流程如图 7-3 所示。

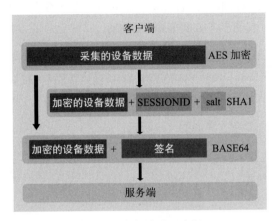

图 7-3　客户端处理流程

注：salt 是一种增强密码存储安全的技术。

如图 7-4 所示，服务端的处理流程和客户端相对应，也有 3 个流程：首先，服务端接收数据以后进行解析拆分，取出加密后的设备数据和客户端计算的签名；然后，利用当前用户 ID 查询服务端存储的 SESSIONID，使用和客户端相同的签名算法计算出签名；最后，对比服务端的计算签名和客户端上报的签名是否一致，如果一致则正常对上报的数据进行解密，否则将上报的数据丢弃。

图 7-4　服务端处理流程

使用该传输流程可以有效保证数据在传输过程中的安全，通过签名的方式将采集的数据与当前用户强绑定，可以降低传输中数据被替换的风险。

7.3 设备指纹生成

为了保证设备指纹的稳定性，每次使用固定算法生成设备指纹时相关字段的拼接顺序要保持一致，不能随机更换。如果对生成设备指纹所需的设备参数获取失败或获取的为无效值，则使用空字符串替换该值，我们将新生成的设备指纹命名为 SUID。

Android 设备指纹生成的参考方案如图 7-5 所示。

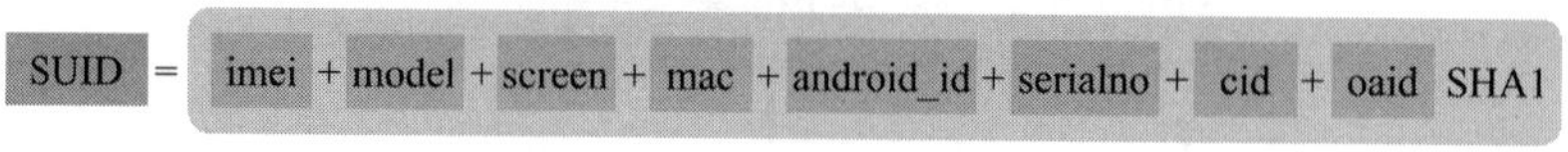

$$SUID = imei + model + screen + mac + android\_id + serialno + cid + oaid \quad SHA1$$

图 7-5 Android 设备指纹生成

iOS 设备指纹生成的参考方案如图 7-6 所示。

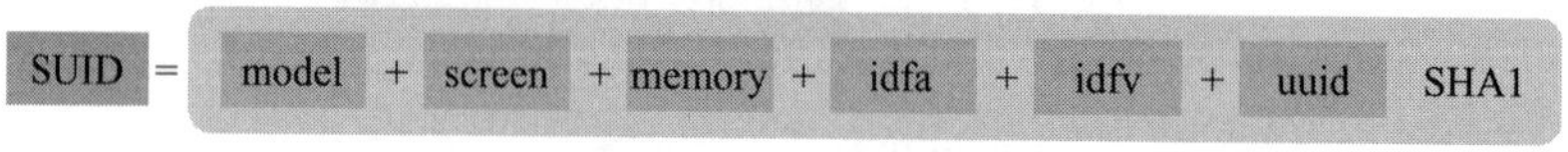

$$SUID = model + screen + memory + idfa + idfv + uuid \quad SHA1$$

图 7-6 iOS 设备指纹生成

为了在服务端保证设备指纹的稳定性，要将新生成的设备指纹和生成设备指纹时所用的核心设备特征逐个建立映射关系，形成多维度的映射关系存储矩阵。这样才能确保在部分设备特征变动后设备指纹的稳定性和唯一性。

Android 设备指纹的映射关系存储矩阵的数据表格式可参考表 7-3。

表 7-3 Android 设备指纹的映射关系存储矩阵

表名	主键	SUID	屏幕分辨率	设备型号	手机内存	字段一	字段二	字段三	字段四	字段五	字段六
OAID 表	oaid	suid	screen	model	memory	imei	serialno	drmuid	sdcard_cid	android_id	mac
IMEI 表	imei	suid	screen	model	memory	serialno	drmuid	cid	android_id	mac	oaid
Serialno 表	serialno	suid	screen	model	memory	imei	drmuid	cid	android_id	mac	oaid
DRMUID 表	drmuid	suid	screen	model	memory	serialno	imei	cid	android_id	mac	oaid
CID 表	cid	suid	screen	model	memory	serialno	drmuid	imei	android_id	mac	oaid
Android ID 表	android_id	suid	screen	model	memory	serialno	drmuid	cid	imei	mac	oaid

iOS 设备指纹的映射关系存储矩阵的数据表格式可参考表 7-4。

表 7-4 iOS 设备指纹的映射关系存储矩阵

表名	主键	SUID	屏幕分辨率	设备型号	手机内存	字段一	字段二
IDFA 表	idfa	suid	screen	model	memory	idfv	uuid
IDFV 表	idfv	suid	screen	model	memory	idfa	uuid
UUID 表	uuid	suid	screen	model	memory	idfa	idfv

数据库存储矩阵的主要目的是在客户端存储的设备指纹失效或者丢失后，能够根据重新上报的设备数据查询到服务端存储的原始设备指纹，从而保证设备指纹的稳定性。对于数据库存储矩阵的具体查询方式本节不展开讲述，将会在后面介绍设备指纹的应用时详细说明。

7.4 设备指纹隐藏

设备指纹能够保证稳定性和唯一性，除了依赖服务端以外，还有一个重要的因素就是设备指纹在客户端的存储逻辑。客户端每次使用设备指纹时会首先读取本地存储的设备指纹，只有本地读取失败，才会重新请求服务端获取设备指纹，防止高频率的请求给服务端带来压力。

设备指纹存储到设备上就要涉及安全存储的问题，需要确保存储在设备上的指纹是安全的、未被篡改的。设备指纹本地处理逻辑可参考图 7-7。

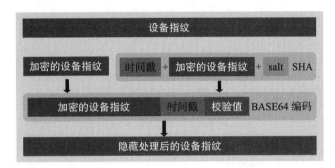

图 7-7 设备指纹本地处理逻辑

客户端接收到服务端下发的设备指纹后对其进行加密处理，同时获取当前的时间戳结合加密后的设备指纹生成用于防篡改的签名。将加密后的设备指纹、防篡改签名和生成签名时使用的时间戳整体进行 BASE64 编码。最后将处理后的设备指纹隐藏到当前设备。

设备指纹隐藏在 Android 设备和 iOS 设备略有不同。随着系统的不断更新迭代，可利用的路径越来越少。目前 Android 设备常用的隐藏路径如表 7-5 所示，iOS 设备常用的隐藏位置如表 7-6 所示。

表 7-5 Android 设备常用的隐藏路径

路径名	路径含义
/sdcard/Android/.backup/.config	在沙箱根目录创建隐藏文件
/sdcard/DCIM/.config	在相册所在目录创建隐藏文件
/sdcard/.tconfig	在 sdcard 根目录创建隐藏文件
/sdcard/.SystemConfig/.backup/.config	在 sdcard 根目录创建隐藏文件
/sdcard/Android/data/ 包名 /.backup/.config	在应用沙箱目录创建隐藏文件

表 7-6 iOS 设备常用的隐藏位置

隐藏位置	位置含义
Preferences 文件	应用的 Preference 属性设置文件
KeyChain	钥匙串，苹果公司的密码管理系统
Pasteboard	将要保护的数据隐藏在剪贴板

对于 iOS 设备，写入 Preferences 文件的示例代码如下：

```
// 写入 Preferences 文件
-(bool)setPreferencesFile:(NSString*)strValue{
    if (strValue == nil){
        return false;
    }
    NSDictionary *dict = [NSDictionary dictionaryWithObjectsAndKeys:strValue,@"t
        est", nil];
    bool ret = [dict writeToFile:@"/private/var/mobile/Library/Preferences/com.
        apple.lockdownwd.plist" atomically:true];
    return ret;
}
```

写入 KeyChain 的示例代码如下：

```
-(BOOL)setKeychain:(NSString*)strKeyId :(NSString*)strValue{
    NSString *strIdentifier = @"AppIdentifier";
    KeychainItemWrapper *keychainItem = [[KeychainItemWrapper alloc]
        initWithIdentifier:@"test" accessGroup: strIdentifier];
    [keychainItem setObject:@"test2" forKey:(id)CFBridgingRelease(kSecAttrService)];
    [keychainItem setObject:strValue forKey:(id)CFBridgingRelease((__bridge CFTypeRef_
        Nullable)(strKeyId))];
    return true;
}
```

将数据隐藏至剪贴板，参考代码如下：

```
- (BOOL)setPasteboard:(NSString*)strDomain :(NSString*)strKey :(NSString*)
    strValue {
    UIPasteboard *pasteboard = [UIPasteboard pasteboardWithName:strDomain
        create:YES];
    pasteboard.persistent = YES;
    NSMutableDictionary *dic = [[NSMutableDictionary alloc] init];
    [dic setValue:strValue forKey:strKey];
    [pasteboard setData:[NSKeyedArchiver archivedDataWithRootObject:dic]
        forPasteboardType:strKey];
    return true;
}
```

7.5　设备指纹应用

设备指纹系统分为两个模块：客户端和服务端。当客户端使用设备指纹时，首先尝试通过客户端模块获取隐藏在程序目录或设备中的设备指纹。当设备中不存在隐藏的设备指纹或者隐藏设备指纹为无效值时，则尝试通过服务端获取设备指纹。设备指纹的调用逻辑如图 7-8 所示。

设备指纹系统中的客户端部分用于保证服务端将设备指纹下发到客户端后的稳定性，同时保证生成设备指纹所用特征值的稳定性。客户端每次使用设备指纹时首先要获取在设备本地隐藏的设备指纹，当设备本地没有设备指纹或设备指纹无效时，就需要请求服务端获取新的设备指纹。服务端存储了设备指纹和设备特征值的映射关系，可通过设备特征值查询到当前设备的设备指纹。当服务端查询不到当前设备特征值对应的设备指纹时，就使用上报的设备特征值重新生成新的设备指纹。这就需要保证设备特征值不会随意变化。每次获取设备特征值时都要首先读取设备中隐藏的特征值，只有无法读取到隐藏的特征值时才会重新获取。客户端部分的系统逻辑如图 7-9 所示。

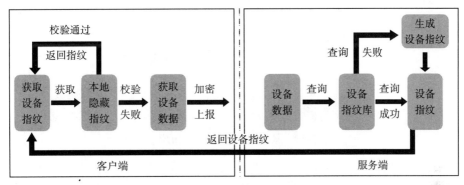

图 7-8 设备指纹的调用逻辑

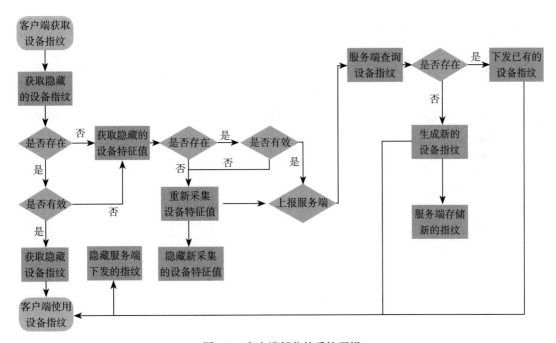

图 7-9 客户端部分的系统逻辑

服务端部分的主要作用就是生成设备指纹和保证设备指纹的稳定性。当服务端生成新的设备指纹时，除了需要存储设备指纹，还会同时存储它和设备特征值的映射关系。存储的映射关系中每条记录都会有 3 个基准设备特征值（screen、model、memory）和核心设备特征值。前面讲到 Android 设备的核心特征值为 imei、serialno、drmuid、cid、android_id、mac，iOS 设备的核心特征值为 idfv、idfa 和 uuid。服务端查询设备指纹的流程如图 7-10 所示。

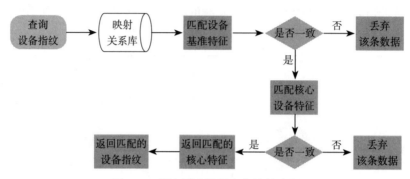

图 7-10　服务端查询设备指纹的流程

服务端的查询结果数量和核心特征数量对应，Android 设备中会得出 6 条查询结果，iOS 设备中会得出 3 条查询结果。设备指纹的稳定性就是依赖这些查询结果实现的，具体稳定规则如下。

❑ 规则一：如果所有查询结果中匹配的核心特征数量不同，则以匹配数量最多的查询结果为准，取其对应的设备指纹。

❑ 规则二：如果所有查询结果中匹配的核心特征数量相同，则按核心特征值权重等级进行筛选，取权重最高的查询结果对应的设备指纹。

❑ 规则三：如果所有查询结果都未匹配到核心特征，则认为这是一个新设备。使用上报的设备特征值为该设备生成设备指纹。

注意　Android 设备核心特征的权重等级：android_id>serialno>drmuid>mac>sdcard。
iOS 设备核心特征的权重等级：idfa>idfv>uuid。

本章所述的设备参数仅供参考。实际应用中，对于同一厂商、同一型号的设备，其传统用作设备标识的参数（如 imei、android_id）可能会发生重复，导致标识发生碰撞问题。

风险环境检测

黑灰产业者为达到刷量、薅羊毛、营销作弊等目的，会通过安装恶意软件、发起网络攻击等手段，攻击应用或移动设备。对于应用开发者来说，通过检测设备环境风险，可以提高应用和移动设备的安全性，防止应用受到攻击或者被恶意篡改。

8.1 模拟器检测

模拟器检测的本质就是特征检测，特征检测可进一步分为 3 个部分：模拟器属性特征检测、模拟器文件特征检测和模拟器特征应用检测。

（1）模拟器属性特征检测

模拟器属性特征检测即检测模拟器的特有属性。模拟器并非真实设备，其属性必然和真实设备有一定的差异，只要检测到这些差异值即可识别应用当前运行的设备是否为模拟器。下面是整理的一些主流模拟器属性值中的特征字符串：

```
virtualbox,vbox,nox,droid4x,windroy,andy_vm_custom,qemu.sf.fake_camera,ttVM,
    microvirt,ro.simulated.phone,simulated,nemud
```

遍历当前设备的所有属性值，只要结果中包含这些特征字符串，则可以认为当前应用运行在模拟器上。参考代码如下：

```
char*gplist[12]={"virtualbox","vbox86","nox","droid4x","windroy","andy_vm_custom",
    "qemu.sf.fake_camera", "ttVM","microvirt","ro.simulated.phone","simulated","
    nemud","microvirtd"};
char* buf = (char*)malloc(LENGTH*sizeof(char));
FILE *fp = popen("getprop", "r");
```

```
while (fgets(buf, LENGTH*sizeof(char), fp) != NULL)
{
    for (num = 0; num < 12; num++)
    {
        if (NULL != strcasestr(buf, gplist[num]))
        {
            buffer[count] = (char*)malloc(LENGTH*sizeof(char));
            strcpy(buffer[count], gplist[num]);
            break;
        }
    }
}
```

（2）模拟器文件特征检测

模拟器文件特征检测，就是检测当前设备的特定目录中是否存在明显属于模拟器厂商的特征文件。常用于检测的特定目录主要是这 3 个："/dev""/system/bin""/system/lib"。参考代码如下：

```
char*flist[2]={"/system/lib/libnoxd.so","/system/lib/vboxsf.ko"};
for (num = 0; num < 2; num++)
{
    if (check_file_exist(flist[num]) !=0)
    {
        buffer[count] = (char*)malloc(LENGTH*sizeof(char));
        strcpy(buffer[count], flist[num]);
        break;
    }
}
```

有些模拟器厂商为了防止被通过特征文件的方式检测出来，会定制化地修改一些与文件处理相关的函数。当使用这些函数判断模拟器中是否存在特征文件时，函数会对特征文件进行过滤操作，导致系统无法检测到特征文件是否存在。因此，在检测特征文件是否存在时可以使用多种文件检测方法进行综合判断。特征文件检测参考示例代码如下：

```
int check_file_exist(const char *filePath)
{
    // 检测方法一
    if (access(filePath, R_OK) == 0)
    {
        return 1;
    }
    // 检测方法二
    int sys_access_ret = syscall(SYS_access, filePath, F_OK);
    if (-1 != sys_access_ret)
    {
        return 1;
    }
    // 检测方法三
    struct stat statBuf;
```

```
    int statRet = stat(filePath, &statBuf);
    if (statRet == 0)
    {
        return 1;
    }
    // 检测方法四
    char *dirPath = dirname(filePath);
    char *fileName = basename(filePath);
    int cd = chdir(dirPath);
    if (cd != 0)
    {
        return -1;
    }
    if (access(fileName, R_OK) == 0)
    {
        return 1;
    }
    chdir("/");
    return -1;
}
```

（3）模拟器特征应用检测

模拟器特征应用检测是指检测目标设备上是否存在只属于模拟器厂商预装的应用。如果设备上安装了此类应用，那么就可确定当前设备为模拟器。参考示例代码如下：

```
char* pkg = "com.test.demo";
FILE* fp = popen("pm list package -3", "r");
char buffer[128];
while ((fgets(buffer, sizeof(buffer), fp)) != NULL)
{
    if (strcasestr(buffer, pkg) != NULL)
    {
        pclose(fp);
        return 1;
    }
}
```

通过上述 3 个特征检测维度，市面上的主流模拟器都能被检测出来。不过检测规则不应一成不变，需要根据模拟器的更新情况动态调整。目前针对定私有制类的模拟器没有好的检测方案，只能不断积累数据找出其规律进行识别。

8.2 设备 Root/ 越狱检测

设备中正常启动的应用程序只能以普通用户身份运行，而依靠普通用户权限无法突破系统的安全限制，只有超级管理员才能突破系统的安全限制。攻击者要想实现自己的攻击目的，就必须要拥有超级管理员的权限。要想获取超级管理员的权限，就需要对 Android

设备进行 Root 操作，或者对 iOS 设备进行越狱，其本质都是利用系统漏洞。因此，检测到设备经过 Root 或越狱操作，便可认为该设备存在安全风险，本节将介绍如何进行 Root 和越狱检测。

8.2.1 Android Root 检测

对 Android 设备进行 Root 操作时需要在系统中植入特定的可执行文件，通过植入的可执行文件可将普通用户权限提升为管理员权限。通过检测设备中是否存在这类可执行文件即可判断设备是否已经被执行 Root 操作。常见的特征文件如下：

```
char* feature[] = {"/su",
"/su/bin/su","/sbin/su","/data/local/xbin/su","/data/local/bin/su
","/data/local/su","/system/xbin/su", "/system/bin/su",
"/system/sd/xbin/su", "/system/bin/failsafe/su",
"/system/bin/cufsdosck","/system/xbin/cufsdosck",
"/system/bin/cufsmgr","/system/xbin/cufsmgr",
"/system/bin/cufaevdd", "/system/xbin/cufaevdd","/system/bin/conbb",
"/system/xbin/conbb"};
```

使用由 Java 代码编写的文件检测函数比较容易被攻击者通过 Hook 操作篡改返回结果，因此推荐使用 C/C++ 代码的函数检测特征文件是否存在。常用检测代码如下：

```
// 检测方法一
if (access(filePath, R_OK) == 0)
{
    return true;
}
// 检测方法二
struct stat statBuf;
int statRet = stat(filePath, &statBuf);
if (statRet == 0)
{
    return true;
}
// 检测方法三
long sys_access_ret = syscall(SYS_access, filePath, F_OK);
if (-1 != sys_access_ret)
{
    return true;
}
// 检测方法四
char *dirPath = dirname(filePath);
char *fileName = basename(filePath);
int cd = chdir(dirPath);
if (cd != 0)
{
    return false;
}
```

```
if (access(fileName, R_OK) == 0)
{
    return true;
}
```

专业的反 Root 检测工具可能会同时对 Java 和 C 代码的文件检测函数进行 Hook 操作。我们可以尝试直接读取相关特征文件来判断它是否存在。示例代码如下：

```
/*
返回  1 表明文件读取成功
返回 -1 表明文件读取失败
*/
int checkFileExist(const char *filePath)
{
    FILE *pfile = NULL;
    pfile = fopen(filePath, "rb");
    if (pfile == NULL)
    {
        fclose(pfile);
        return -1;
    }
    fclose(pfile);
    return 1;
}
```

目前大多数 Android 设备都是通过 Magisk 工具进行 Root 操作的。因此设备中都会安装 Magisk 进行 Root 权限管理，同时提供命令行工具。Magisk 提供了自身隐藏功能，可能无法直接检测 Magisk 是否安装。但是它提供的命令行工具无法隐藏，可通过执行 Shell 命令判断是否安装 Magisk 进而判断 Android 是否经过 Root 操作。具体参考代码如下：

```
int checkMagisk()
{
    char *buffer = (char*)calloc(26,sizeof(char));
    FILE *fp = popen("magisk --list", "r");
    char *flag =  "not found";
    while(fgets(pread_info, 25, fp) != NULL)
    {
        if (strstr(pread_info, flag) != NULL)
        {
            free(buffer);
            pclose(fp);
            return -1;
        }
        memset(buffer, 0, 26);
    }
    free(buffer);
    pclose(fp);
    return 1;
}
```

8.2.2 iOS 越狱检测

iOS 设备越狱后通常都会安装越狱版应用商店 Cydia，只要检测到设备安装了该 App 便可认为该设备已经越狱。除此之外，攻击者为方便攻击常会安装一系列相关工具，通过检测设备中是否存在这类工具特征即可判断设备是否已经越狱。常见的工具特征如下：

```
NSArray *feature =
@[@"/etc/apt",@"/bin/bash",@"/var/lib/apt",@"/var/lib/cydia",@"/var/log/syslog",
@"/usr/sbin/sshd",@"/usr/bin/sshd",@"/private/var/lib/apt",@"/private/var/
lib/cydia",@"/Applications/Cydia.app",@"/private/var/tmp/cydia.log",@"/Library/
MobileSubstrate/MobileSubstrate.dylib",@"/System/Library/LaunchDaemons/com.
saurik.Cydia.Startup.plist"];
```

工具特征文件检测常用示例代码如下：

```
// 检测方法一
-(BOOL)checkFileExist
{
    NSFileManager *fm = [NSFileManager defaultManager];
    bool bRet = [fm fileExistsAtPath: @"特征文件路径"];
    if (!bRet)
    {
        return false;
    }
    return true;
}
// 检测方法二
-(BOOL) checkFileExist
{
    struct stat statData;
    if (0 == stat("特征文件路径", &statData))
    {
        return true;
    }
    return false;
}
```

检测文件存在的函数可能被攻击者执行 Hook 劫持，对此可以转变思路，直接尝试读取相关的特征文件来判断其是否存在。参考代码如下：

```
-(BOOL) checkFileExist
{
    NSString *path = @"特征文件路径";
    NSData *data =[[NSData alloc] initWithContentsOfFile:path];
    if (!data) {
        return false;
    }
    return true;
}
```

越狱后的设备通常都会安装 Cydia Substrate 框架，该框架会加载 MobileSubstrate.dylib 动态库。只要检测到设备加载的动态库列表中包含 MobileSubstrate.dylib，就表明设备已经越狱。相关检测代码如下：

```
-(BOOL) checkJailbreak
{
    uint32_t count = _dyld_image_count();
    for (uint32_t i = 0 ; i < count; ++i) {
        const char *name = _dyld_get_image_name(i);
        if (strstr(name, "MobileSubstrate.dylib")) {
            return true;
        }
    }
    return false;
}
```

攻击者为对抗越狱检测可能会将 MobileSubstrate.dylib 更名，这会导致上面提到的检测方案失效。而 MobileSubstrate.dylib 是通过 DYLD_INSERT_LIBRARIES 环境变量加载的，因此可通过检测该环境变量值进行识别。检测代码如下：

```
-(BOOL) checkJailbreak
{
    char *env = getenv("DYLD_INSERT_LIBRARIES");
    if (env) {
        return true;
    }
    return false;
}
```

8.3 函数 Hook 检测

Hook 技术是指通过技术手段强行改变程序的正常执行流程，并在其中插入其他处理逻辑的程序，其本质就是劫持函数调用。Hook 技术就是一把双刃剑，安全人员可以利用该技术快速分析定位安全问题，而攻击者也可以利用该技术进行恶意攻击。

8.3.1 Java Hook 检测

Java 层常用的 Hook 框架有 Xposed 类框架，Cydia Substrate 和 Frida。应用程序受到 Hook 劫持后会存在巨大的安全风险，因此如何检测应用程序是否被执行 Hook 操作成为安全人员的一个难题。本节将会从 3 个方向介绍如何检测 Java Hook。

Android 应用中的 Java 方法或实例被执行 Hook 操作后其属性会变更为 Native 属性。由此可通过检查目标方法的属性是否变更为 Native 属性来判断 Java 函数是否遭到了 Hook 攻击。检测代码如下：

```
public boolean checkHook(){
    try {
        Method field = Demo.class.getDeclaredMethod("test");
        if (Modifier.isNative(field.getModifiers())){
            return true;
        }else {
            return false;
        }
    } catch (Exception e) {
        e.printStackTrace();
    }
}
```

上述方法虽然可以快速判断 Java 函数是否被执行 Hook 操作，但是存在一个缺陷：攻击者可以对 isNative 函数进行 Hook 攻击以篡改其返回值，从而使检测方法失效。

分析 Android 系统的源代码发现每个 Java 函数都有一个 accessFlags 属性，该属性的值表示了当前函数的属性。当 accessFlags 的属性值为 ACC_NATIVE（对应值为 0x0100）时，表明该函数为 Native 函数，即该函数遭到 Hook 攻击。函数的 accessFlags 属性为隐藏 API，无法直接获取，可在 JNI 层通过反射的方式获取该属性值。参考代码如下：

```
jstring checkJavaHook(JNIEnv *env, jobject obj) {
    char* clazz = "android/content/Contex";
    char* method = "getPackageName";
    char* sign = "()Ljava/lang/String;";
    jclass targetClazz = env->FindClass(clazzname);
    jmethodID methodId = env->GetMethodID(clazz, method, sign);
    art::mirror_9_0::ArtMethod *artmeth = reinterpret_cast<art::mirror_9_0::
        ArtMethod *>(methodId);
    uint32_t flag = artmeth->access_flags_;
    snprintf(result, sizeof(result), "0x%08x", flag);
    return charToJstring(env, result);
}
```

JNI 层代码虽然在一定程度上可以对抗逆向分析，但是也存在缺陷。国内的手机厂商众多，每个厂商都对原生的 Android 系统进行了深度定制，导致 JNI 层检测函数无法适配于所有系统。为提高兼容性，可同样在 Java 层通过反射获取 accessFlags 属性值，参考示例代码如下：

```
public String checkJavaHook(Class cls, String methodName){
    try {
        Method method = cls.getDeclaredMethod(methodName);
        if (Build.VERSION.SDK_INT < Build.VERSION_CODES.M){
            int flag = (int) artMethod.invoke(method);
            return "0x"+String.format("%08x", flag);
        }else {
            int flag = (int) accessFlags.get(method);
            return "0x"+String.format("%08x", flag);
```

```
    }
  }catch (Exception e){
      e.printStackTrace();
  }
  return "nosupported version";
}
```

需要注意的是，对于不同版本系统的 accessFlags 属性，其所在位置可能会发生变化。在实际使用时要根据具体的系统版本进行分析确认。另外，Android 9.0 以后开始对隐藏类、方法和字段实施限制访问，即无法简单使用反射获取这些隐藏的类、方法和字段。对此，示例代码中使用了一个强大的反射库绕过对系统对隐藏类、方法和字段的访问限制，感兴趣的读者可以查看本书所附的示例代码。

8.3.2　GOT Hook 检测

动态函数库在编译时，调用的外部共享库的函数不会被直接编译进动态库中，动态库中仅保存了外部函数的调用地址。当动态库加载到内存并执行所需的外部函数时，会通过保留的外部函数地址调用共享库函数库中对应的函数。动态库中将外部函数的地址存储在 GOT 中，GOT Hook 的原理就是攻击者使用自己构造的函数替换 GOT 表中目标函数的调用地址，这样即可在动态库调用外部函数时跳转至攻击者的目标函数。

要想实现 GOT Hook 的检测，首先要先明白该过程是怎么实现的。在具体讲解 GOT Hook 实现原理之前，先了解一下动态库正常是怎么调用外部函数的。图 8-1 是一个经典的动态库调用外部函数的流程。

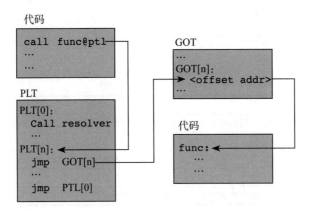

图 8-1　一个经典的动态库调用外部函数的流程

当动态库调用外部目标函数时，动态库并不是直接调用外部函数的原始函数地址，而是先经过 PLT（Procedure Link Table，过程链接表），跳转至 GOT（Global Offset Table，全局偏移表）获取目标函数的全局偏移，然后通过基地址加上目标函数偏移计算出目标函数的真实地址。目前 ARM 架构的 CPU 是不支持迟绑定（Lazy Binding）机制的，对于所有外部函数的引用，在动态库链接时已经将偏移地址填充至 GOT 中，不需要在函数第一次触发调用时使用 _dl_runtime_resolve 函数获取函数偏移地址并填充至 GOT 中。

通过上面讲解的动态库调用外部函数的具体流程，可知完成函数调用的最终一步是获取 GOT 中目标函数的全局偏移地址。通过偏移地址计算出函数真实地址便可以完成目标函数调用流程，本节开头已经提到 GOT Hook 就是将目标函数在 GOT 中的函数偏移地址替换成攻击者自己的函数地址，具体如图 8-2 所示。

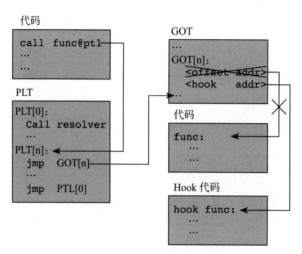

图 8-2　GOT Hook 流程

已经知道 GOT Hook 的关键是替换 GOT 中的函数偏移地址，那这就面临一个难点：怎么确认 GOT 中的函数地址是要替换的目标函数。这个问题能够解决多亏 ELF 文件格式的设计。设计 ELF 文件格式的初衷是可以定位函数的地址信息都存入指定的节表中，本节主要用到的节表如表 8-1 所示。

表 8-1　常用指定节表

节表名	节表用处
.dynsym	动态符号表，包含动态库中所有符号的信息，如函数名、变量名等
.dynstr	字符串表，包含用于动态链接的字符串，一般是与符号表相关的名字
.hash	哈希表，包含符号表中的所有 Hash 值，可通过此表快速查找目标函数名
.rela.plt	重定位表，包含 PLT 中 RELA 类型的动态库重定向信息
.rela.dyn	重定位表，包含除 PLT 以外的 RELA 类型的动态库重定向信息

解析目标 SO 获取 .hash 的内容，遍历符号表中的索引，结合 .dynsym 和 .dynstr 判断目标函数是否存在。核心代码如下：

```
Elf_Sym *find = nullptr;
uint32_t hash = elf_hash((const uint8_t *) target_func);
auto *dynsym = reinterpret_cast<Elf_Sym *>(lib_base +p_Elf_Rel_Dyn.sym_tab_offset);
char *dynstr = reinterpret_cast<char *>(lib_base +p_Elf_Rel_Dyn.str_tab_offset);
```

```
for (uint32_t i = p_Elf_Hash.buckets[hash %p_Elf_Hash.buckets_cnt]; 0 != i; i =
    p_Elf_Hash.chains[i])
{
    Elf_Sym *tmp_sym = dynsym + i;
    unsigned char type = ELF_ST_TYPE(tmp_sym->st_info);
    if (STT_FUNC != type && STT_GNU_IFUNC != type && STT_NOTYPE != type)
    {
        continue;
    }
    if (0 == strcmp(reinterpret_cast<const char *>(dynstr + tmp_sym->st_name),
        target_func))
    {
        find = tmp_sym;
        break;
    }
}
```

确定目标函数存在后，遍历 .rela.plt 和 .rela.dyn 获取目标函数的偏移地址，核心代码如下：

```
uintptr_t real_addr;
auto * rela_plt =  reinterpret_cast<Elf_Rela *>(lib_base +p_Elf_Rel_Dyn.rela_
    plt_offset);
for (int i = 0; i < p_Elf_Rel_Dyn.rela_plt_size; i++)
{
    if (&(dynsym[ELF_R_SYM(rela_plt[i].r_info)]) == target && ELF_R_TYPE(rela_
        plt[i].r_info) == ELF_R_JUMP_SLOT)
    {
        real_addr = lib_base+rela_plt[i].r_offset;
    }
}
auto * rela_dyn =  reinterpret_cast<Elf_Rela *>(lib_base + p_Elf_Rel_Dyn.rela_
    dyn_offset);
for (int i = 0; i < p_Elf_Rel_Dyn.rela_dyn_size; i++)
{
    if (&(dynsym[ELF_R_SYM(rela_dyn[i].r_info)]) == target && (ELF_R_TYPE(rela_
        dyn[i].r_info) == ELF_R_ABS || ELF_R_TYPE(rela_dyn[i].r_info) == ELF_R_
        GLOB_DAT))
    {
        real_addr = lib_base+rela_dyn[i].r_offset;
    }
}
```

GOT Hook 就是使用伪造的函数地址替换目标函数的地址。此时已经通过 GOT 获取了目标函数在内存中的地址，只需要将目标函数原始的地址和从内存中获取的目标函数地址进行对比，如果两者不一致，就说明目标函数已经受到了 GOT Hook 攻击。获取目标函数原始调用地址并和真实调用地址进行对比的参考代码如下：

```
void *handle = dlopen("目标函数所在共享库路径", RTLD_LAZY);
```

```
p_orifunc = (uintptr_t) dlsym(handle, func_name);
if(p_orifunc != *(uintptr_t *) (real_addr))
{
    LOGE("%s has been hooked!", func_name);
}
```

8.3.3 Inline Hook 检测

程序代码在编译时，编译器会将代码转换为机器指令存储在可执行文件中。程序运行时，处理器会按照预先设定的顺序执行代码。但是 Inline Hook 技术可以在程序运行时修改程序的执行流程，从而实现对程序的控制和调试等。

Inline Hook 也叫作"内部跳转 Hook"，其原理是通过将目标函数的头部指令替换为跳转指令，改变原函数的执行流程。原函数执行到被替换的指令位置时会强制跳转至伪造的函数中执行，伪造的函数通常会保留原函数的调用地址，以便伪造函数执行完毕以后跳转回原函数继续执行。Inline Hook 与 GOT Hook 相比，具有更广泛的适用性，几乎可以对任何函数执行 Hook 操作。图 8-3 是 Inline Hook 的实现流程示例图。

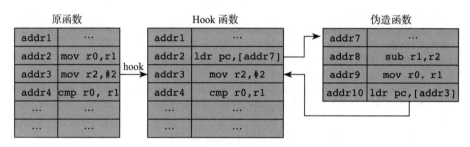

图 8-3 Inline Hook 流程

明白了 Inline Hook 的实现原理，检测思路也就清晰了。要实现 Inline Hook 必然要对函数的代码指令进行改动，只要能识别函数的头部指令是否变动，就能判断其是否被执行 Hook 操作。程序的代码都存储在 .text 段中，程序编译时默认开启 -fPIC，即地址无关代码功能，此配置让 .text 段在程序加载到内存前后不会产生变化。最终，总结检测 Inline Hook 的基本思路如下。

①获取待检测的目标文件，分析目标文件中的函数符号表。

②枚举函数表中的每个函数，并获取目标函数地址。

③获取文件中目标函数头部的机器指令序列。

④获取目标函数在内存中的机器指令序列。

⑤对比步骤③和④中获取的机器指令序列，最终得出 Inline Hook 检测结果。

首先，通过解析目标文件获取符号表信息，为后续获得目标函数地址做准备。获取符号表示例代码如下：

```
void InlineHook::initSectionPtrs(void * p_base)
```

```
{
    p_shstrtab = ((char *)p_base + p_Elf_Shdr[p_Elf_Ehdr->e_shstrndx].sh_offset);;
    int sh_num = p_Elf_Ehdr->e_shnum;
    for(int indx = 0; indx < sh_num; ++indx)
    {
        switch (p_Elf_Shdr[indx].sh_type)
        {
            case SHT_DYNSYM:
            {
                p_Elf_Sym_Dynsym = reinterpret_cast<Elf_Sym *>((char *) p_base +
                    p_Elf_Shdr[indx].sh_offset);
                dynsym_item_count = p_Elf_Shdr[indx].sh_size / p_Elf_Shdr[indx].
                    sh_entsize;
                break;
            }
            case SHT_STRTAB:
            {
                char *name = p_shstrtab + p_Elf_Shdr[indx].sh_name;
                char *table = ((char *) p_base + p_Elf_Shdr[indx].sh_offset);
                if (strcmp(name, ".dynstr") == 0)
                {
                    p_dynstr = table;
                }
                break;
            }
        }
    }
}
```

然后，通过符号表获取目标函数在文件中的地址，具体代码示例如下：

```
bool findTargetFuncSym(const char* target_func, Elf_Sym & sym)
{
    bool result = false;
    for(int index = 0; index < dynsym_item_count; ++index)
    {
        //st_name == 0，表示符号没有名字，不是想要的
        if(p_Elf_Sym_Dynsym[index].st_name == 0)
        {
            continue;
        }
        const char * sys_name = p_dynstr + p_Elf_Sym_Dynsym[index].st_name;
        int type = ELF_ST_TYPE(p_Elf_Sym_Dynsym[index].st_info);
        if(strcmp(target_func, sys_name) == 0 && (type == STT_FUNC || type ==
            STT_OBJECT))
        {// 查找成功
            sym = p_Elf_Sym_Dynsym[index];
            result = true;
            break;
        }
    }
```

```
        return result;
    }
```

接下来，获取机器指令时需要区分 Thumb 指令和 ARM 指令，指令类型不同，机器码也会有差异。Thumb 指令类型的内存地址最低位为 1，而 ARM 指令类型的内存地址最低位为 0。将函数地址和 0x00000001 进行"与"运算可以判断指令类型。通过目标函数地址获取函数头部的机器指令示例代码如下：

```
char* getMachineCode(const char * target_func, Elf_Sym* sym){
    char* file_machine_code = (char*) calloc(8,sizeof(char )); char * p_machine_
        code = nullptr;
    char * p_file = static_cast<char *>(base_addr);
    if(sym->st_value & 0x00000001){    // 检测 Thumb 指令
        p_machine_code = p_file + (sym->st_value - 1);
    }else{
        p_machine_code = p_file + sym->st_value;
    }
    if(8 > sym->st_size){
        memcpy(file_machine_code, p_machine_code, sym->st_size);
    }else{
        memcpy(file_machine_code, p_machine_code, 8);
    }
    return file_machine_code;
}
```

获取当前目标函数在内存中的地址，并通过内存地址获取机器码。此处需要注意，在 Android 10 及以后版本的系统中代码段是不可读的，需要将其属性修改为可读后读取，示例代码如下：

```
intptr_t p_func_address = reinterpret_cast<intptr_t>(dlsym(lib_handle, target_
    func));
// Android 10 及以后版本的系统中代码段不可读，修改为可读
if(system_version >= 10){
    intptr_t start = PAGE_START(p_func_address);
    mprotect(reinterpret_cast<void *>(start), static_cast<size_t>(getpagesize()),
        PROT_READ | PROT_EXEC);
}
if(p_func_address & 0x00000001){ // 检测 thumb 指令
    memcpy(mem_machine_code, (char *)(p_func_address - 1), 8);
}else{
    memcpy(mem_machine_code, (char *)p_func_address, 8);
}
```

为了增强可读性，可以将机器指令转化为十六进制字符串，判断目标函数是否受到 Inline Hook 攻击。具体示例代码如下：

```
string changeCodeToHex(const char * input, int len)
{
    string hex_code;
```

```
for(int i = 0; i < len; ++i)
{
    char buffer[10] = {0};
    sprintf(buffer,"%02X ", input[i]);
    hex_code.append(buffer);
}
return hex_code;
}
string hex_code_file = changeCodeToHex(file_machine_code, 8);
string hex_code_mem = changeCodeToHex(mem_machine_code, 8);
if (hex_code_of_file == hex_code_of_mem){
    LOGE("This func has be hooked!");
}
```

8.3.4 Swizzle Hook 检测

Swizzle Hook 是一种在 Objective-C 语言环境下使用的技术，允许开发者通过自定义的方法实现来替换现有的目标方法实现，以达到修改应用程序运行行为的目的。攻击者可以利用此技术将恶意动态库注入目标应用程序中，以此窃取敏感信息或干扰应用程序的正常运行。其攻击流程如图 8-4 所示。

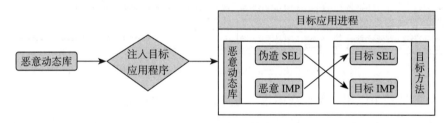

图 8-4 Swizzle Hook 流程

攻击者要想通过 Swizzle Hook 方式攻击目标应用，那么向目标应用程序中注入恶意动态库的方式是最简单高效的。此攻击方式的关键就是利用注入的动态库中的伪造方法替换目标应用程序的原方法，替换后的方法实现在注入的动态库中，而不在目标应用程序中。可以通过 dladdr 函数获取目标方法所在库的路径，通过对比方法实现路径与应用中可执行文件路径是否一致判断是否发生了 Swizzle Hook 攻击，具体代码示例如下：

```
bool checkSwizzleHook(const char* class_name,const char* method_name){
    Dl_info dl_info;
    Class cls = objc_getClass(class_name);
    SEL sel = sel_registerName(method_name);
    Method method = class_getInstanceMethod(cls, sel);
    if(!method){
        method = class_getClassMethod(cls, sel);
    }
    IMP imp = method_getImplementation(method);
    // 通过 dladdr 获取当前函数所在库的路径
    if(0==dladdr((void*)imp, &dl_info)){
```

```
        return false;
    }
    NSLog(@"%s",dl_info.dli_fname);
    // _dyld_get_image_name(0) 获取应用可执行文件的路径
    if(!strcmp(dl_info.dli_fname, _dyld_get_image_name(0))){
        return false;
    }
    return true;
}
```

在未对目标函数实施 Swizzle Hook 攻击之前，其方法实现位于应用的可执行文件内，路径示例参见图 8-5。

```
2023-02-06 18:33:53.669338+0800 CheckHook_iOS[1490:23524]
   /private/var/containers/Bundle/Application/74C4E7BC-1397-41CA-BED7-01443498B477/CheckHook_iOS.app/CheckHook_iOS
2023-02-06 18:33:53.669501+0800 CheckHook_iOS[1490:23524] Method is not hooked
```

图 8-5 实施 Swizzle Hook 之前的目标函数实现路径

对目标函数实施 Swizzle Hook 攻击后，其方法实现位于攻击者注入的恶意动态库中，路径示例参见图 8-6。

```
2023-02-06 18:34:13.153117+0800 CheckHook_iOS[1490:23770] This func has been hooked by Swizzle!!!
2023-02-06 18:34:22.042417+0800 CheckHook_iOS[1490:23524] Im the fake function!!!
2023-02-06 18:34:22.088758+0800 CheckHook_iOS[1490:23524] Hello Swizzle
2023-02-06 18:34:22.088920+0800 CheckHook_iOS[1490:23524] /Library/MobileSubstrate/DynamicLibraries/SwizzleHook.dylib
2023-02-06 18:34:22.088994+0800 CheckHook_iOS[1490:23524] Method is hooked
```

图 8-6 实施 Swizzle Hook 之后的目标函数实现路径

真实业务场景中应用会集成众多第三方库，这些库中可能会存在 Swizzle Hook 行为。此类行为多数是为了进行数据收集和统计，不属于攻击行为。因此在检测时需要对此类第三方库的路径建立白名单进行过滤，参考示例代码如下：

```
bool checkSwizzleHook(const char* class_name,const char* method_name){
    Dl_info dl_info;
    Class cls = objc_getClass(class_name);
    SEL sel = sel_registerName(method_name);
    Method method = class_getInstanceMethod(cls, sel);
    if(!method){
        method = class_getClassMethod(cls, sel);
    }
    IMP imp = method_getImplementation(method);
    // 通过 dladdr 获取当前函数所在库的路径
    if(0==dladdr((void*)imp, &dl_info)){
        return false;
    }
    NSLog(@"%s",dl_info.dli_fname);
    char* white_lib_path="/private/var/containers/Bundle/Application";
    if(!strncmp(dl_info.dli_fname, white_lib_path, strlen(white_lib_path))){
        return false;
    }
```

```
// _dyld_get_image_name(0) 获取应用可执行文件的路径
if(!strcmp(dl_info.dli_fname, _dyld_get_image_name(0))){
    return false;
}
return true;
}
```

8.3.5　Fishhook 检测

Fishhook 是一种基于符号绑定机制设计的 Hook 工具，其效果类似于 GOT Hook。Fishhook 利用 Mach-O 文件中的 Lazy Symbol 和 Non-Lazy Symbol 查找目标函数地址并利用伪造的函数地址进行替换以实现对目标函数的 Hook 操作。攻击者可以将恶意动态库注入目标应用进程中，一旦这个动态库在目标进程中加载，就能完成对目标函数的 Hook 操作。其攻击流程如图 8-7 所示。

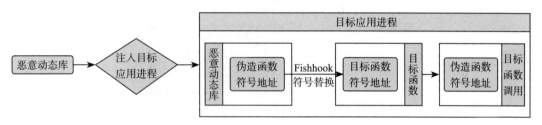

图 8-7　Fishhook 流程

Fishhook 使用 rebind_symbols 函数修改 Mach-O 可执行文件的符号表，将目标函数原有的指针指向伪造函数，从而实现对目标函数的 Hook 篡改。因此只要检查目标函数指针指向的地址与真实的函数地址是否一致，便可以判断函数是否被执行 Hook 操作，具体示例代码如下：

```
bool checkHook(){
    //  获取程序中真实使用的函数地址
    void *original_implementation = (void *)&open;
    // 获取函数在库中的原始实现地址
    void *lib_function_address = dlsym(RTLD_DEFAULT, "open");
    // 判断原始函数指针是否被修改
    if (lib_function_address != original_implementation){
        // 函数被执行 Hook 操作
        return true;
    } else {
        // 函数未被执行 Hook 操作
        return false;
    }
    return false;
}
```

代码中通过 dlsym 函数直接获取目标函数在共享库中的真实地址，然后获取目标函数在运行时的真实调用地址，通过对比两者实现 Hook 检测。

8.3.6 Substrate Hook 检测

Substrate Hook 是一种利用 Cydia Substrate 框架实现的 Hook 技术，其底层采用了 Inline Hook 和 Swizzle Hook 技术。Swizzle Hook 检测方案之前已经介绍过，此处不再进行讲解，重点介绍基于 Inline Hook 方式的 Substrate Hook 检测方案。Cydia Substrate 会在目标程序运行时注入由攻击者编写的代码模块，以替换掉目标函数开头的一段代码，从而实现对程序执行流程的修改。其攻击流程如图 8-8 所示。

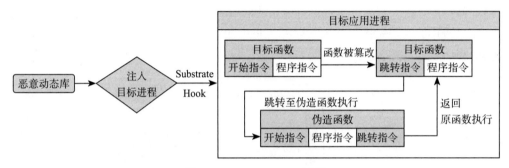

图 8-8　Substrate Hook 流程

通过分析其 Inline Hook 的原理可知，实现 Hook 操作的最重要步骤是将目标函数的开始指令修改为跳转指令，使程序跳转至伪造的函数中执行。检测函数开始的指令是否被替换成跳转指令，就可以判断它是否被执行 Hook 操作，检测代码示例如下：

```
bool checkMSHook(void* method_name){
    /*
    ARMv7 跳转指令
    df f8 00 f0 21 a3 59 00  c0 46 d0 f8 00 c0 bc f1
    ARM64 跳转指令
    50 00 00 58 00 02 1f d6  40 00 f0 7f 01 00 00 00
    */
    const unsigned char ins_armv7[] = {0xdf, 0xf8, 0x00, 0xf0, 0x21, 0xa3, 0x59,
        0x00, 0xc0, 0x46, 0xd0, 0xf8, 0x00, 0xc0, 0xbc, 0xf1};
    const unsigned char ins_arm64[] = {0x50, 0x00, 0x00, 0x58, 0x00, 0x02, 0x1f,
        0xd6, 0x40, 0x00, 0xf0, 0x7f, 0x01, 0x00, 0x00, 0x00};
    unsigned char *start_ins = (unsigned char*) method_name;
    if (start_ins) {
        //ARM64
        if (memcmp(start_ins, ins_arm64, 16) == 0) {
            return true;
        }
        //ARMv7
        if (memcmp(start_ins, ins_armv7, 16) == 0) {
            return true;
        }
    }
```

```
    }
    return false;
}
```

代码中读取函数开头的机器指令，并将其与跳转指令对应的机器码进行比对，如果一致，则说明函数被执行 Hook 操作。注意：示例代码是以通用跳转指令为例进行演示的，如果使用 Dobby（原 Hookzz）或其他特定的 Inline Hook 框架，则需要获取针对该框架的跳转指令机器码进行对比。

8.4　设备状态检测

8.4.1　调试状态检测

开发者发布应用时，为了保护应用的安全，防止被黑客攻击，通常会将应用的调试属性 android:debuggable 设置为 false，以保证发布的应用无法被攻击者实施动态调试分析。然而，事实上 Android 系统中存在一个可将已安装的应用程序设置为可调试状态的属性——ro.debuggable。只需要将该属性值置为 1，系统中安装的应用便可被调试器挂起调试。

该属性值默认为 0，在普通用户权限下无法被修改，因此只要此属性值为 1，就可以认为应用在此设备上运行存在安全风险。检测代码示例如下：

```
// 方法一
int checkPhoneDebugstate()
{
    FILE *fp = NULL;
    char *buf = (char *)malloc(MAX * sizeof(char)+1);
    int flag = 0;
    memset(buf, 0, MAX * sizeof(char));
    fp = fopen("/default.prop", "r");
    while (fgets(buf, MAX * sizeof(char), fp) != NULL){
        if (strstr(buf, "ro.debuggable=1") != NULL){
            flag = 1;
        }
    }
    free(buf);
    fclose(fp);
    return flag;
}
// 方法二
int checkPhoneDebugstate(){
    int debug = 0;
    char* result = (char*)calloc(12, sizeof(char));
    int ret = __system_property_get("ro.debuggable", result);
    if (ret > 0){
        if (strcasestr(result, "1") != NULL){
```

```
        debug =1;
    }
}
free(result);
return debug;
}
```

需要注意的是该属性值仅存在于 Android 系统中，iOS 系统中无类似的属性值。因此，无法使用此方法对 iOS 设备进行调试状态检测。

8.4.2　VPN 状态检测

设备开启 VPN 服务后，设备的 IP 地址通常会更改为 VPN 服务器的 IP 地址。攻击者为了隐藏自己的真实 IP 地址，通常会在设备上开启 VPN 使用虚假 IP 地址进行网络访问。除此之外，攻击者还可以在移动设备中安装中间代理 App，通过创建一个虚拟 VPN 接口来将移动设备的网络流量导向代理 App，从而对网络通信数据进行抓包分析。

因此，只要监测到设备启动了 VPN 服务，就可以判断设备中的 App 都运行在风险环境中。Android 设备中检测 VPN 服务是否启动的示例代码如下：

```java
public static boolean isVpnUsed() {
    boolean result = false;
    try {
        Enumeration<NetworkInterface> interfaces = NetworkInterface.getNetworkInterfaces();
        while (interfaces.hasMoreElements()) {
            NetworkInterface mNetworkInterface = (NetworkInterface) interfaces.
                nextElement();
            if (!mNetworkInterface.isUp() || mNetworkInterface.getInterfaceAddresses().
                size() == 0) {
                continue;
            }
            // 如果满足条件，则是开启了 VPN 服务
            if ("tun0".equals(mNetworkInterface.getName()) || "ppp0".equals
                (mNetworkInterface.getName())) {
                result = true;
                break;
            }
        }

    } catch (Throwable e) {
        e.printStackTrace();
    }
    return result;
}
```

iOS 设备中检测 VPN 服务是否启动的示例代码如下：

```objc
-(bool)isVpnUsed{
    BOOL result = NO;
```

```
    NSString *version = [UIDevice currentDevice].systemVersion;
    if (version.doubleValue >= 9.0){
        NSDictionary *dict = CFBridgingRelease(CFNetworkCopySystemProxySettin
            gs());
        NSArray *keys = [dict[@"__SCOPED__"] allKeys];
        for (NSString *key in keys) {
            if ([key rangeOfString:@"tap"].location != NSNotFound ||
                [key rangeOfString:@"tun"].location != NSNotFound ||
                [key rangeOfString:@"ipsec"].location != NSNotFound ||
                [key rangeOfString:@"ppp"].location != NSNotFound){
                result = YES;
                break;
            }
        }
    }
    else{
        struct ifaddrs *interfaces = NULL;
        struct ifaddrs *temp_addr = NULL;
        int success = 0;
        success = getifaddrs(&interfaces);
        if (success == 0){
            temp_addr = interfaces;
            while (temp_addr != NULL){
                NSString *string = [NSString stringWithFormat:@"%s" , temp_addr-
                    >ifa_name];
                if ([string rangeOfString:@"tap"].location != NSNotFound ||
                    [string rangeOfString:@"tun"].location != NSNotFound ||
                    [string rangeOfString:@"ipsec"].location != NSNotFound ||
                    [string rangeOfString:@"ppp"].location != NSNotFound)
                {
                    result = YES;
                    break;
                }
                temp_addr = temp_addr->ifa_next;
            }
        }
        freeifaddrs(interfaces);
    }
    return result;
}
```

8.4.3 代理状态检测

6.1.1 节介绍了中间人攻击的检测逻辑，而攻击者在移动设备上可以通过设置代理的方式实现中间人攻击，代理服务器可以拦截、篡改或窃取移动设备的网络请求和响应数据。攻击者可以利用此技术篡改游戏或应用程序的网络请求和响应数据，实现作弊行为。因此，只要检测到设备设置了代理，就可以认为该设备的网络通信环境是存在安全风险的。

Android 设备中检测是否开启代理的示例代码如下：

```
public static boolean isWifiProxy(Context context) {
    final boolean IS_ICE = Build.VERSION.SDK_INT >= Build.VERSION_CODES.ICE_
        CREAM_SANDWICH;
    String proxyAddress;
    int proxyPort;
    if (IS_ICE) {
        proxyAddress = System.getProperty("http.proxyHost");
        String portStr = System.getProperty("http.proxyPort");
        proxyPort = Integer.parseInt((portStr != null ? portStr : "-1"));
    } else {
        proxyAddress = android.net.Proxy.getHost(context);
        proxyPort = android.net.Proxy.getPort(context);
    }
    return (!TextUtils.isEmpty(proxyAddress)) && (proxyPort != -1);
}
```

iOS 设备中检测是否开启代理的示例代码如下：

```
-(bool)isWifiProxy
{
    NSDictionary *proxySettings = (__bridge NSDictionary *)(CFNetworkCopySystemP
        roxySettings());
    NSArray *proxies = (__bridge NSArray *)(CFNetworkCopyProxiesForURL((__bridge
        CFURLRef _Nonnull)([NSURL URLWithString:@"http://www.baidu.com"]), (__
        bridge CFDictionaryRef _Nonnull)(proxySettings)));
    NSDictionary *settings = [proxies objectAtIndex:0];
    if ([[settings objectForKey:(NSString *)kCFProxyTypeKey] isEqualToString:@"k
        CFProxyTypeNone"]) {
        return false;
    } else {
        return true;
    }
}
```

8.4.4 USB 调试状态检测

Android 设备的开发者选项中有一个 USB 调试选项。开启 USB 调试模式后，可以通过 ADB 命令对设备和设备上安装的应用进行操控，这意味着攻击者可以利用此功能访问敏感数据或执行危险操作。如果设备开启了 USB 调试，设备本身和设备上已安装的应用将存在安全风险。

Android 设备检测是否开启 USB 调试的示例代码如下：

```
boolean isUsbDebug(){
    try {
        return (Settings.Secure.getInt(Context.getContentResolver(), Settings.
            Secure.ADB_ENABLED, 0) > 0);
    } catch (Exception e) {
        e.printStackTrace();
    }
}
```

需要注意的是该属性值同样仅存在于 Android 系统中，iOS 系统中无类似的属性值。

8.4.5 充电状态检测

通过检测设备的充电状态，可以识别设备的批量控制行为，因为黑灰产人员通常会同时控制多台设备，并利用它们来进行恶意活动。通过检测这些设备的充电状态，可以发现它们是否同时处于充电状态，进而识别批量控制行为。需要注意的是，仅通过检测设备的充电状态还不足以确定是否存在批量控制行为，需要结合其他维度的指标一起判断。例如，同一个 IP 地址下的多个设备同时处于充电状态，这可能意味着黑灰产人员正在使用批量控制技术来控制这些设备。

对 Android 设备的充电状态检测示例代码如下：

```
int isCharging(){
    int charging = 0;
    char* result = (char*)calloc(12, sizeof(char));
    // midi 表示充电，mtp 表示媒体传输，ptp 表示图片传输，rndis 表示 USB 网络共享
    int ret = __system_property_get("sys.usb.state", result);
    if (ret > 0){
        if (strcasestr(result, "midi") != NULL){
            charging = 1;
        }
    }
    free(result);
    return charging;
}
```

对 iOS 设备的充电状态检测示例代码如下：

```
-(BOOL)isCharging{
    UIDevice *device = [UIDevice currentDevice];
    device.batteryMonitoringEnabled = YES;
    if (device.batteryState == UIDeviceBatteryStateCharging){
        return true;
    }
    return false;
}
```

Chapter 9 第9章

异常用户识别

异常用户识别在各个领域中都具有重要的作用，可以帮助业务负责人及时发现和处理异常行为，降低潜在的风险和损失。举例来说，在电商领域中，异常用户识别可以帮助电商平台识别出潜在的刷单、虚假交易和欺诈行为，从而避免平台和卖家的经济损失。在安全领域中，异常用户识别可以帮助安全人员识别出潜在的黑客攻击、网络钓鱼和其他安全威胁，从而及时采取措施保障用户安全。

9.1 位置篡改识别

位置篡改是指利用技术手段欺骗系统，使应用获取的用户当前位置信息不是真实的位置信息。攻击者的位置篡改行为多出现在使用定位服务的应用、移动支付、游戏等场景中，如果不及时进行识别并处理，则可能会造成财产损失或者带来安全威胁。

位置篡改通常是通过 Hook 系统获取位置信息函数，并使用伪造的位置信息替换函数的返回值来实现的。因此，可以使用之前介绍的 Hook 检测方法判断系统获取位置信息的函数是否被劫持和替换，以判断是否发生了位置篡改。但此方法对客户端侵入太多，需要进行较多改动。此处将介绍如何在不入侵客户端的情况下，在服务端通过风控规则识别位置篡改。

首先需要从用户维度进行基础数据的统计收集，用到的具体数据字段如表 9-1 所示。

表 9-1 收集数据的常用字段

字段名	字段含义
user_id	用户注册时生成的账号，可以用于唯一标识用户
device_id	设备 ID，可用于唯一标识一台设备
bssid	无线路由器的 MAC 地址，可用于唯一标识一台路由器

（续）

字段名	字段含义
net_type	网络类型，用于识别当前用户使用的是 Wi-Fi 还是移动网络
ip	获取当前用户的位置信息时，用户设备使用的公网 IP 地址
gps	获取当前用户的位置信息（经纬度信息）

以 user_id 为关键字（key），查询字段 ['ip', 'device_id', 'bssid', 'net_type', 'gps']，并按上报时间戳进行排序，然后就可以按表 9-2 中的用户异常判断规则进行识别与处理。

表 9-2　用户异常判断规则及说明

用户异常判断规则	规则说明
对于同一设备，通过相邻两次位移距离和耗时计算出位移速度。当移动速度大于 900km/h 时，该设备用户为异常用户	目前民航飞机最快的速度约为 900km/h
对于同一设备，相邻两次位移距离大于 10km，使用 Wi-Fi 网络，并且连接同一路由器，该设备用户可识别为异常用户	普通 Wi-Fi 的正常覆盖距离为 400m 左右
对于同一设备，相邻两次位移距离大于 10km，且设备使用同一个 IP 地址，该设备用户可识别为异常用户	目前已知基站覆盖最大半径约为 5km
对于同一设备，一天内位置变动次数不少于 30，且单次位移距离不小于 40km，该设备用户可识别为异常用户	自驾每天行驶的最远距离约为 1200km

除此之外还要制定用户洗白规则，防止出现一些特殊情况导致"误伤"。用户洗白规则可以参考表 9-3。

表 9-3　用户洗白规则及说明

用户洗白规则	规则说明
账号为官方账号	官方可能会针对不同地区发布不同的活动内容，因此需要根据情况调整位置信息
应用提供位置漫游服务	应用内提供位置漫游服务，购买后就可随意更改位置，需要过滤购买此类服务的用户
获取的经纬度信息异常（如 lat > 90° 或 lng > 180°）	正常经度范围为 −180° ~ 180°，正常纬度范围为 −90° ~ 90°
同一用户一天内只上报一次位置信息	黑灰产人员为获利一般会频繁更改位置信息

上述规则是一些通用规则，使用时需要结合具体的业务场景进行灵活调整。至此已经可以在不侵入客户端的情况下，在服务端通过风控规则识别进行位置篡改的异常用户了。

9.2　设备篡改识别

设备篡改是指通过技术手段伪造设备信息，使其看起来像是合法设备，以达到欺骗应用的目的。黑灰产人员常常使用设备篡改的方法来刷量、点击欺诈、安装欺诈等，以获取非法利益或满足其他非法目的。如果不及时对此进行识别并处理，则可能会给用户带来财产损失或者安全威胁。

检测设备是否篡改有两种常用方案。

（1）检测目标设备中是否安装改机软件

该方案最大的缺点是只能判断目标设备中是否安装了改机软件，无法判断是否启用了篡改功能。如果仅凭此进行篡改识别就可能会产生误报，可结合之前讲解的 Hook 检测方法进行辅助判断。Android 端检测设备是否安装改机软件的示例代码如下：

```c
int check_cheat_package(char* pkg){
    int result = 0;
    FILE* pp = popen("pm list package -3", "r");
    if(pp != NULL) {
        char buffer[128];
        while ((fgets(buffer, sizeof(buffer), pp)) != NULL){
            if (strcasestr(buffer, pkg) != NULL){
                result = 1;
                break;
            }
        }
        pclose(pp);
    }
    return result;
}
```

iOS 端检测设备是否安装改机软件的示例代码如下：

```objc
-(BOOL)checkCheatApp{
    BOOL result = false;
    NSFileManager *fm = [NSFileManager defaultManager];
    NSError *error;
    NSArray *dirs = [fm contentsOfDirectoryAtPath:@"/Applications" error:&error];
    NSMutableArray *cheats = [[NSMutableArray alloc] init];
    for (NSString *dir in dirs){
        if ([dir isEqualToString:@"NZT.app"]) {
            [cheats addObject:@"NZT"];
            result = true;
            break;
        }
    }
    return result;
}
```

（2）检测目标设备的参数信息是否异常

该方案的缺点是容易漏报，因为需要有完善的设备信息库才能判断出当前设备的参数是否和官方参数信息一致。除此之外，还可以比较设备中的同一参数值，对比通过不同方式获取的结果是否一致。例如，Android 设备中通过文件获取的 MAC 地址和通过系统函数获取的 MAC 地址是否一致。

9.3 注册异常识别

异常注册是指通过技术手段大量注册用户账号，以便进行恶意行为的手段。此行为在电商平台、社区网站、游戏平台等场景中出现得比较多。若不被及时发现和处理，将可能给平台和用户带来经济损失或安全威胁。要识别注册异常，可以从 IP 地址、App 版本、手机号码、设备和注册环境这 5 个维度入手。每个维度都可以根据不同的规则对用户账号进行威胁评分，评分越高，则表示用户异常的概率越大。

（1）IP 地址

对当前注册用户的 IP 地址及在该 IP 地址发生的历史行为进行分析，并按照威胁等级进行评分，如表 9-4 所示。

表 9-4 IP 地址评分规则及说明

IP 地址分类	规则说明	威胁分数
IDC 机房	正常用户 IP 地址不会出现在 IDC 机房	10
基站 IP 地址	移动网络 IP 地址	0
恶意 IP 地址	历史上存在恶意行为的 IP 地址	10
代理 IP 地址	代理服务器的 IP 地址	10

（2）App 版本

应用的历史版本中可能存在安全问题或者风控规则缺失风险，攻击者可能会使用历史版本的应用绕过现有安全策略。通过分析注册时的 App 版本进行威胁评分，如表 9-5 所示。

表 9-5 App 版本评分规则及说明

App 版本	版本号	威胁分数
最新版本或近半年发布的版本	以内部版本号为准	0
使用版本为半年前版本	以内部版本号为准	5
使用版本为一年前版本	以内部版本号为准	10
使用版本为两年前版本	以内部版本号为准	15

（3）手机号码

根据手机号码的类型和归属地进行威胁评分，如表 9-6 所示。

表 9-6 手机号码评分规则及说明

手机号码分类	规则说明	威胁分数
大陆手机号	正常 / 命中其他攻击标签	0/10
阿里小号	历史上存在恶意行为的 IP 地址	5/10
接码平台手机号	使用接码平台手机号	10
大陆其他虚拟手机号	正常 / 命中其他攻击标签	5/10
港澳台地区手机号	注册位置为大陆，注册手机号为港澳台地区号码	10
其他国家或地区手机号	注册位置为国内，注册手机号为国外号码	10
重复注册手机号	历史注册号码数（包含当前手机号码）大于或等于 5 / 命中其他攻击标签	5/10

（4）设备

分析用户注册时使用的设备信息，检测其是否有聚集性或者恶意账号关联，并进行威胁评分，如表 9-7 所示。

表 9-7　设备评分规则及说明

设备信息	规则说明	威胁分数
同设备重复注册	同设备注册账号数量异常	/
同 Wi-Fi 连接设备	同 Wi-Fi 连接设备数量 ≥ 10，且出现异常登录行为的设备比例 ≥ 50%（异常行为如封禁、解码号、位置篡改等）	10
App 安装数据	同设备未安装支付宝、微信、QQ、抖音、快手	5

遇到同设备重复注册的情况，细化的评分规则如表 9-8 所示。

表 9-8　同设备重复注册的评分规则及说明

注册用户数量	规则说明	威胁分数
5 ≤注册数量≤ 10	3 ≤ IP 地址数量≤注册数量	15
5 ≤注册数量≤ 10	IP 地址数量< 3 或 IP 地址数量>注册数量	10
10 <注册数量≤ 20	5 ≤ IP 地址数量≤注册数量	20
10 <注册数量≤ 20	IP 地址数量< 5 或 IP 地址数量>注册数量	15
注册数量> 20	10 ≤ IP 地址数量≤注册数量	25
注册数量> 20	IP 地址数量< 10 或 IP 地址数量>注册数量	20
关联设备异常	同设备注册账号数量 ≥ 10，且异常账号比例 ≥ 50%（异常行为如封禁、解码号、位置篡改等）	20

（5）注册环境

通过分析用户注册时的环境信息，如用户使用的网络、操作系统等信息，对注册环境进行威胁评分，如表 9-9 所示。

表 9-9　注册环境评分规则及说明

检测项	规则说明	威胁分数
is_simulator	App 运行在模拟器中	10
hook_framwork	设备安装了 Hook 框架	5
fakegps	伪造了位置信息	10
fakeapp	安装了设备修改类软件	5
root	设备是否经过 Root	5
Jailbreak	设备是否越狱	5
simstatus	设备是否安装了 SIM 卡	5
debugstate	设备开启了调试状态	5
duokai	App 使用多开软件	10
proxy	设备开启了代理	5
vpn	设备开启了 VPN	5

综合考虑每个威胁维度的评分，能够得出准确的综合威胁评分。根据这一评分，可以筛选出可能存在异常的注册用户，以降低注册异常和欺诈风险。然而，评分高低仅为参考，仍需要根据具体业务场景核实用户信息并筛选，进一步避免安全风险。在实际操作中，可以结合历史数据、专家意见和合适的算法来计算分值，识别异常注册行为。

9.4　登录异常识别

异常登录是指利用技术手段批量登录用户账号，以便进行恶意行为的手段，可能用于盗取用户信息、发布虚假信息、进行网络诈骗、发布不良信息等违法或损害用户权益的行为。识别登录异常，同样从 5 个维度入手，分别是地理位置、IP 地址、App 版本、设备和登录环境。同样需要对每个维度进行威胁评分，评分越高，则表示登录异常的概率越大。

（1）地理位置

对当前账号登录时的地理位置进行划分，并按照威胁等级进行打标签赋分。具体规则如表 9-10 所示。

表 9-10　地理位置评分规则及说明

登录地区	规则说明	威胁分数
常用地区	正常登录	0
非常用地区	命中位置篡改标签	10

（2）IP 地址

对当前登录用户的 IP 地址及在该 IP 地址发生的历史行为进行分析，并按照威胁等级进行打标签赋分。具体规则如表 9-11 所示。

表 9-11　IP 地址评分规则及说明

IP 地址分类	规则说明	威胁分数
IDC 机房	正常用户 IP 地址不会出现在 IDC 机房	10
基站 IP 地址	移动网络 IP 地址	0
恶意 IP 地址	历史上存在恶意行为的 IP 地址	10
代理 IP 地址	代理服务器的 IP 地址	10

（3）App 版本

通过分析登录时的 App 版本进行威胁评分，具体规则如表 9-12 所示。

表 9-12　App 版本评分规则及说明

App 版本	版本号	威胁分数
登录和注册行为发生在同一设备时，登录版本号小于注册时的版本号	以内部版本号为准	5
最近一个月发布的版本	以内部版本号为准	0
一个月以前发布的版本	以内部版本号为准	1（按月递增，每增加一个月，分数 +1）

 注意　根据使用版本所在月份进行评分时满分为 15 分。例如：当前使用版本为最近一个月内发布的版本，则评分为 0 分，前一个月发布的版本，评分为 1 分，依次累加。

（4）设备

通过分析用户登录时使用的设备信息，检测是否有聚集性或者恶意账号关联，并进行威胁评分，具体规则如表 9-13 所示。

表 9-13　设备评分规则及说明

设备信息	规则说明	威胁分数
同设备重复登录	同设备登录账号数量异常	/
同 Wi-Fi 连接设备	同 Wi-Fi 连接设备数量≥10，且出现异常登录行为的设备比例≥50%（异常行为如封禁、解码号、位置篡改等，具体量级可根据业务情况确定）	10
App 安装数据	同设备未安装支付宝、微信、QQ、抖音、快手	5

遇到同设备重复登录的情况，具体规则如表 9-14 所示。

表 9-14　同设备重复登录的评分规则及说明

登录用户数量	规则说明	威胁分数
5≤登录数量≤10	3≤IP 地址数量≤登录数量	15
5≤登录数量≤10	IP 地址数量＜3 或 IP 地址数量＞登录数量	10
10≤登录数量≤20	5≤IP 地址数量≤登录数量	20
10≤登录数量≤20	IP 地址数量＜5 或 IP 地址数量＞登录数量	15
登录数量＞20	10≤IP 地址数量≤登录数量	25
登录数量＞20	IP 地址数量＜10 或 IP 地址数量＞登录数量	20
关联设备异常	同设备登录账号数量≥10，且异常账号比例≥50%（异常行为如封禁、解码号、位置篡改等）	20

（5）登录环境

对用户登录环境进行威胁评分，具体规则如表 9-15 所示。

表 9-15　登录环境评分规则及说明

检测项	规则说明	威胁分数
is_simulator	App 运行在模拟器中	10
hook_framwork	设备安装了 Hook 框架	5
fakegps	伪造位置信息	10
fakeapp	安装了设备修改类软件	5
root	设备是否经过 Root	5
Jailbreak	设备是否越狱	5
simstatus	设备是否安装了 SIM 卡	5
debugstate	设备开启了调试状态	5
duokai	App 使用多开软件	10
proxy	设备开启了代理	5
vpn	设备开启了 VPN	5

异常登录和异常注册的规则大致相同，同样，评分高低仅为参考，仍需根据具体业务场景、历史数据、专家意见和合适的算法来更准确地识别异常登录行为。

9.5　协议破解识别

黑灰产人员可以通过反编译、抓包分析移动客户端与服务端之间的通信协议等技术手段，获取数据和参数，然后在脱离客户端和服务端通信的情况下，伪造数据并模拟客户端向服务端发起请求，绕过客户端的某些安全风控策略，实现注册登录以及其他功能，从而为其非法活动提供便利。

　　通常，为防止协议被破解，需要对客户端进行安全加固。但是这种方式只是增加了攻击者逆向分析算法实现的难度，如果利益足够大，他们依然会不计成本地进行破解。因此，我们可以转变思路，从对抗客户端的逆向破解转为检测协议是否被破解，通过在服务端设置合理规则来识别脱机异常用户。具体检测流程如图 9-1 所示。

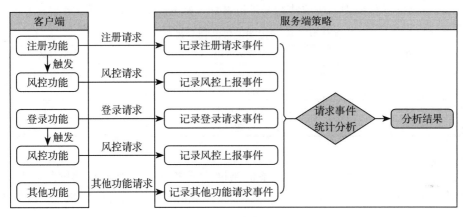

图 9-1　服务端检测流程

服务端的具体策略如下。

①客户端触发注册或登录功能时强制进行设备环境风控检测，并上报检测结果至服务端。

②服务端在接收到客户端的请求后，根据请求类型记录一条请求事件。

③服务端检测发生注册或登录行为的账号，但是未触发客户端的设备环境风控检测，没有结果上报。

④服务端对每个账号记录的当前请求事件进行统计，识别明显低于正常用户请求事件数量的账号。

　　策略③是发生注册或登录行为后必然会触发的上报功能，如果没有上报数据，那么只有两种可能：一种是攻击者发现风控数据上报并主动拦截；另一种是攻击者进行脱机操作后根本就不会触发风控数据上报。策略④是统计用户注册或登录后使用客户端功能发出的请求事件，如果除注册或登录以外没有其他事件，或者其他请求事件相比于正常用户请求非常少，那么同样只有两种可能：一种是用户注册或登录后就立即退出客户端不再使用；另一种是攻击者进行脱机操作不会发出请求事件。若策略③和策略④同时命中，那么基本可以确认发生了脱机行为。

9.6　批量控制识别

　　批量控制也称为群控，是指黑灰产业利用技术手段，通过远程操作或自动化程序，对大量账号和设备进行集中控制与操作的行为。群控常被用于各种非法或违规活动，包括但不限于养号、刷量、网络攻击、传播虚假信息等。如果不及时识别并处理，可能会给系统和用户生态造成威胁。

（1）设备

攻击者通常使用按键精灵类工具编写脚本进行批量控制，或者使用定制的自动化工具通过 ADB 连接设备进行批量操作。被批量控制的设备可以是真实的物理机，也可以是模拟器。可从设备维度进行识别，按威胁情况进行打标签赋分。具体规则可参考表 9-16。

表 9-16　批量控制设备的评分规则及说明

设备类型	规则说明	威胁分数
模拟器	安装按键精灵类软件	10
模拟器	开启 ADB 调试模式	10
物理机	安装按键精灵类软件	10
物理机	开启 ADB 调试模式	10

（2）网络

群控时通常会使用宽带网络为设备提供网络服务，可以对用户的网络行为进行分析，识别设备是否聚集或者关联恶意账号，并按照威胁等级进行打标签赋分。具体规则如表 9-17 所示。

表 9-17　网络评分规则及说明

网络行为	规则说明	威胁分数
同一公网 IP 地址	群控设备的公网 IP 地址相同	5
使用相同 Wi-Fi	同 Wi-Fi 连接设备数量≥10，且出现异常登录行为的设备比例≥50%（异常行为如封禁、解码号、位置篡改等，具体规则量级可根据实际情况制定）	5

（3）用户行为

群控是使用脚本或者自动化工具对大量设备进行批量操作的，被操作的应用通常会批量执行相同的行为。可以通过识别用户是否批量发生相同行为对此进行识别。具体规则如表 9-18 所示。

表 9-18　用户行为评分规则及说明

用户行为	规则说明（具体量级可根据业务情况制定）	威胁分数
批量注册	分析注册数据，检测短时间内大量注册行为情况	5
批量登录	分析登录数据，检测短时间内大量登录行为情况	5
批量关注	1. 检测短时间内关注用户数量过多的情况 2. 检测短时间内大量用户关注同一用户的情况	5
批量回复消息	被批量控制的应用短时间内会回复大量消息	10
批量发动态消息	被批量控制的应用短时间内发送大量动态消息	10
长期处于前台运行状态	批量控制通常要求目标应用处于前台运行状态，否则将无法进行操控	20

（4）设备环境

通过分析用户使用的设备环境信息，如用户使用的操作系统等信息，进行威胁评分，具体规则如表9-19所示。

表 9-19　设备环境评分规则及说明

检测项	规则说明	威胁分数
hook_framwork	设备安装了 Hook 框架	5
fakegps	伪造位置信息	10
fakeapp	安装了设备修改类软件	5
root	设备是否经过 Root	5
Jailbreak	设备是否越狱	5
simstatus	设备是否安装了 SIM 卡	5
debugstate	设备开启了调试状态	5
duokai	App 使用多开软件	10
proxy	设备开启了代理	5
vpn	设备开启了 VPN	5
applist	同设备未安装支付宝、微信、QQ、抖音、快手（具体规则可根据实际情况制定）	5

群控识别时，分数越高，准确性越高。此外，随着技术的不断演进，规则和评分体系也需要根据实际情况进行定期更新和调整，以适应新的威胁和挑战。

隐私合规

随着移动互联网技术的迅速发展，越来越多的移动应用程序会处理我们的个人信息，这些信息可能包括我们的位置、搜索历史、偏好、联系人、银行账户等。由于应用程序处理个人信息时不合规导致数据泄露和隐私侵犯事件的不断发生，为了保证用户的隐私安全，国家已经发布《中华人民共和国个人信息保护法》《中华人民共和国网络安全法》等法律法规，App 隐私合规变得越来越重要。

10.1 应用上架合规

10.1.1 软件著作权申请

为了保证开发者的知识版权，国内应用上架时应用商店会要求开发者提供当前应用的"计算机软件著作权登记证书"（简称为"软件著作权证书"），应用商店验证无误后才可以上线发布。软件著作权证书可以通过中国版权保护中心官网免费申请。

开发者进入中国版权保护中心官网进行账号注册。注册成功之后，申请办理软件著作权登记业务之前，需要进行实名认证。实名认证通过后，开发者即可申请软件著作权登记，如图 10-1 所示。

按照流程引导完成信息填写并提交，申请周期为 30 ～ 60 天，待审核通过以后就可以领取计算机软件著作权登记证书了。版权保护中心颁发的证书为纸质版，部分应用商店为方便审核会要求提供电子版，可以通过易版权网站将纸质版的证书上传、核验，申请相应的电子版。电子版证书包含两部分——App 电子版权认证证书和计算机软件著作权登记证书，具体如图 10-2 所示。

App上架到应用商店时，其名称需要和计算机软件著作权登记证书中的名称保持一致。如果应用名称发生变更则需要在版权保护中心官网申请"软件登记事项变更或补充申请"，通过后将得到"计算机软件著作权登记事项变更或补充证明"，具体示例如图10-3所示。

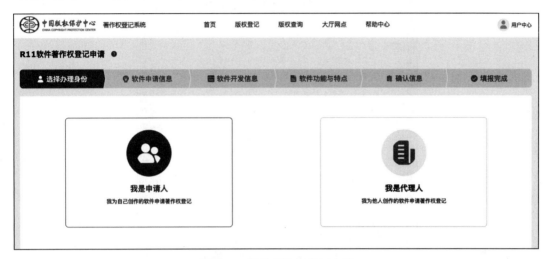

图10-1 软件著作权登记申请

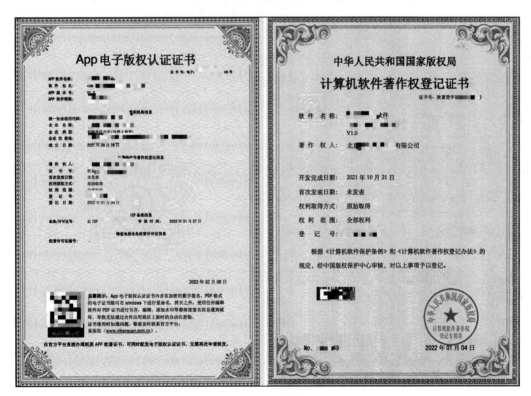

图10-2 电子版证书

图 10-3　计算机软件著作权登记事项变更或补充证明

10.1.2　ICP 备案 /ICP 许可证

　　根据《互联网信息服务管理办法》的要求，从事非经营性互联网信息服务者需要进行备案（即通常所说的 ICP 备案），从事经营性互联网信息服务者需取得互联网信息服务增值电信业务经营许可证（以下简称为"ICP 许可证"）。未完成 ICP 备案手续或未取得 ICP 许可证，不得从事互联网信息服务。

　　ICP 备案是针对域名进行的备案，应用上架前需要对使用的域名进行备案。开发者可以通过自己使用的网络服务提供商（如：腾讯云、阿里云）进行 ICP 备案。备案通过后，工业和信息化部将会颁发 ICP 备案号。可以通过"ICP/IP 地址 / 域名信息备案管理系统"查询备案信息，示例如图 10-4 所示。

　　如果该应用用于提供经营性互联网信息服务，则需要取得 ICP 许可证。开发者可以通过"电信业务市场综合管理信息系统"网站进行申请，具体如图 10-5 所示。

　　ICP 许可证的申请提交后会由应用主体所在地的省局通信管理局受理审批，许可证也由省局通信管理局颁发。许可证示例如图 10-6 所示。

图 10-4　查询备案信息

图 10-5　申请 ICP 许可证

图 10-6　ICP 许可证示例

10.1.3　App 备案

为落实《中华人民共和国反电信网络诈骗法》《互联网信息服务管理办法》《工业和信息化部关于开展移动互联网应用程序备案工作的通知》（以下简称《通知》）等法律法规，工业和信息化部要求在中华人民共和国境内从事互联网信息服务的 App 主办者在规定期限内完成备案，未履行备案手续的，不得从事 App 互联网信息服务。如图 10-7 所示，App 备案工作的开展分为 4 个阶段。

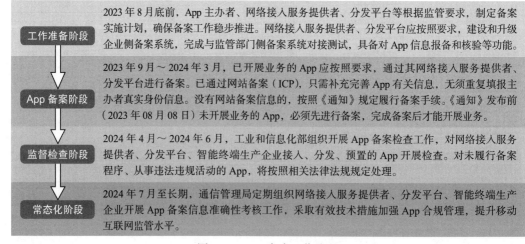

工作准备阶段	2023 年 8 月底前，App 主办者、网络接入服务提供者、分发平台等根据监管要求，制定备案实施计划，确保备案工作稳步推进。网络接入服务提供者、分发平台应按照要求，建设和升级企业侧备案系统，完成与监管部门侧备案系统对接测试，具备对 App 信息报备和核验等功能。
App 备案阶段	2023 年 9 月～ 2024 年 3 月，已开展业务的 App 应按照要求，通过其网络接入服务提供者、分发平台进行备案。已通过网站备案（ICP），只需补充完善 App 有关信息，无须重复填报主办者真实身份信息。没有网站备案信息的，按照《通知》规定履行备案手续。《通知》发布前（2023 年 08 月 08 日）未开展业务的 App，必须先进行备案，完成备案后才能开展业务。
监督检查阶段	2024 年 4 月～ 2024 年 6 月，工业和信息化部组织开展 App 备案检查工作，对网络接入服务提供者、分发平台、智能终端生产企业接入、分发、预置的 App 开展检查。对未履行备案程序、从事违法违规活动的 App，将按照相关法律法规规定处理。
常态化阶段	2024 年 7 月至长期，通信管理局定期组织网络接入服务提供者、分发平台、智能终端生产企业开展 App 备案信息准确性考核工作，采取有效技术措施加强 App 合规管理，提升移动互联网监管水平。

图 10-7　App 备案工作阶段

App 备案系统是复用的 ICP 备案系统，新的 ICP 备案系统已于 2023 年 9 月 1 日正式上线，开发者需要通过自己的网络服务接入商进行备案。存量 App 应在 2024 年 3 月底前完成备案，新增 App 在 2023 年 9 月 1 日后需要先完成备案才能上架到应用商店对外开展业务。备案过程中开发者需要填写的 App 信息如图 10-8 所示。

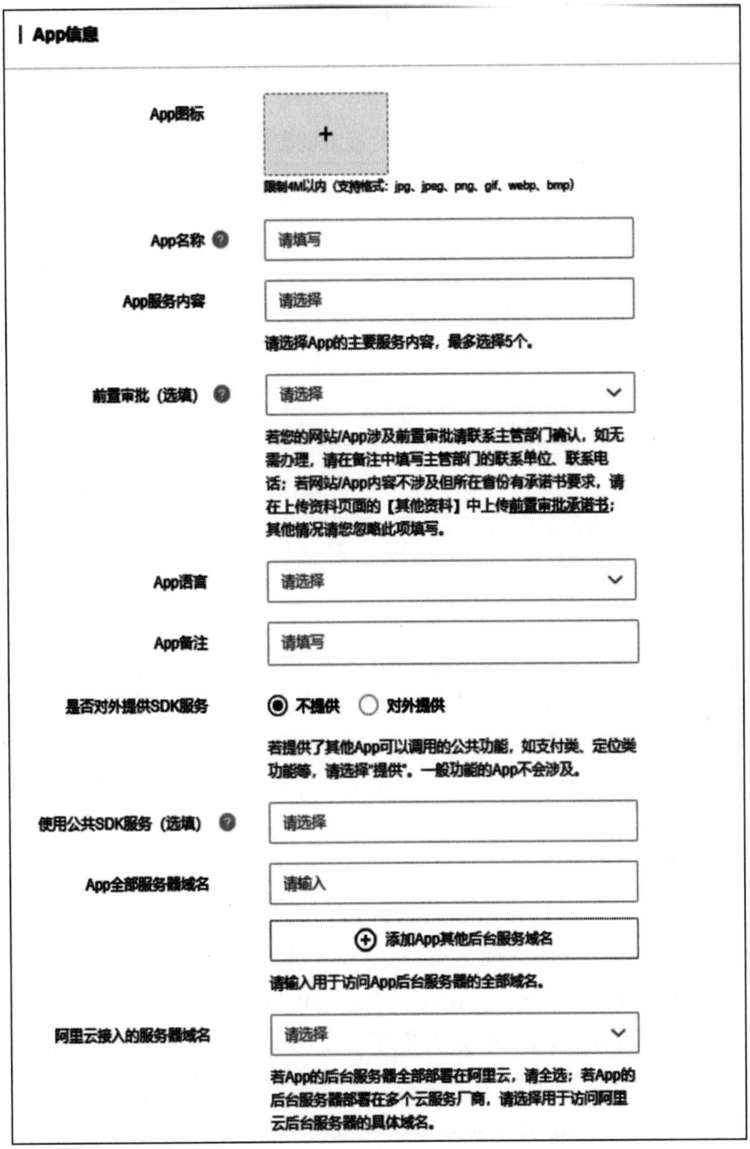

图 10-8　App 备案信息

填写信息时的注意事项如下。

❏ 若在不同平台运行的 App 的名称（安装后显示的名称）保持一致，则仅需要备案一次。即使不同平台的 App 的包名不一致，也仅需要备案一次。

❑ App 备案时，需要填写 App 内部使用的域名，域名需要写到二级以上，最多可填写至四级域名。

❑ App 备案的主体需要和 App 内部使用的域名所在主体保持一致。

❑ 如果 App 从事新闻、出版、药品和医疗器械、网约车等服务，则须经有关主管部门审核同意，并在填写备案信息时，提供对应前置审批文件。需要进行前置审批的相关服务类目参见表 10-1。

表 10-1 前置审批类目

前置审批类目	对应材料
出版	【游戏】 根据国家新闻出版署和省、自治区、直辖市出版行政主管部门的规范要求，提供相关材料
	【网络出版】 网络出版服务许可证
广播电影电视节目	信息网络传播视听节目许可证
药品和医疗器械	互联网药品信息服务资格证书
文化	网络文化经营许可证
新闻	互联网新闻服务许可证
网络预约车	网络预约出租汽车经营许可证
校外培训	教育部门允许开展校外培训的审批文件
宗教	省级以上人民政府宗教事务部门审核同意文件
互联网金融	金融监管部门审批许可文件

备案审核通过后会由工业和信息化部颁发备案号，该备案信息需要在 App 显著位置进行公示，并且建议用户操作 3 步内可以查看，点击相关链接后能跳转至备案网站。

App 备案信息是通过 App 名称和备案时填写的主体信息进行唯一识别的。如果 App 在完成备案后进行了名称或主体变更，则需要通过备案系统进行备案信息变更申请。

10.1.4 安全评估

2018 年 11 月 15 日，网信办（http://www.cac.gov.cn）发布了《具有舆论属性或社会动员能力的互联网信息服务安全评估规定》，规定中要求"具有舆论属性或社会动员能力的信息服务上线，或者信息服务增设相关功能的""使用新技术新应用，使信息服务的功能属性、技术实现方式、基础资源配置等发生重大变更，导致舆论属性或者社会动员能力发生重大变化的"，都应在上线前开展安全评估。自此，各应用市场陆续开始要求提供安全评估报告。

如图 10-9 所示，开发者登录"全国互联网安全管理服务平台"，点击右上角的"业务办理"，进入业务办理页，然后单击"App 业务"模块的"安全评估"进入安全评估页面。

进入"开展评估"版块，在"评估对象"处进行设置。此处"类型"选择 App，"评估对象"选择需要评估的 App，如果之前没有添加过 App，则需要单击"新增"按钮来添加待评估的 App 信息，具体如图 10-10 所示。

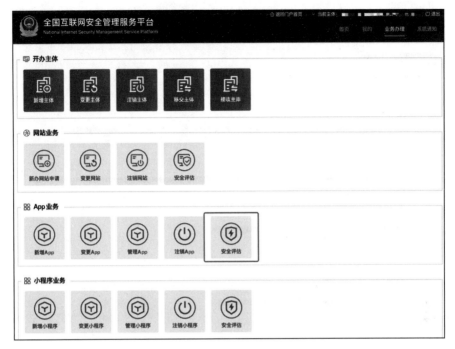

图 10-9　App 安全评估（1）

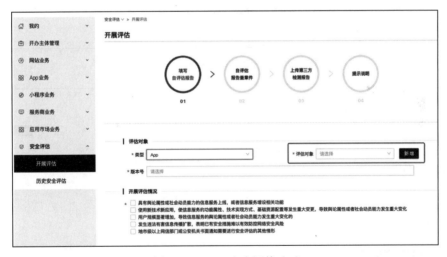

图 10-10　App 安全评估（2）

　　评估方法推荐选择"自评估"，之后开发者可以根据提示输入相关信息，带"＊"为必填信息。信息填写完成后单击"下载自评估报告"用于盖章，再单击"下一步"按钮进入"报告提交"页面，具体信息填写页面如图 10-11 所示。

　　将盖章后的安全评估报告提交审核后，可在"历史安全评估"中查看报告审核状态，如图 10-12 所示。

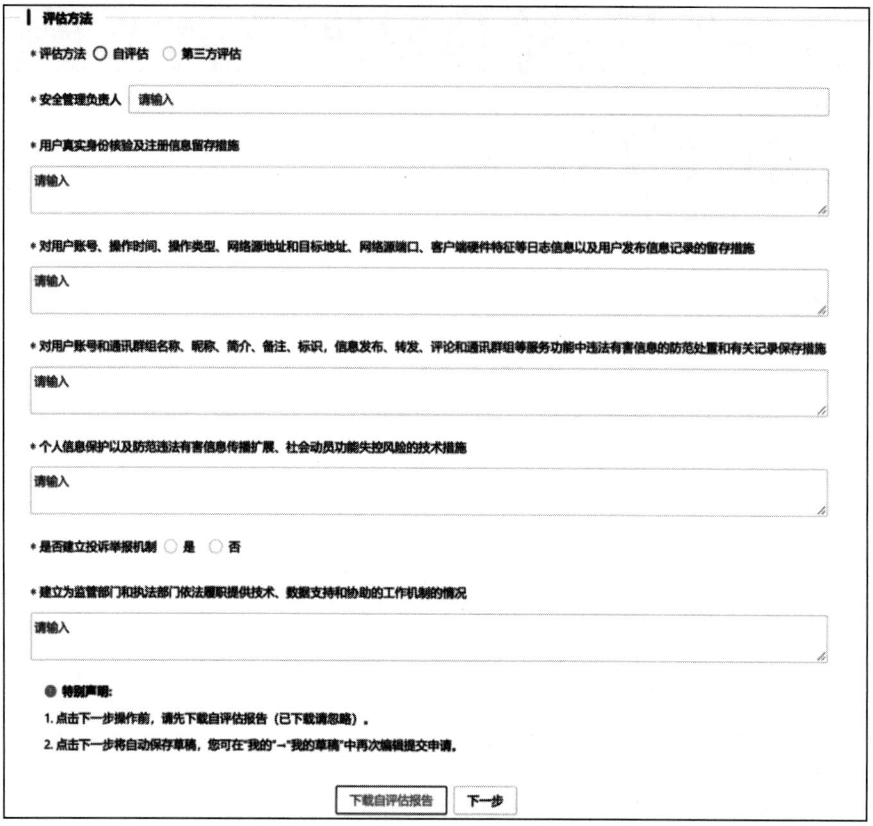

图 10-11　App 安全评估报告所需信息

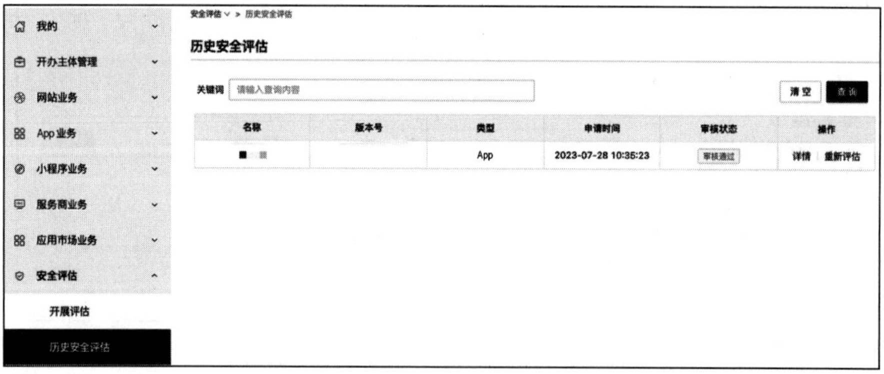

图 10-12　查看安全评估报告审核状态

　　公安机关会对提交的安全评估报告进行审核，审核环节中如发现应用程序存在不合规项或者风险隐患，则可能进入现场审核环节。现场审核由应用主体所在地的公安机关到办公现场进行审查核实。如现场审核环节中发现问题，则应用主体应按照审查报告中的要求对 App 进行整改，完成后可申请复测，公安机关验证全部问题整改到位后将予以通过。

至此，将应用程序提交至应用商店的门槛问题已经解决，Android 应用只要顺利通过应用商店的合规检测即可进行发布，iOS 应用则按照 App Store 的流程进行上架。

10.1.5　CCRC 认证

2019 年 3 月，《国家市场监管总局　中央网信办关于开展 App 安全认证工作的公告》发布，该公告推出 App 安全认证制度，并指定 App 认证机构为中国网络安全审查技术与认证中心（以下简称为"认证中心"）。2021 年《教育部等七部门关于加强教育系统数据安全工作的通知》发布，规定"教育行政部门和学校开发和使用的存储 100 万以上个人信息的教育 App 应通过个人信息安全认证"。其中，个人信息安全认证就是指 CCRC（中国网络安全审查认证和市场监管大数据中心）认证。

CCRC 认证主要分为 6 个环节：提交认证申请、材料评审、技术验证、现场审核、结果评价和证书发放。具体流程如图 10-13 所示。

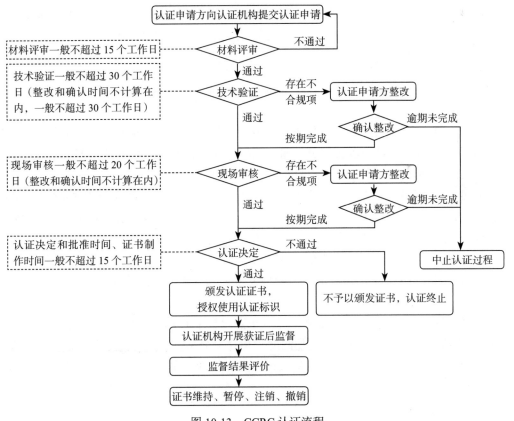

图 10-13　CCRC 认证流程

（1）提交认证申请

正式进行认证申请前需要和认证中心完成采购合同的签署，否则提交的申请将不会受理。在认证中心官网申请时，除了需要填写 App 的基本信息，还需要提供一些材料，如表 10-2 所示。

表 10-2　认证申请材料

材料名称	文档说明	备注
营业执照	认证委托人资质复印件：营业执照 / 事业单位法人证书、组织机构代码证 （如已办理"三证合一"，则提供统一社会信用代码营业执照复印件即可）	复印件中需要加盖主体公章
认证授权书	/	文件需要应用所在主体的法人签字 + 盖章（电子章亦可）
认证委托人承诺	/	/
App 版本控制文档	版本说明文档，包含但不限于版本命名规则、发布审批流程等信息（电子版）	如实填写，App 信息填写最新版
《信息安全技术 个人信息安全规范》自评价表	《信息安全技术 个人信息安全规范》自评价表（盖章扫描件）	如实填写，成分 Android 和 iOS 两个文件
App 符合安全技术标准的检测报告	检测依据为 GB/T 34975—2017。如检测报告中存在不合规项或高危风险漏洞，则需要提供相应的整改反馈报告（盖章后的扫描件）	检测报告的首页和最后一页盖章，整体盖骑缝章

（2）技术验证

技术验证是认证中心委托具有检测资质的机构对待认证的 App 进行审核验证。技术验证环节分为技术和管理两个验证部分，验证依据为《信息安全技术 个人信息安全规范》和《信息安全技术 移动智能终端应用软件安全技术要求和测试评价方法》。

1）对于技术部分，一方面，依据《信息安全技术 移动智能终端应用软件安全技术要求和测试评价方法》检测应用配置安全、公共组件安全、代码安全、恶意攻击防范、身份认证安全等。另一方面，依据《信息安全技术 个人信息安全规范》检测个人信息收集、保存、使用，个人信息主体的权利，个人信息的委托处理，包括共享、转让、公开披露，个人信息安全事件处置，组织的个人信息安全管理要求等。技术部分的检测内容示例如图 10-14 所示，供参考。

2）对于管理部分，主要核查企业在个人信息保护中的管理要求和制度文件，如《个人信息保护管理办法》《个人信息安全评估制度》《信息安全风险评估》《信息泄露应急处置规范》等，确认企业在个人信息管理过程中的规范要求和治理依据。管理部分的检测内容示例如图 10-15 所示，供参考。

（3）现场审核

在现场审核环节，认证机构将指派经验丰富的审核员前往申请单位所填报的运营场所进行实地考察。此次审核以《信息安全技术个人信息安全规范》及其衍生的《移动互联网应用程序（App）个人信息安全测评规范》作为核心依据，全面评估从个人信息的收集、存储、使用、处理、分享、转移、公开披露，到安全事件处理以及组织管理等方面的合规性。现场审核过程严格细致，将根据测评标准条款进行逐一验证确认，要求企业根据规范提供相应的证明材料或具体实施证据。为了顺利通过审核，企业需要提前准备并提交一系列材料，具体清单如图 10-16 所示，供参考。

> **注意** 负责现场审核的工作人员会根据审核要求，对审核期间发现的不合规项提出整改要求，企业需要在 1 个月内完成整改，并将结果提交审核人员复核。

（4）证书发放

现场审核人员将现场审核的结果上报至认证中心，确认通过审核后会进入证书批准发放环节。认证中心会确认待认证 App 的版本信息和主体信息是否正确，如无误则将按该信息进行证书的制作及发放。CCRC 证书示例如图 10-17 所示。

序号	安全功能组件		技术要求	测试方法	检测记录	结果
1	4.1.1 安装及卸载安全	4.1.1.1 安装要求	包含可有效表征供应者或开发者身份的签名信息、软件属性信息。	检查应用软件是否包含供应者或开发者的签名信息、软件属性信息（如名称、版本信息和描述等）。	软件安装包使用反编译工具未能成功反编译，软件安装时列举了软件属性信息。	符合
			正确安装到相关移动智能终端上，并生成相应的图标。	在移动智能终端上指定位置安装终端应用软件。	在安装时提示需授权的系统权限，确定后，根据提示可完成安装操作。安装成功后生成图标。	符合
			安装时应提示终端操作系统用户对其使用的终端资源和终端数据进行确认。	检查终端应用软件是否提示操作系统用户对其使用的终端资源（如网络通信模块、摄像头、导航定位等）和终端数据	安装时提示终端操作系统用户对其使用的读取、修改或删除 SD 卡中内容等终端资源和终端数据	符合

图 10-14 技术部分的检测内容示例

序号	评价子类	评价项	评估方式	评估顺序	评价方法和步骤
1	5.1 收集个人信息的合法性	不应以欺诈、诱骗、误导的方式收集个人信息	文档查验 + 功能使用		1. 要求个人信息控制者提供其收集个人信息类型、收集方式及来源的相关材料 2. 核查并记录个人信息收集渠道是否合法
			文档查验		3. 查验个人信息控制者是否具备相关管理制度明确要求 App 不以欺诈、诱骗、误导的方式收集个人信息
			人工访谈		咨询个人信息控制者是否发生有关因欺诈、诱骗、误导等收集个人信息、被司法院或被行政机构形成相应判决或处罚的情形，并提供相关证明材料
		不应从非法渠道获取个人信息	隐私政策		1. 查看个人信息保护政策中是否告知了可以间接获取方式收集个人信息的情形
			文档查验		2. 如涉及间接获取，让申请方提供能够证明间接获取个人信息渠道合法性的证明材料
2	5.2 收集个人信息的最小必要	收集的个人信息的类型应与实现产品或服务的业务功能有直接关联。直接关联是指没有上述个人信息的参与，产品或服务的功能无法实现	人工访谈		询问 App 的基本服务业务类型、业务功能应收集与个人信息类型的对应关系。区分必要信息和非必要信息
		间接获取个人信息的数量应是实现业务功能所必需的最少数量	人工访谈		1. 询问个人信息控制者收集的个人信息是否包含合同获取
			文档查验		2. 查看在间接获取的场景下（如从第三方获取）是否有获取的个人信息的协议，协议中是否约定了获取个人信息的类型、数据量以及与业务功能的关联关系
3	5.3 多项业务功能的自主选择	不得仅以改善服务质量、提升使用体验、研发新产品、增强安全性等为由，强制要求个人信息主体同意收集个人信息	隐私政策		查看隐私政策内容中是否在以改善服务体验、研发新产品、增强安全性等为由，声明收集个人信息类型
		收集年满 14 周岁的未成年人的个人信息前，应单独向个人信息主体告知，使用个人生物识别信息的目的、方式和范围，以及存储时间等规则，并征得个人信息主体的明示同意	人工访谈		询问、核查 App 是否涉及收集个人生物识别信息。个人信息保护政策中是否告知了征得未成年人或监护人同意的机制
		收集年满 14 周岁的未成年人的个人信息前，应单独征得其监护人或未成年人的明示同意；不满 14 周岁，应征得其监护人的明示同意	隐私政策		1. 询问应用在收集年满 14 周岁的未成年人的个人信息前，是否征得其监护人或未成年人的明示同意
			人工访谈		2. 询问是否具备相应措施主体征得其监护人的合法性进行确认
4	5.4 收集个人信息时的授权同意	同意获取个人信息时：1) 应要求个人信息来源方说明个人信息来源的合法性进行确认 2) 应了解个人信息来源方获得的个人信息的授权同意范围，包括使用目的，个人信息主体是否授权同意转让、共享、公开披露、删除等 3) 如开展业务所需进行个人信息处理活动超出个人信息主体授权同意范围的，应在获取个人信息后的合理期限内或处理个人信息前，征得个人信息主体的明示同意，或通过个人信息提供方征得个人信息主体的明示同意	人工访谈		1. 询问是否间接获取个人信息 2. 询问个人信息控制者间接获取个人信息的类型以及来源，是否对其来源实施去标识化处理并进行确认 3. 询问个人信息控制者是否了解已获得的个人信息处理的授权同意范围，个人信息主体是否授权同意转让、共享、公开披露等。查看本组织开展业务需进行的个人信息活动是否超出该授权同意范围

图10-15 管理部分的检测内容示例

审核材料分类
个人信息安全事件处置
1. 信息安全事件管理制度
2. 信息安全事件应急组织架构及岗位说明
3. 个人信息安全事件应急管理制度
4. 个人信息安全事件应急预案
1）个人信息安全事件应急预案的培训记录
2）个人信息安全事件应急预案的演练记录
5. 个人信息安全事件后需要上报联系的有关部门和执法机关有哪些
6. 出现个人信息安全事件后对个人信息主体的告知方式和告知内容
组织的个人信息安全管理要求
1. 提供对个人信息安全负全面领导责任的高层领导证明材料（任命书、授权、职责和权限）
2. 提供个人信息保护责任人资料包括：任命书、职责和权限、工作履历、与个人信息安全相关专业技能的证明材料
3. 提供个人信息保护机构设置的说明，包括：机构名称、机构组织架构、机构职责
4. 提供涉及个人信息安全的软件、硬件产品的开发管理制度文件
5. 提供个人信息处理活动识别和管理的相关制度
6. 提供已识别的个人信息处理活动记录
7. 提供个人信息安全影响评估活动管理制度
8. 提供个人信息安全影响评估活动过程记录及评估报告
9. 提供已建立的数据安全管理制度
10. 提供从事个人信息处理岗位的岗位清单和人员花名册
11. 提供上述人员的保密协议及背景调查记录
12. 提供上述岗位的岗位职责描述文件
13. 提供个人信息安全事件的违规处罚管理要求
14. 提供可能访问个人信息的外部服务人员的管理要求及相关的保密协议
15. 提供公司为员工建立的保护个人信息的指引和要求
16. 提供个人信息保护政策（隐私政策）的管理制度文件
17. 提供个人信息保护政策（隐私政策）变化情况的培训记录
18. 提供安全审计管理制度
19. 提供自动化安全审计系统、产品的使用清单，描述其主要作用
20. 提供审计过程记录的保存管理要求
21. 提供与安全审计适用的法律法规要求
配置管理类
1. 版本管理规范
2. 配置管理规范
3. 发布管理制度或变更管理制度

图 10-16 现场审核的部分材料清单

图 10-17　CCRC 证书示例

CCRC 认证过程的注意事项如下。

❑ CCRC 认证是一个相对复杂的过程，需要联动协调多方资源、调研内部情况、制定管理制度并落实技术措施，整个周期为半年到一年的时间，所以企业应做好"持久战"的准备。该过程要有专人负责跟进和推动，把控风险，确保认证顺利通过。

❑ 认证中心会对已认证的 App 进行监督巡检，即对 App 进行合规抽查或在企业因合规问题被监管机构通报后对相关人员进行问询。企业需要在规定时间内对问题进行处理并对违规项进行整改。

❑ 证书有效期内仅能按照证书中认证的 App 版本进行小版本迭代（如 4.2.01 变更为 4.3.02），若要进行大版本变更（如 4.x.x 变更为 5.x.x），则需要申请对 CCRC 证书上的 App 版本进行变更。

❑ 证书有效期到期后需要重新对 App 进行技术审核。

10.1.6 算法备案

2022 年 3 月 01 日，国家互联网信息办公室发布的《互联网信息服务算法推荐管理规定》正式实施，该规定要求互联网信息服务提供者进行服务算法备案。并且，在 2022 年 11 月 3 日发布的《互联网信息服务深度合成管理规定》中，第十九条规定"具有舆论属性或者社会动员能力的深度合成服务提供者"应当按照《互联网信息服务算法推荐管理规定》履行备案和变更、注销备案手续"。"深度合成服务技术支持者应当参照前款规定履行算法备案和变更、注销备案手续"。

该备案要求适用于多种互联网信息服务产品。根据规定，以下类型的产品必须完成备案手续。

- ❑ 使用算法推荐服务且具有以下功能的 App：论坛、博客、微博客、聊天室、通信群组、公众账号、短视频、网络直播、信息分享、小程序等信息服务或者附设相应功能。
- ❑ 提供公众舆论表达渠道或者具有发动社会公众从事特定活动能力的其他互联网信息服务。
- ❑ 具有舆论属性或者社会动员能力的深度合成服务提供者。深度合成技术，是指利用深度学习、虚拟现实等生成合成类算法制作文本、图像、音频、视频、虚拟场景等网络信息的技术。
- ❑ 监管机构要求 AIGC 类算法和使用 AIGC 算法的产品必须按照深度合成算法流程进行备案。

> 注意 使用深度合成技术和 AIGC 类算法的应用如果不进行算法备案则会影响其正常上架，已上架应用有被监管架构强制下架的风险。

10.2 合规实践指南

10.2.1 隐私政策

隐私政策（个人信息保护政策）是 App 所有者处理用户个人信息的规则，是个人信息保护中"公开、透明"原则的重要体现，也是保障用户对其个人信息处理享有知情权、决定权的重要基础。监管机构对 App 的监管往往也是从 App 的隐私政策着手，隐私政策的合规是 App 个人信息保护合规的重点。

隐私政策中需要公开 App 所有对用户个人信息的处理规则和基本情况，包括主体的基本信息，App 对个人信息收集、使用、共享及披露的基本情况，用户对于处理自己信息的基本权利，包括查看、删除、注销、投诉等，以及该政策发布、生效或更新日期。隐私政策描述的情况也需要符合 App 实际情形，例如：隐私政策中提供的注销、投诉操作方法，需与 App 内实际操作路径相一致。《信息安全技术 个人信息安全规范》中提供的隐私政策模板如图 10-18 所示。

个人信息保护政策模板	编写要求
本政策仅适用于 XXXX 的 XXXX 产品或服务，包括…… 最近更新日期：XXXX 年 XX 月 如果您有任何疑问、意见或建议，请通过以下联系方式与我们联系： 电子邮件： 电　话： 传　真：	该部分为适用范围，包含个人信息保护政策所适用的产品或服务范围、所适用的个人信息主体类型、生效及更新时间等
本政策将帮助您了解以下内容： ❑ 业务功能一的个人信息收集使用规则 ❑ 业务功能二的个人信息收集使用规则 　…… ❑ 我们如何保护您的个人信息 ❑ 您的权利 ❑ 我们如何处理儿童的个人信息 ❑ 您的个人信息如何在全球范围转移 ❑ 本政策如何更新 ❑ 如何联系我们 XXXX 深知个人信息对您的重要性，并会尽全力保护您的个人信息安全可靠。我们致力于维持您对我们的信任，恪守以下原则，保护您的个人信息：权责一致原则、目的明确原则、选择同意原则、最小必要原则、确保安全原则、主体参与原则、公开透明原则等。同时，XXXX 承诺，我们将按业界成熟的安全标准，采取相应的安全保护措施来保护您的个人信息。 　请在使用我们的产品或服务前，仔细阅读并了解本《个人信息保护政策》。	该部分为个人信息保护政策的重点说明，是个人信息保护政策的一个要点摘录。目的是使个人信息主体快速了解个人信息保护政策的主要组成部分、个人信息控制者所做声明的核心要旨

图 10-18　隐私政策模板

在 App 首次启动应用程序时，应通过弹窗等明显方式提示用户阅读隐私政策。此外，在 App 内的账号登录和注册相关页面提供访问隐私政策的链接。同时，App 的功能界面中也需要提供隐私政策的访问入口，并且从 App 主页面到隐私政策访问入口，用户的点击次数不应超过 4 次。具体示例参见图 10-19。

隐私政策设置时需要注意以下事项。

❑ App 首次运行：首次运行时，隐私政策弹窗需要包含"同意""不同意"两个选项，由用户主动选择。

❑ 登录、注册页面：每次进入登录、注册页面，都需要用户主动勾选同意隐私政策，禁止默认勾选或在用户无勾选的情况下实现登录、注册。

隐私政策的展示应当满足以下要求。

❑ 有效性：隐私政策链接可访问，隐私政策中文本、图片可正常显示。

❑ 可读性：隐私政策在格式上应当与 App 正常字体、字号、间距、颜色等保持一致，避免出现文字过小过密、颜色过浅的情况。在隐私政策内容上应当采用清晰明了、用户易于理解的表述方式，避免出现内容晦涩难懂、冗长烦琐，使用大量专业术语导致用户难以理解的情况。

❑ 独立性：一般情况下，隐私政策应当与儿童隐私政策链接、用户协议并列展示，独立成文。

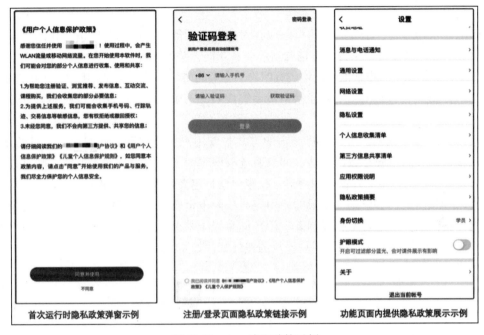

图10-19　App隐私政策示例

对于隐私政策的浏览方式，可以采用 App 内置浏览器和跳转至系统默认浏览器两种方式。

❑ App 内置浏览器：内置浏览器优先考虑使用 TextView，其次才是 WebView。因为当使用 WebView 时，有可能会默认调用 getConnectInfo、getSSID 等方法，获取 SSID、BSSID 等 Wi-Fi 信息，存在未同意隐私政策前收集使用个人信息的风险。

❑ 跳转至系统默认浏览器：通过跳转至外部浏览器访问线上隐私政策展示页面，可以规避内置浏览器 WebView 获取 Wi-Fi 信息，TextView 展示功能不全的问题。

当 App 中收集及使用用户个人信息的目的、方式、范围、权限申请等发生变化时，应在隐私政策文本中进行修改并更新发布日期，同时以适当方式通知用户。隐私政策的更新方式有如下类型。

❑ 常规更新：采用 App 内隐私政策访问入口增加红点、站内消息推送、短信等方式通知用户。

❑ 重大变更：对于 App 主体身份变更、新增功能需要收集个人敏感信息等重大变更的情况，应当以弹窗方式提醒用户隐私政策的更新，并重新征求用户同意。

10.2.2 权限申请

根据《网络安全标准实践指南—移动互联网应用程序（App）系统权限申请使用指南》的规定，App 的权限使用应当满足以下基本原则。

- ❑ 最小必要原则：仅申请 App 业务功能所必需的权限，不申请与 App 业务功能无关的权限。
- ❑ 动态申请原则：App 所需的权限应在对应业务功能执行时动态申请。在用户未触发相关业务功能时，不提前申请与当前业务功能无关的权限。
- ❑ 用户可知原则：申请的权限均应有明确、合理的使用场景，并告知用户权限申请目的。
- ❑ 不强制不捆绑原则：不应强制申请系统权限，不要求用户一次性授权同意打开多个系统权限。

遵循用户可知原则，可以通过弹窗的方式告知用户申请权限的使用场景、目的用途，不得欺骗、诱导用户同意权限申请。如果系统权限弹窗无法自定义文本内容，则可以在该弹窗前先弹出一个自定义弹窗告知用户。权限申请自定义弹窗的展示格式可参考图 10-20。

遵循不强制不捆绑原则，权限的使用应与权限申请及隐私政策描述中的业务场景、目的用途保持一致，开发者不得强制要求用户同意授予某个系统权限。例如，如果用户不同意就授权就无法使用 App。强制用户授权的违规案例如图 10-21 所示。

图 10-20　权限申请自定义弹窗的展示格式

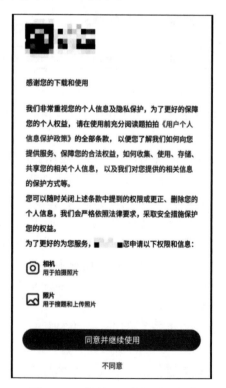

图 10-21　强制用户授权的违规案例

需要注意的是，若 App 运行时向用户索取电话、通讯录、定位、短信、录音、相机、存储、日历等权限，那么在用户拒绝授权后，App 不应因此退出或关闭。

特殊场景的权限使用规则如下。

❑ 蓝牙与位置权限：Android 6 以上版本必须开启位置权限才能开启蓝牙功能。如果使用蓝牙是 App 必要的业务场景，那么应在隐私政策中明示申请位置权限的用途，并且不收集位置信息。

❑ Wi-Fi 信息与位置权限：iOS 13 以上版本必须要开启位置权限才能获取 SSID 信息。

❑ H5 页面：在 H5 页面读取图片、拍照、语言数据等场景中，也应当申请对应的权限。

权限使用过程中，其他需要重点关注的事项如下。

❑ 申请频率：用户拒绝权限申请后，24h 内不得再次进行弹窗申请，当用户主动触发需要申请权限才能使用的业务功能时，可告知用户无相关权限，并提示系统权限开启路径。

❑ 权限撤回：应在 App 内提供权限撤回的指引页面。例如，可引导用户至系统设置页面。

❑ 授权变更：App 更新或退出后再次启动，已申请/拒绝的权限状态不应发生变化。例如，未经用户同意，App 更新后将已拒绝的权限不能恢复为启用状态。

❑ 场景变更：当申请系统权限的使用场景、目的、用途发生变化时，需要重新告知用户。

10.2.3 个人信息收集

为加强个人信息保护并促进信息收集的合规，国家发布了《信息安全技术 个人信息安全规范》。该规范针对个人信息获取过程设立了严格的要求和标准，以确保个人信息的安全和隐私得到充分保障。

该规范同时明确了个人信息的概念。个人信息是指以电子或者其他方式记录的能够单独或者与其他信息结合识别特定自然人身份或者反映特定自然人活动情况的各种信息。图 10-22 是关于个人信息的示例。

个人敏感信息一旦泄露或被非法提供或滥用，就可能危害人身和财产安全，极易导致个人名誉、身心健康受到损害或歧视性待遇等。通常情况下，14 周岁及以下儿童的个人信息和涉及自然人隐私的信息属于个人敏感信息。图 10-23 是关于个人敏感信息的示例。

个人信息收集的基本要求如下。

（1）用户授权

❑ 在用户未同意隐私政策或明确拒绝授权时，不得收集使用个人信息。

❑ 收集使用个人信息，需要在隐私政策中全部列举，明示收集信息的目的用途，需要注意不能出现"等""例如"字样。

❑ 收集使用身份证、面部特征等个人敏感信息，需要通过弹窗、文字链接等显著方式告知用户收集方式、目的用途，征求用户授权同意。

个人基本资料	个人姓名、生日、性别、民族、国籍、家庭关系、住址、个人电话号码、电子邮件地址等
个人身份信息	身份证、军官证、护照、驾驶证、工作证、出入证、社保卡、居住证等
个人生物识别信息	个人基因、指纹、声纹、掌纹、耳廓、虹膜、面部识别特征等
网络身份标识信息	个人信息主体账号、IP地址、个人数字证书等
个人健康生理信息	个人因生病医治等产生的相关记录，如病症、住院志、医嘱单、检验报告、手术及麻醉记录、护理记录、用药记录、药物食物过敏信息、生育信息、以往病史、诊治情况、家族病史、现病史、传染病史等，以及与个人身体健康状况相关的信息，如体重、身高、肺活量等
个人教育工作信息	个人职业、职位、工作单位、学历、学位、教育经历、工作经历、培训记录、成绩单等
个人财产信息	银行账户、鉴别信息（口令）、存款信息（包括资金数量、支付收款记录等）、房产信息、信贷记录、征信信息、交易和消费记录、流水记录等，以及虚拟货币、虚拟交易、游戏类兑换码等虚拟财产信息
个人通信信息	通信记录和内容、短信、彩信、电子邮件，以及描述个人通信的数据（通常称为元数据）等
联系人信息	通讯录、好友列表、群列表、电子邮件地址列表等
个人上网记录	指通过日志储存的个人信息主体操作记录，包括网站浏览记录、软件使用记录、点击记录、收藏列表等
个人常用设备信息	指包括硬件序列号、设备MAC地址、软件列表、唯一设备识别码（如IMEI/Android ID/IDFA/OpenUDID/GUID/SIM卡IMSI信息等）等在内的描述个人常用设备基本情况的信息
个人位置信息	包括行踪轨迹、精准定位信息、住宿信息、经纬度等
其他信息	婚史、宗教信仰、性取向、未公开的违法犯罪记录等

图 10-22　个人信息示例

个人财产信息	银行账户、鉴别信息（口令）、存款信息（包括资金数量、支付收款记录等）、房产信息、信贷记录、征信信息、交易和消费记录、流水记录等，以及虚拟货币、虚拟交易、游戏类兑换码等虚拟财产信息
个人健康生理信息	个人因生病医治等产生的相关记录，如病症、住院志、医嘱单、检验报告、手术及麻醉记录、护理记录、用药记录、药物食物过敏信息、生育信息、以往病史、诊治情况、家族病史、现病史、传染病史等
个人生物识别信息	个人基因、指纹、声纹、掌纹、耳廓、虹膜、面部识别特征等
个人身份信息	身份证、军官证、护照、驾驶证、工作证、社保卡、居住证等
其他信息	性取向、婚史、宗教信仰、未公开的违法犯罪记录、通信记录和内容、通讯录、好友列表、群组列表、行踪轨迹、网页浏览记录、住宿信息、精准定位信息等

图 10-23　个人敏感信息示例

（2）最小必要

❑ 仅收集使用App业务功能所必要的个人信息，不应收集使用与业务功能无关的个人信息。

❑ 不得仅以定向推送广告、改善服务质量、提升使用体验、研发新产品、增强安全性等为由，强制要求用户同意收集其个人信息。

❑ 不得在用户注册后，立即要求用户提供与当前业务场景无关的个人信息，且不提供默认值或跳过选项。

（3）合法收集

不得使用优惠、奖励（实体礼物、虚拟物品、虚拟积分）等方式，欺骗诱导用户提供个人敏感信息。

（4）收集频率

实际操作中，不同监管、认证机构对应用收集个人信息的最小频率的要求并不一致。目前最严格的监管机构要求在应用的一个生命周期内仅允许获取 1 次、传输 1 次（从应用启动到卸载为一个生命周期），应用商店一般要求信息收集频率小于或等于 1 次 /s。

（5）网络传输

在网络请求中，如果在请求头或请求体中存在传输个人信息的情况，都应依照个人信息收集使用要求以及频率要求进行处理。

（6）静默采集

App 处于静默状态或后台运行状态时，不得收集使用个人信息。如有特殊情况必须在后台运行时提供服务，如导航功能，则应在隐私政策中明示收集信息的目的用途。

（7）SDK 收集

❑ 第三方 SDK 收集使用个人信息的要求与 App 本身一致，做到用户同意、最小必要、合法收集等要求。

❑ App 中使用的第三方 SDK 收集使用个人信息，或将 App 收集的个人信息通过网络传输的方式发送至第三方提供的服务器，需要在个人信息保护政策、第三方信息共享清单中声明，不得收集使用未进行声明的个人信息类型。

10.2.4 "双清单"与权限说明

根据《工业和信息化部关于开展信息通信服务感知提升行动的通知》中的要求，企业要建立个人信息保护"双清单"，即建立已收集个人信息清单和与第三方共享个人信息清单。同时，企业应优化隐私政策和权限调用展示方式，应以简洁、清晰、易懂的方式，向用户提供 App 产品隐私政策摘要。涉及调用用户终端中相册、通讯录、位置等敏感权限的，企业还应当以适当方式告知用户调用该权限的目的，充分保障用户知情权。根据具体展示要求，"双清单"需要在 App 的二级菜单中列出，如图 10-24 所示。（根据实际应用情况，以下对"双清单"使用"个人信息收集清单"和"第三方信息共享清单"的名称。）

（1）个人信息收集清单

个人信息收集清单应将 App 可能收集的个人信息类型全面列举，并保持与隐私政策描述一致，包括但不限于如下种类的个人信息。

❑ 用户基本信息，其中可能包括昵称 / 用户名、头像、生日、手机号码、邮箱、密码、性别、年龄、所在城市、姓名、身份证号、联系地址、银行卡号、第三方账号信息等。

❑ 用户使用信息，可能包括订单信息、支付信息、上课记录、学习数据、搜索记录、浏览记录、分享行为数据、评价信息、发布信息、收藏信息、关注信息、客服沟通记录等。

❑ 设备信息，可能包括设备ID、用户ID、位置信息、MAC地址、IMEI、IDFA、OPENUDID、GUIDIMSI、Android ID、OAID、ICCID、IP地址、运营商、网络状态、厂商、手机型号、设备型号和名称、CPU型号、操作系统版本、应用列表信息、蓝牙信息等。

图 10-24 App 二级菜单中展示的"双清单"

个人信息收集清单的展示形式可以参考如图 10-25 所示的模板。

个人信息收集清单				
信息类型	收集/使用目的	场景/业务功能	收集情况	信息内容
手机号码	创建账号	用户首次注册时	已收集	138****1234
设备厂商	系统错误排查	用户登录	已收集	××

图 10-25 个人信息收集清单模板

（2）第三方信息共享清单

第三方信息共享清单则应简洁、清晰地列出 App 与第三方共享的基本个人信息情况，包括个人信息种类、使用目的、使用场景和共享方式。根据控制权，第三方对个人信息的处理可分为 3 类。

❑ 共享：双方对数据都有独立的控制权。

❑ 转让：将数据提供给另一方，由接收方独自处理，数据提供方不再管理数据。

❑ 委托处理：被委托的第三方应当按照委托方（即 App 方）的要求处理数据。例如，快递寄送属于委托处理。

第三方信息共享清单的展示形式可以参考如图 10-26 所示的模板。

第三方 SDK 清单								
序号	第三方 SDK	第三方公司名称	使用目的	使用场景	个人信息收集类型	申请的权限	收集方式	第三方隐私政策链接
							样例：SDK本机采集，不涉及数据共享	

与关联方共享个人信息清单						
序号	第三方公司名称	产品 / 类型	共享个人信息类型	使用目的	使用场景	共享方式	第三方隐私政策链接
						内部数据共享	

与其他第三方共享个人信息清单						
序号	第三方公司名称	产品 / 类型	共享个人信息类型	使用目的	使用场景	共享方式	第三方隐私政策链接
						后台 API 接口传输	

图 10-26　第三方信息共享清单模板

（3）隐私政策摘要

根据要求，互联网企业需要优化隐私政策，以简洁、清晰、易懂的方式向用户提供 App 隐私政策摘要，即简化版的隐私政策。对此，可以将个人信息收集清单和第三方信息共享清单以链接的方式插入隐私政策摘要，并在用户点击时跳转到相应界面。隐私政策摘要可以参考如图 10-27 所示的模板。

个人信息保护政策摘要

本《个人信息保护政策摘要》（"本摘要"）适用于【请补充平台简称】旗下所有的产品及服务，平台希望通过本摘要向您简要说明平台如何收集、使用、共享、保护您的个人信息，以及您管理个人信息的方式。更多详细信息请查阅平台完整版的《用户个人信息保护政策》【此处需放入《个人信息保护政策》的链接】（与《个人信息保护政策摘要》合称"本政策"）。

1. 收集的个人信息及申请的系统权限

平台会为实现【请补充基本功能】等基本功能及其他扩展功能收集和使用您的个人信息，我们在相关业务功能中可能还需要您开启设备的系统权限。

您可点此查看个人信息收集清单【此处需放入《个人信息收集清单》的链接】。

您可点此查看应用权限申请与使用情况说明【此处需放入《权限列表》的链接】。

2. 与第三方共享的个人信息

在法定情形之外，平台会与关联公司及合作伙伴共享您的个人信息（包括以 SDK 形式），您可点此查看我们与第三方共享个人信息清单【此处需放入《共享个人信息清单》的链接】。

3. 您如何管理您的个人信息

您可以访问、更正、删除您的个人信息，您还可以撤回同意、注销账号、获取您的个人信息副本、向指定的第三方转移个人信息。

图 10-27　隐私政策摘要模板

您还可通过本政策中提供的联系方式与平台联系，我们将在收到您反馈并验证您的身份后的十五日内作出答复。

4. 平台如何保存您的个人信息

我们只会在达成本政策所述目的所必要的期限内保留您的个人信息，除非法律有强制的留存要求；我们在中华人民共和国境内运营过程中收集和产生的您的个人信息将存储于境内。

5. 与平台联系

当您有个人信息相关问题或其他的投诉、建议等，可以通过如下方式与平台联系，平台将尽快审核所涉及内容，并于 15 日内对于您的问题、投诉、建议进行回复：

（1）您可以随时拨打我们的客服电话 xxxxxx 与我们联系；

（2）您还可以随时通过访问 xxxxxx 网站与我们联系；

（3）平台设立了个人信息保护专职部门，您可以通过邮箱 xxxxxx 与其联系，或寄送信件至如下地址 xxxxxx。

图 10-27　隐私政策摘要模板（续）

（4）系统权限调用清单

互联网企业还应当以适当方式告知用户 App 调用的权限信息，并详细说明申请权限的目的，以充分保障用户知情权。系统权限调用清单要可以参考如图 10-28 所示的模板。

一、iOS 系统调用权限列表				
设备权限	权限功能说明	调用目的或使用场景	是否询问	是否可关闭
样例：摄像头	扫码、拍摄、AR 互动或实景购物	完成视频拍摄、拍照、人脸识别登录	用户主动拍摄、拍照、进行人脸识别前询问	是
二、Android 系统调用权限列表				
设备权限	权限功能说明	调用目的或使用场景	是否询问	是否可关闭
样例：相机	使用拍摄视频、照片、扫码	用于拍照、上传照片	用户主动拍照、上传图片时询问	是

图 10-28　系统权限调用清单模板

10.2.5　个性化推荐与定向推送

移动应用内的个性化推荐和定向推送是提升用户体验的一项重要策略，智能推荐算法的出现为用户提供了更加个性化、符合兴趣爱好的内容。然而，有些企业为攫取更大的利益利用算法进行大数据杀熟、违规个性化推荐等。为解决这些问题，国家相继颁布了《中华人民共和国个人信息保护法》《互联网信息服务算法推荐管理规定》等法律法规，以进一步详细规范互联网信息服务算法推荐活动的监管要求。

根据监管要求，应用中存在个性化推荐/定向推送的功能时，需要在应用内增加相关功能开关，以便用户能够根据自己的喜好和需求选择是否开启个性化推荐。功能开关示例见图 10-29。

在应用界面中，必须明确标识个性化推荐内容并遵循相关的合规要求，以使用户能够充分了解、掌握并随时调整推荐内容。具体展示要求如下。

图 10-29 个性化推荐功能开关

❑ 开启个性化推荐时：个性化推荐的内容应有显著标签说明，如在推荐的信息上标明"推荐"，或页面标题标明"推荐"。

❑ 未开启个性化推荐时：不应存在含有"推荐"之类字样的标题（可增加说明面向全体用户），可以使用"热门""精选"等标题，以与开启个性化推荐时进行区分。热门内容应与个性化推荐内容有显著区别。

用户开启和未开启个性化推荐功能时的合规效果参考图 10-30。

图 10-30 开启和未开启个性化推荐功能时的合规效果

综合而言，个性化推荐功能开关的引入不仅满足了监管要求，还有助于建立用户对于推荐内容的信任，提升用户对应用的满意度。通过这一举措，企业将更好地平衡商业利益和用户权益，实现健康发展。

10.2.6 自启动与关联启动

移动应用的自启动与关联启动是用户体验的重要组成部分。应用自启动是指应用在关闭后，由于某种原因再次打开或恢复运行的状态。关联启动则是指应用启动后，会带动与其相关联的其他应用的启动。对此，企业需要严格遵守相关法规和标准，确保用户的隐私和数据安全得到有效保障。

根据监管规定，除非是提供服务所必需或存在合理场景，应用程序在未经用户同意或缺乏合理使用场景的情况下，不得自启动或与第三方应用程序关联启动。隐私政策中也需要说明应用自启动或关联启动的目的。关联启动的合规效果参考图 10-31。

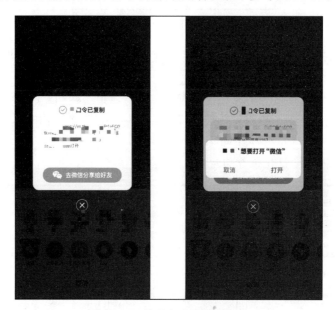

图 10-31　关联启动的合规效果

由于系统机制的影响，自启动在 Android 系统中较为常见。Android 系统中的应用通常通过监听系统广播来实现自启动。如果应用程序因为第三方 SDK 而导致自启动的情况发生，则可以通过删除 Manifest.xml 配置文件中的广播监听服务来关闭自启动服务。参考示例如下：

```xml
<!-- 参考示例 1 -->
<receiver
    android:name="com.demo.EventReceiver"
    tools:node="remove" />
<!-- 参考示例 2 -->
<receiver
    android:name="com.demo.receivers.NetworkStatusReceiver"
    android:exported="true"
    tools:node="remove">
    <intent-filter>
     <action android:name="android.net.conn.CONNECTIVITY_CHANGE"/>
    </intent-filter>
</receiver>
```

10.2.7 广告展示

为解决互联网应用中广告泛滥、不合规广告激增以及广告投放形式不规范等问题，2023 年 2 月，市场监管总局颁布了《互联网广告管理办法》。该办法于 5 月 1 日起正式实施，旨在规范互联网广告的展示和推送方式。移动应用中发布的广告，除了要遵循《中华人民共和国广告法》还要遵守《互联网广告管理办法》。

为保障广告受众的权益、提高用户体验，《互联网广告管理办法》要求，在发布互联网广告时，广告主和广告发布者应当显著标明关闭标志，以确保用户能够方便地一键关闭广告。对于广告展示要求，以下针对常见的广告展示形式，结合具体案例进行讲解。

1. 开屏广告

对于开屏广告，当广告需要跳转到第三方（包括同一家公司的其他 App、小程序等）时，必须满足以下要求。

- ❑ 跳过 / 关闭按钮：广告展示时必须有跳过 / 关闭按钮，而且用户可以有效点击，无延迟跳过广告。为避免用户误触，跳过 / 关闭按钮应与跳转 / 下载按钮保持一定距离。此外，应在按钮外设置安全区域，向四周延伸各 50dp 或延伸至屏幕边缘。
- ❑ 跳转 / 下载按钮：广告中应设置显著的跳转 / 下载提示语句，仅当用户点击该区域时，才允许执行跳转 / 下载，而点击页面中该区域以外的部分，不得执行跳转 / 下载操作。并且，未经用户同意，不得执行静默下载操作。
- ❑ 广告标识：广告中必须标识"广告"字样，既可以与跳过按钮结合在一起（显示为"跳过广告"），也可单独设置广告标识。
- ❑ 广告时间：开屏广告时间不应超过 5s，建议使用倒计时 / 进度条提示用户剩余时间。
- ❑ 禁止误导：广告文案必须清晰、明确、无歧义，不存在诱导欺骗行为。禁止在广告界面中，使用虚假更新、虚假报错、虚假清理内存、虚假跳过按钮、模仿系统弹窗等形式，诱导用户点击广告内容，如使用"您的内存不足""登录成功""点击按钮关闭广告"等文案。

合规的开屏广告示例见图 10-32。

2. 弹窗广告

在弹窗广告中，与开屏广告基本一致的是需要显著地标明关闭标志，使用户可以一键关闭广告。以下是针对弹窗广告的具体要求。

- ❑ 跳过 / 关闭按钮：弹窗广告中必须有明显的跳过或关闭按钮。按钮的位置应显著，以便用户能够快速识别并点击。按钮上可以显示"跳过""关闭"字样，或者使用"×"等符号代替。按钮的设计不应过于隐晦或透明，以免用户难以发现。
- ❑ 跳转 / 下载按钮：弹窗广告中应设置显著的跳转或下载提示语句。当用户点击该区域时，才允许跳转或下载。如果广告是跳转到第三方应用程序的，在跳转之前需要向用户明示，以征求用户的同意，未经用户同意，不得执行静默下载操作。

❑ 禁止误导：广告中的文案必须清晰、明确，无歧义。广告不能含有诱导欺骗的行为，如利用虚假更新、虚假报错、虚假清理内存、虚假跳过按钮、模仿系统弹窗等形式来误导用户点击广告内容。例如，"手机内存不足""点击按钮关闭广告"等文案都是不合适的。

图 10-32　开屏广告的合规效果

合规的弹窗广告示例见图 10-33。

图 10-33　弹窗广告的合规效果

3. "摇一摇"广告

针对"摇一摇"广告，业内制定了相关标准规范，对"摇一摇"广告进行了详细的要求。根据标准，"摇一摇"动作的触发加速度不小于 15m/s²，转动角度大于 35°，操作时间不少于 3s，需要确保用户在走路、乘车、拾起放下移动智能终端等日常生活场景中，非用户主动触发跳转的情况下，不会出现误导、强迫跳转。

为了更好地满足用户需求并提供更加个性化的体验，建议在 App 内提供一个"摇一摇"设置的开关功能。用户可以根据自己的喜好和需求选择是否使用"摇一摇"跳转进入详情页。其开关应该在 App 的设置菜单中以明显的标签形式展示，方便用户查找和操作。"摇一摇"广告的合规效果及开关设置参考图 10-34。

图 10-34 "摇一摇"广告的合规效果及开关设置

总之，《互联网广告管理办法》的出台旨在保障用户的合法权益和提高互联网广告的透明度。通过显著标明关闭按钮并确保一键关闭功能，用户可以更加方便地拒绝不感兴趣的广告，从而提高自身的使用体验。同时，这也要求广告主和广告发布者更加规范地制作与发布广告，以符合相关法律法规的要求。

10.3 违规整改规范

10.3.1 工信部

工业和信息化部（以下简称"工信部"）会定期开展专项合规整治行动，对应用市场中发布的应用进行合规检测。针对发现合规问题的应用会通报相关企业进行整改。其通报文件示例如图 10-35 所示。

关于侵害用户权益行为的 App（SDK）通报

（2023 年第 2 批，总第 28 批）

　　工业和信息化部高度重视用户权益保护工作，依据《个人信息保护法》《网络安全法》《电信条例》《电信和互联网用户个人信息保护规定》等法律法规，持续开展 App 侵害用户权益专项整治行动。近期，我部组织第三方检测机构对群众关注的生活服务、休闲娱乐、实用工具等移动互联网应用程序（App）及第三方软件开发工具包（SDK）进行检查。发现 55 款 App（SDK）存在侵害用户权益行为（详见附件），现予以通报。

　　上述 App 及 SDK 应按有关规定进行整改，整改落实不到位的，我部将依法依规组织开展相关处置工作。

　　附件：工业和信息化部通报存在问题的 App（SDK）名单

工业和信息化部信息通信管理局

图 10-35　工信部通报文件示例

工信部发布通报后，应用商店会通过邮件的方式将违规通报信息发送给开发者。应用被通报后，企业应该尽快在规定时间内完成整改，并将修改后的版本提交检测。如未在规定时间内完成整改，则应用将有被下架的风险。对于工信部通报，具体处理流程如图 10-36 所示。

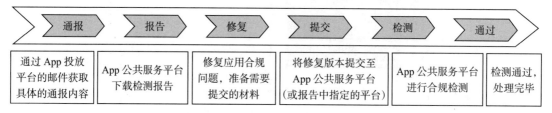

图 10-36　对于工信部通报的处理流程

登录 App 公共服务平台（https://app.caict.ac.cn）下载检测报告。如之前未注册过该平台账号，则需要企业进行资质审核，并上传盖有公司公章的企业授权委托书。授权委托书模板如图 10-37 所示。

授权委托书

　　现我单位委托同事 xxx（员工编号：1xxxx1，联系方式：13xxxxxxxxx）作为代理人，办理领取 xxxxx App（适用系统：Android/iOS）整改通知书事宜。
特此声明。

公司名称：北京 xxxxx 科技有限公司

2022 年 11 月 12 日

图 10-37　授权委托书模板

审核通过后即可下载检测报告，报告中会明确告知应用具体的违规行为。企业按合规要求完成整改后将应用上架至工信部抽检时的应用商店。检测报告示例如图 10-38 所示。

App 检测问题列表

检测编号：▓▓▓

检测日期：▓▓▓

附件：

项目	描述
应用名称	▓▓▓▓
应用包名	▓▓▓▓▓
应用版本	
企业名称	▓▓科技有限责任公司
应用来源	应用市场

应用问题	问题描述
App 频繁自启动和关联启动。	App 首次运行，点击进▓▓▓▓▓▓页面，点击"▓▓▓▓▓▓"按钮，未向用户明示未经用户同意，关联启动微信。

备注：

1. ▲标记表示此项反复出现问题。
2. 在收到整改通知后的规定时间内，应将更新版本在原分发平台公开上架。
3. 可在全国 App 技术检测平台（App 公共服务系统）(https://app.caict.ac.cn) 注册账号，待审核通过后，及时提交复测版本、整改报告和企业自律承诺函。
4. （1）整改报告（加盖公章）的内容必须包括：
    a) 情况概述：App 违规通报日期、批次，检测平台问题列表等；
    b) 整改情况：需包括 App 名称、App 所属企业名称、App 整改版本、应用类型、上架的应用分发平台、App 产品说明、问题描述、自查和根因分析、整改方案、整改过程及整改效果和后续措施等；
    c) 三项机制建设：后续 App 用户权益保障机制建设情况，包括但不限于规章制度机制，组织人员机制（责任到人，确保落实）、技术保障机制等。
    （2）企业自律承诺函（法人签字并加盖公章）的内容必须包括：
    a) 企业个人权益保护的具体承诺；

图 10-38　检测报告示例

整改后应用在抽检的应用商店成功发布后，将该版本应用、整改反馈报告和企业自律承诺函提交至 App 公共服务平台进行复测。该提交版本应用通过，则整个通报处理流程结束。

10.3.2　省通信管理局

工信部下属的各地通信管理局会定期对辖区内企业发布的应用进行合规检查，针对发现合规问题的应用通知相关企业进行整改。整改通知书示例如图 10-39 所示。

企业未在规定时间内完成整改将会被通信管理局进行公开通报，若公开通报后依然不按要求进行整改，则将会对 App 进行下架处理。公开通报内容示例如图 10-40 所示。

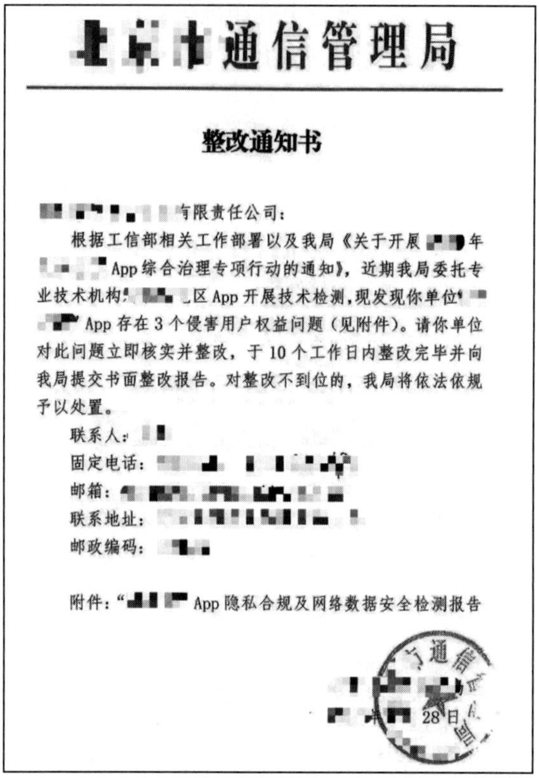

图 10-39　通信管理局的整改通知书示例

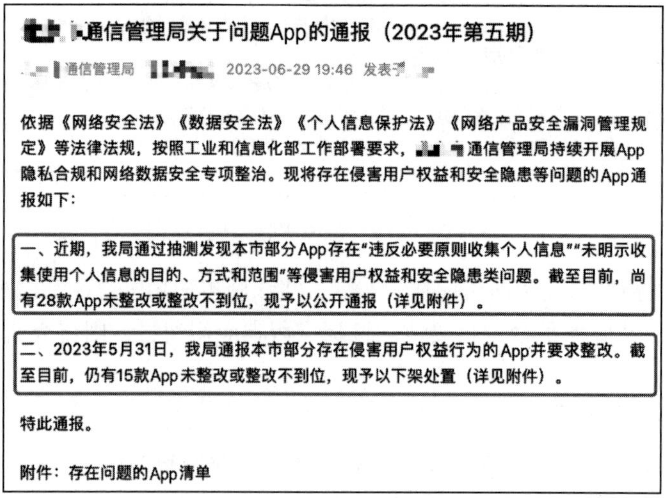

通信管理局关于问题App的通报（2023年第五期）

通信管理局　　2023-06-29 19:46 发表于

依据《网络安全法》《数据安全法》《个人信息保护法》《网络产品安全漏洞管理规定》等法律法规，按照工业和信息化部工作部署要求，通信管理局持续开展App隐私合规和网络数据安全专项整治。现将存在侵害用户权益和安全隐患等问题的App通报如下：

一、近期，我局通过抽测发现本市部分App存在"违反必要原则收集个人信息""未明示收集使用个人信息的目的、方式和范围"等侵害用户权益和安全隐患类问题。截至目前，尚有28款App未整改或整改不到位，现予以公开通报（详见附件）。

二、2023年5月31日，我局通报本市部分存在侵害用户权益行为的App并要求整改。截至目前，仍有15款App未整改或整改不到位，现予以下架处置（详见附件）。

特此通报。

附件：存在问题的App清单

图 10-40　公开通报内容示例

通信管理局发送通报后，企业应该尽快在规定时间内完成整改，并将修改后的版本提交检测。具体通报处理流程如图 10-41 所示。

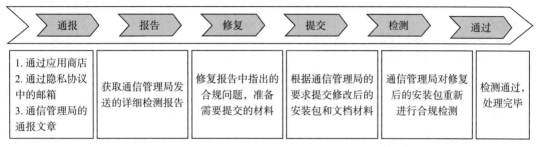

通报	报告	修复	提交	检测	通过
1. 通过应用商店 2. 通过隐私协议中的邮箱 3. 通信管理局的通报文章	获取通信管理局发送的详细检测报告	修复报告中指出的合规问题，准备需要提交的材料	根据通信管理局的要求提交修改后的安装包和文档材料	通信管理局对修复后的安装包重新进行合规检测	检测通过，处理完毕

图 10-41　对于通信管理局通报的处理流程

企业可以登录应用商店或者查看邮箱下载检测报告，并尽快按照报告要求进行整改。报告示例如图 10-42 所示。

"▇▇▇▇" App 隐私合规及网络数据安全
检测报告

一、App 基本信息

App 名称	▇▇▇▇▇▇	版本	5.4.7
包名	com ▇▇ nt		
MD5 值	00aca ▇ 976083746376		
下载渠道	▇▇▇手机助手		
下载地址	https://h5c▇▇▇▇▇▇▇detail_ h5/brow ser_ v2/index .html?appId=139 ▇▇▇ [&source= 1.		
运营者名称	北京▇▇▇▇▇▇有限公司		

二、App 检测结果

　　经过检测，▇▇▇▇▇存在 1 个侵害用户权益问题：
　　未在隐私政策等公示文本中清晰明示第三方 SDK 收集 Android ID 的目的、方式和范围，用户同意隐私政策后，存在收集 Android ID 的行为。

三、App 检测详情

图 10-42　检测报告示例

在完成应用整改后，应按照通信管理局的要求提交安装包和整改报告。该提交版本通过后，则整个通报处理流程结束。整改要求及整改反馈报告（《关于 xxx 公司 "xxx" App 整改反馈报告》）示例如图 10-43 所示。

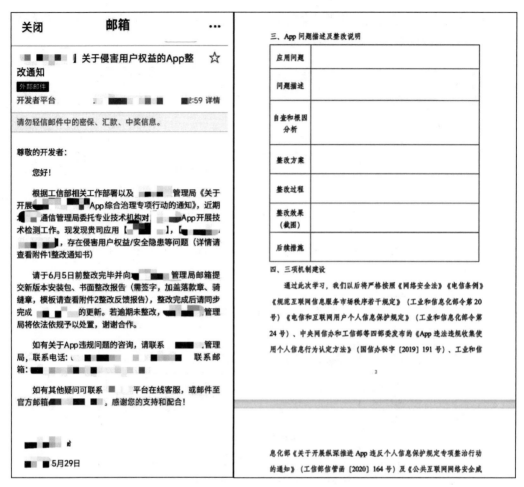

图 10-43　整改要求及整改反馈报告示例

10.3.3　网信办

中央网络安全和信息化委员会办公室（简称"网信办"）会定期对辖区内企业发布的 App 进行专项合规治理行动。针对存在合规问题的 App，网信办将发出通知书，要求相关企业进行整改。通知书示例如图 10-44 所示。

通常，网信办会通过企业提供的对接人反馈相关问题。一旦企业收到通报，应迅速在规定时间内完成整改，并将修改后的版本提交检测。若未能在规定时间内完成整改，则应用存在被下架的风险。具体处理流程如图 10-45 所示。

整改通知书将明确指出应用具体的违规行为，并要求在通知规定的时间内完成对应合规问题的整改。同时，企业需要按照要求完成整改反馈报告的撰写，整改反馈报告的格式可以参考图 10-46。

图 10-44　网信办的整改通知书示例

图 10-45　对于网信办通报的处理流程

　　完成整改后，企业必须将应用重新上架至网信办抽检的应用商店，或将修改后的应用安装包与整改反馈报告一同发送至网信办指定的邮箱或平台。提交的应用通过审查后，整个处理流程即告结束。

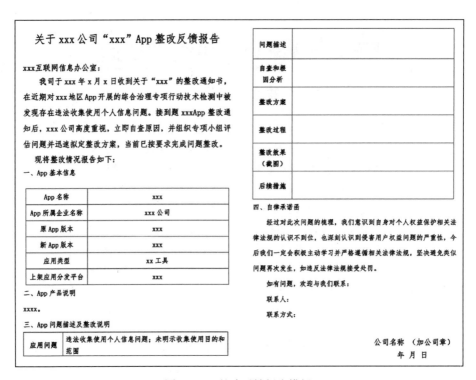

图 10-46　整改反馈报告模板

10.3.4　教育部

教育部或其下属的电化教育馆会定期对应用市场中发布的教育类应用进行合规检查。针对发现合规问题的应用通知相关企业进行整改。具体通报内容示例如图 10-47 所示。

图 10-47　教育部通报内容示例

教育部会将通报消息通知企业和教育部门的对接人，企业也可以定期登录教育移动互联网应用程序备案管理平台查看是否有通报内容。企业收到通报后应该尽快在规定时间内完成整改，并将修改后的版本提交检测。如未在规定时间内完成整改，则该应用将有被下架的风险。具体处理流程如图 10-48 所示。

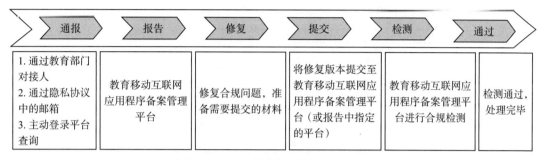

通报	报告	修复	提交	检测	通过
1. 通过教育部门对接人 2. 通过隐私协议中的邮箱 3. 主动登录平台查询	教育移动互联网应用程序备案管理平台	修复合规问题，准备需要提交的材料	将修复版本提交至教育移动互联网应用程序备案管理平台（或报告中指定的平台）	教育移动互联网应用程序备案管理平台进行合规检测	检测通过，处理完毕

图 10-48　对于教育部通报的处理流程

登录教育移动互联网应用程序备案管理平台下载检测报告。如果对接人没有该平台账号，则可联系负责教育备案的法务人员获取账号密码，企业如果未注册过平台账号，则需要进行企业资质审核注册。登录平台后即可在"安全通报情况"模块下载并查看相关通报内容，具体如图 10-49 所示。

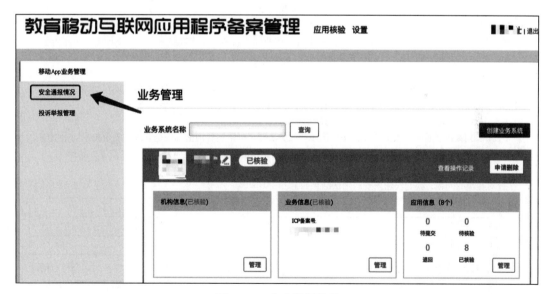

图 10-49　安全通报情况

登录平台后即可下载完整检测报告，报告中会明确告知应用具体的违规行为。企业应按合规要求完成整改后将整改后的应用安装包和整改说明文档上架至平台进行复测。检测报告示例如图 10-50 所示。

样本基本信息			
名称	▇▇▇▇▇	版本	4.7.4
应用包名	▇▇▇▇▇▇▇▇▇▇▇▇		
下载地址	https ▇▇▇▇▇▇▇▇ e98981e739094 ▇▇▇▇▇▇		
MD5 值	▇▇▇▇▇▇▇▇▇▇▇		
开发者名称	▇▇▇▇有限责任公司		
属地	北京市		
样本检测结果			
涉及个人信息但未明示的权限	无		
检测项一	☑符合 □不符合	检测项二	☑符合 □不符合
检测项三	☑符合 □不符合	检测项四	☑符合 □不符合
检测项五	□符合 ☑不符合	检测项六	☑符合 □不符合
检测项七	☑符合 □不符合	检测项八	☑符合 □不符合
检测项九	☑符合 □不符合	检测项十	☑符合 □不符合
检测日期	▇ 年	1 月	9 日

图 10-50　检测报告示例

应用在完成整改后，将该版本的应用安装包、整改反馈报告提交至教育移动互联网应用程序备案管理平台进行复测。该提交版本通过后，则整个通告处理流程结束。整改报告示例如图 10-51 所示。

XXX 公司整改反馈报告

尊敬的教育部：

收到贵方的整改通知后，公司管理层高度重视，按照网络安全法律法规要求，我司立即组织技术力量对 xxx App 进行全面排查和整改。现将相关情况报告如下：

一、基本情况

（一）xxx 科技有限责任公司通过经营综合性互联网教育平台，向广大用户提供具备高度互动特质的优秀互联网教育产品及服务。公司位于 xxxx。xxxApp 是公司旗下主打的一款在线学习平台应用。

（二）xxxApp 是一款针对于 xxx 考试专门研发的工具。

（三）我司高度重视平台安全，积极按照国家的相关法律法规落实各项信息安全管理和安全技术防范措施。

（四）xxxx 年 x 月 x 日收到反馈：xxxx。经核查 App 存在此问题，并已进行修改，请贵方进行复查。

二、整改情况

针对提出的问题，我们快速核查后确认结果如下：

问题点	xxxx
修改方案	
自行评估	已按要求将 xxxx

公司将持续推进网络安全管理的建设工作，加强内部的安全制度培训、宣讲和考试，提升公司全员对用户信息的安全意识，防范安全风险。也会不断完善系统能力，确保系统操作均有数据留痕备查，确保责任到人。

xxx 科技有限责任公司成立至今始终秉承着对社会、对用户高度负责的态度，传播健康积极向上的优质互联网学习内容，遵守法律法规，加强自律，为营造健康文明的网络环境做好表率。

xxx 科技有限责任公司
年　月　日

图 10-51　整改反馈报告示例